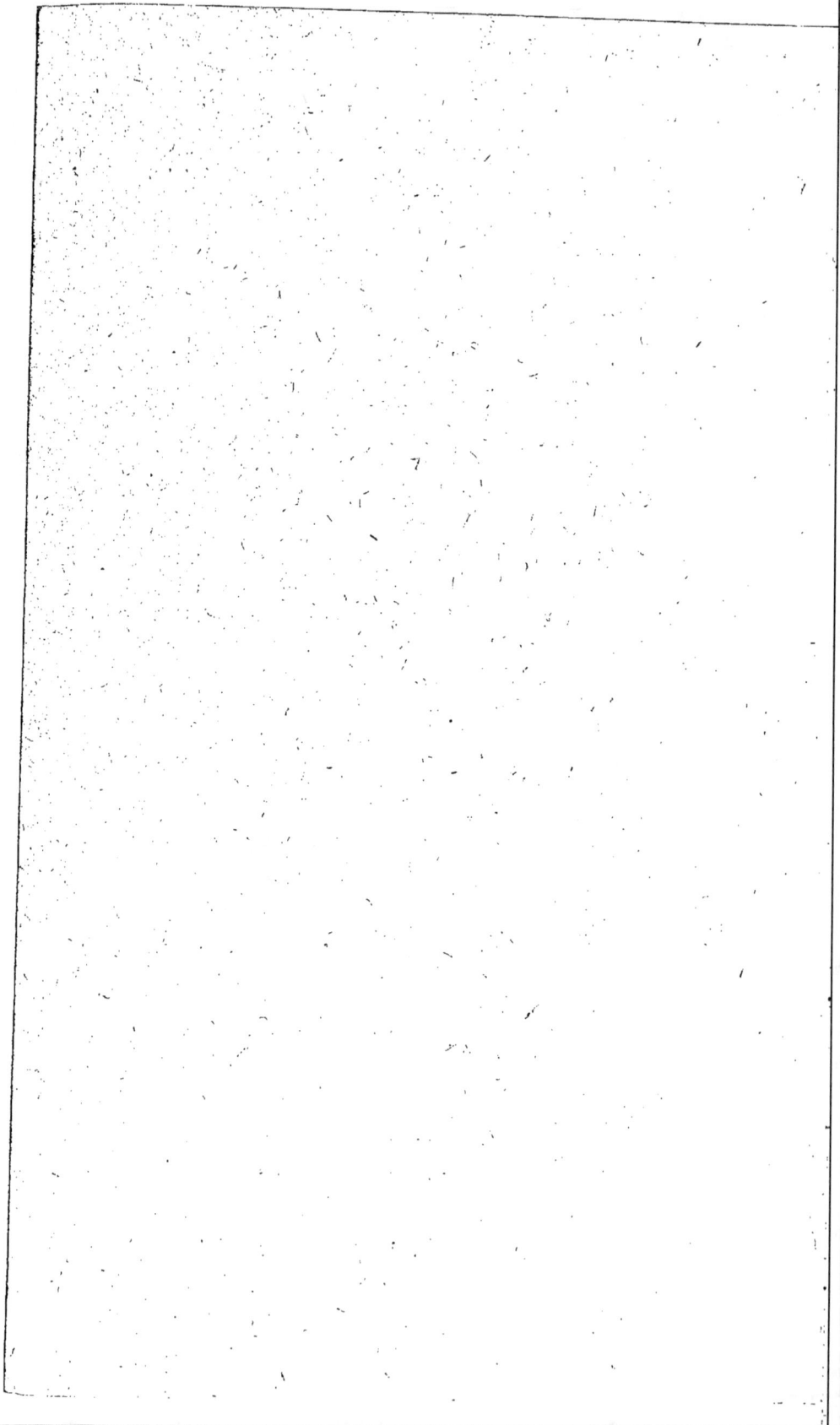

COURS

DE

COSMOGRAPHIE

PARIS. — IMP. SIMON RAÇON ET COMP., RUE D'ERFURTH, 1.

COURS

DE

COSMOGRAPHIE

OU

ÉLÉMENTS D'ASTRONOMIE

COMPRENANT

LES MATIÈRES DU PROGRAMME OFFICIEL POUR L'ENSEIGNEMENT
DES LYCÉES

PAR

CHARLES BRIOT

MAITRE DE CONFÉRENCES A L'ÉCOLE NORMALE SUPÉRIEURE

QUATRIÈME ÉDITION REVUE ET AUGMENTÉE

PARIS

DUNOD, ÉDITEUR

LIBRAIRE DES CORPS IMPÉRIAUX DES PONTS ET CHAUSSÉES ET DES MINES

QUAI DES AUGUSTINS, 49

1867

COURS

DE

COSMOGRAPHIE

LIVRE PREMIER
LES ÉTOILES

—

CHAPITRE PREMIER
MOUVEMENT DIURNE

Définitions. — Lois du mouvement diurne.

———

1. Premier aspect du ciel. — Le phénomène qui frappe d'abord nos regards est la succession des jours et des nuits. Chaque matin le soleil se lève à l'orient; il monte dans le ciel, puis s'abaisse et se couche du côté opposé, à l'occident. Après le coucher du soleil, la lumière disparaît peu à peu, la nuit succède au jour. Le ciel qui, pendant le jour, était bleu azuré, devient noir; alors il apparaît parsemé d'une multitude de points brillants, appelés *étoiles*. En examinant avec attention les étoiles les plus remarquables, on les voit se mouvoir dans le même sens que le soleil; celles qui nous sont apparues, après le coucher du soleil, dans le milieu du ciel, s'inclinent vers l'occident; pendant ce temps, de nouvelles étoiles se lèvent à l'orient, montent dans le ciel, pour s'abaisser ensuite et se coucher à l'occident.

Si l'on observe la disposition relative des étoiles, les figures qu'elles forment entre elles, on voit que ces figures ne changent pas. Les étoiles semblent fixées à une sphère creuse, que l'on nomme la *sphère céleste*, et tout se passe comme si cette sphère tournait d'une seule pièce, d'orient en occident, emportant avec elle toutes les étoiles.

Plaçons-nous de manière à avoir l'orient à droite, l'occident à gauche, et regardons la partie du ciel qui est devant nous ; nous verrons dans cette partie du ciel des étoiles qui ne se couchent pas, et qui décrivent des cercles complets au-dessus de l'horizon. L'une de ces étoiles, nommée pour cette raison *étoile polaire*, paraît immobile dans le ciel. Les étoiles voisines décrivent autour d'elle des cercles très-petits ; les étoiles plus éloignées, des cercles plus grands. Il y a un second point fixe dans la partie opposée du ciel, invisible pour nous. C'est autour de ces deux points fixes ou *pôles* que semble tourner la sphère céleste.

Lorsqu'un observateur est placé dans une vaste plaine, sa vue est bornée par un cercle dont il occupe le centre ; ce cercle s'appelle *horizon* (du mot grec ὁρίζω, qui signifie *borner*). La surface de la terre lui apparaît comme une surface plane d'une immense étendue, sur laquelle repose le ciel, semblable à une voûte. Mais la réflexion ne tarde pas à détruire cette illusion. Nous voyons, en effet, les étoiles voisines du pôle décrire des cercles complets au-dessus de l'horizon. Les étoiles plus éloignées du pôle se couchent à l'occident, pour reparaître à l'orient après un certain temps ; il est naturel de penser que ces étoiles décrivent aussi des cercles complets, et qu'elles continuent leur mouvement au-dessous de l'horizon. Ceci ne peut avoir lieu que si la terre est limitée dans tous les sens et ne repose sur aucun fondement. Ainsi nous sommes amenés à regarder la terre comme un corps isolé dans l'espace et entouré par le ciel de tous côtés. Nous verrons bientôt qu'elle est ronde comme une sphère.

2. On appelle *distance angulaire* de deux étoiles l'angle formé par les deux rayons visuels qui vont de l'œil de l'observateur aux deux étoiles.

3. La *sphère céleste* est une sphère idéale d'un rayon très-grand, qui a pour centre l'œil de l'observateur, et sur laquelle on suppose fixées les étoiles. Le point où le rayon visuel, mené à une étoile, perce la sphère céleste est la position attribuée à l'étoile sur cette sphère.

4. L'*axe* du monde est la ligne droite autour de laquelle semble tourner la sphère céleste. L'axe perce la sphère céleste en deux points opposés, que l'on nomme les *pôles*. L'un, visible en Europe, est le pôle *boréal*; l'autre, invisible en Europe, est le pôle *austral*.

5. Si, par le centre de la sphère céleste, on conçoit un plan perpendiculaire à l'axe du monde, ce plan coupe la sphère céleste suivant un grand cercle que l'on nomme *équateur*. L'équateur partage la sphère céleste en deux moitiés ou hémisphères : l'hémisphère boréal et l'hémisphère austral. L'hémisphère boréal est celui qui contient le pôle boréal, l'hémisphère austral, celui qui contient le pôle austral.

6. On a imaginé sur la sphère céleste deux séries de cercles. Les uns sont des grands cercles déterminés par des plans menés par l'axe du monde; on les nomme *cercles horaires*. Le cercle horaire d'une étoile est le grand cercle qui passe par les deux pôles et par l'étoile.

Les autres sont des petits cercles déterminés par des plans perpendiculaires à l'axe du monde, et par conséquent parallèles au plan de l'équateur; on les nomme pour cette raison *cercles parallèles*, ou simplement *parallèles*. Les parallèles sont d'autant plus petits qu'ils sont plus rapprochés des pôles.

Dans la *fig.* 1, qui représente la sphère céleste, la ligne PP' est l'axe du monde, P le pôle boréal, P' le pôle austral. Le grand cercle EAE' est l'équateur ; les grands cercles PEP', PAP, sont des méridiens ; le petit cercle BMB' est un parallèle.

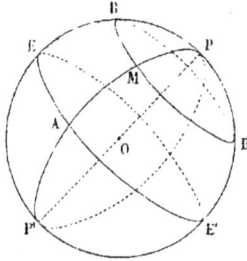

7. La *verticale* d'un lieu est la direction du fil à plomb en ce lieu. On reconnaît par l'observation que cette direction est perpendiculaire à la surface des eaux tranquilles.

Fig. 1.

La verticale, prolongée vers le haut, rencontre la sphère céleste en un point appelé *zénith* ; prolongée vers le bas, en un point opposé, invisible pour nous, et appelé *nadir*.

8. Nous avons déjà défini l'*horizon visible* ; c'est le cercle qui borne la vue de l'observateur.

Un plan mené par l'œil de l'observateur perpendiculairement à la verticale s'appelle *horizon rationnel*. L'horizon rationnel coïncide sensiblement avec l'horizon visible. Cependant, pour faire abstraction des inégalités du sol, et pour d'autres raisons que nous dirons plus loin, nous substituerons l'horizon rationnel à l'horizon visible.

9. Tout plan mené par la verticale est un *plan vertical* ; il est perpendiculaire au plan de l'horizon.

10. Le plan vertical, passant par l'axe du monde, s'appelle *plan méridien*, ou simplement *méridien*.

La trace du méridien sur le plan de l'horizon est la *méridienne*.

11. La direction de la méridienne du côté de l'étoile polaire s'appelle le *nord* ou *septentrion* ; la direction opposée, le *sud* ou *midi*. Si, dans le plan de l'horizon, on trace une droite perpendiculaire à la méridienne, les deux directions de cette ligne s'appellent : l'une *est* ou *orient*, l'autre *ouest* ou *occident*. Tels sont les *quatre points cardinaux*. Lorsqu'on regarde le nord, on a derrière soi le sud, à droite l'est, à gauche l'ouest.

La droite OZ (*fig. 2*) représente la verticale, Z le zénith, N le nadir ; le cercle HDH', perpendiculaire à la verticale, est l'horizon ra-
tionnel ; le plan PZP' est le plan
méridien ; sa trace HH' sur l'horizon est la méridienne ; H est le nord,
H' le sud. La droite DD', perpendiculaire à HH' dans le plan de l'horizon, détermine les deux autres
points cardinaux, l'est D, l'ouest D'.

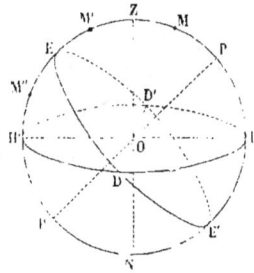

Fig. 2.

LOIS DU MOUVEMENT DIURNE

12. Théodolite. — Nous avons reconnu le mouvement général
des étoiles à la simple inspection du ciel. Afin de déterminer avec
précision les lois de ce mouvement, nous
nous servirons de quelques instruments,
principalement du théodolite.

Le théodolite se compose essentiellement d'un axe vertical porté par trois
pieds (*fig. 3*) ; à cet axe est fixé un cercle
horizontal gradué ; autour du même axe
tourne un cercle vertical gradué, et portant une lunette mobile autour de son
centre. Les divisions du cercle vertical
indiquent l'angle que fait avec la verticale
l'axe de la lunette. Une aiguille, ou alidade, indique sur le cercle horizontal

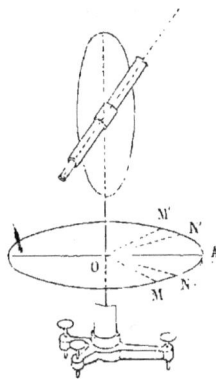

Fig. 3.

l'angle dont on a fait tourner le cercle vertical.

13. Détermination du plan méridien. — Après avoir disposé
le théodolite de manière que son axe soit bien vertical, visons une
étoile avec la lunette, quand cette étoile est parvenue à une certaine hauteur au-dessus de l'horizon ; soit OM la trace du plan

vertical sur le cercle horizontal, trace marquée par l'alidade.
L'étoile continue à s'élever pendant un certain temps, puis elle
redescend du côté opposé. Fixons la lunette sur le cercle vertical,
et faisons tourner ce cercle autour de l'axe du théodolite, de manière à viser de nouveau l'étoile quand elle est revenue à la même
hauteur au-dessus de l'horizon ; soit OM' la trace du plan vertical
dans cette seconde position. Répétons ces observations de *hauteurs correspondantes*, soit sur la même étoile, soit sur d'autres
étoiles ; nous verrons que les angles MOM', NON',....., ainsi obtenus, sont divisés en deux parties égales par une même droite OA.
Le plan vertical, mené par cette bissectrice commune OA, partage en deux parties égales les courbes décrites par toutes les
étoiles. Ce plan est le plan méridien.

Une étoile atteint sa plus grande hauteur au-dessus de l'horizon,
ou sa *culmination*, au moment où elle passe dans le plan méridien. Les étoiles *circompolaires*, c'est-à-dire voisines du pôle,
passent deux fois au méridien. L'un des passages est le passage
supérieur, l'autre le passage *inférieur*.

14. Détermination de l'axe du monde. — Après avoir amené le
plan vertical du théodolite dans le plan du méridien, et l'avoir
fixé dans cette position, observons
les deux passages d'une étoile circompolaire au méridien : soit OC
la direction de la lunette pour le
passage supérieur (*fig.* 4), OC' pour
le passage inférieur. Répétons les
mêmes observations sur plusieurs
étoiles circompolaires ; nous verrons que les angles COC', DOD',...,
ainsi obtenus, sont divisés en deux

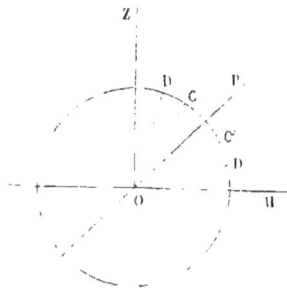

Fig. 4.

parties égales par une même droite OP. Cette bissectrice commune OP est la droite autour de laquelle semble tourner la sphère
céleste ; c'est l'axe du monde.

L'angle POZ, que fait l'axe du monde OP avec la verticale OZ, est la *distance zénithale* du pôle ; l'angle POH, que fait ce même axe avec l'horizon OH, angle complémentaire du premier, est la *hauteur* du pôle au-dessus de l'horizon.

On obtient la distance zénithale du pôle en prenant la demi-somme des distances COZ, C'OZ, d'une étoile circompolaire à ses deux passages au méridien ; en retranchant cet angle de 90 degrés, on a la hauteur du pôle. A Paris, la hauteur du pôle est de 48° 50'.

15. Équatorial, ou machine parallatique. — Nous avons déterminé la position du plan méridien et la direction de la ligne des pôles ; il nous reste à re-connaître si les courbes décri-tes par les étoiles son bien des cercles, et si leur mouve-ment est uniforme. Nous em-ploierons pour cela l'équato-rial, ou machine parallatique.

Cet instrument n'est autre chose qu'un théodolite dont l'axe, au lieu d'être vertical, est dirigé suivant la ligne des pôles PP' (*fig.* 5). Le cercle A, perpendiculaire à l'axe, repré-

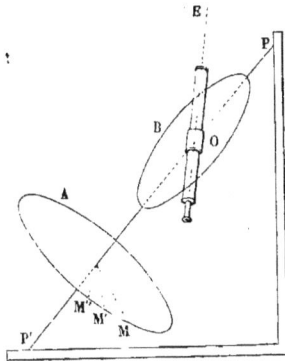

Fig. 5.

sente l'équateur ; le cercle B, mobile autour de l'axe, représente un cercle horaire.

16. Le mouvement est circulaire. — Dirigeons la lunette vers une étoile E, puis fixons-la invariablement sur le cercle B. Pour suivre l'étoile dans son mouvement, il nous suffira de faire tour-ner le cercle B autour de l'axe PP' sans déranger la lunette ; l'angle POE reste constant. Donc le rayon visuel allant à l'étoile décrit autour de la ligne PP' un cône circulaire droit. Comme il est na-turel de penser que la distance de l'étoile à la terre ne change pas, on en conclut que l'étoile décrit dans le ciel un cercle, dont le centre est sur la ligne des pôles, et dont le plan est perpendi-culaire à cette ligne.

17. Le mouvement est uniforme. — L'alidade indique sur le cercle A le mouvement que l'on donne au cercle horaire B pour suivre l'étoile. A l'aide d'une horloge placée à côté de la machine, on reconnaît que dans des temps égaux l'alidade parcourt des arcs égaux MM′, M′M″,....... Donc le mouvement est uniforme. Ainsi chaque étoile décrit en un jour un cercle d'un mouvement uniforme autour de la ligne des pôles.

18. Le jour sidéral est constant. — Après avoir placé le cercle vertical du théodolite dans le plan méridien comme au n° 14, observons, plusieurs jours de suite, les passages des étoiles au méridien, et notons les instants des passages indiqués par une horloge. Nous reconnaîtrons que le temps qui s'écoule entre deux passages supérieurs consécutifs d'une même étoile au méridien est le même pour toutes les étoiles, et que ce temps est constant. Ce temps constant est ce que l'on nomme le *jour sidéral*.

En réfléchissant à ce qui précède, on voit que toutes les lois du mouvement diurne sont résumées dans l'idée d'une sphère céleste, tournant autour d'un axe fixe d'un mouvement uniforme, et accomplissant sa révolution en un jour sidéral.

On divise le jour en 24 heures, l'heure en 60 minutes, la minute en 60 secondes. Le jour sidéral commence au moment où une étoile déterminée passe au méridien, et l'on compte les heures sans interruption de 0 à 24. Nous supposerons pour le moment l'horloge astronomique réglée sur le jour sidéral.

19. La machine parallatique peut servir d'horloge sidérale. En effet, mettons le zéro des divisions du cercle A (*fig.* 5) au point marqué par l'alidade, quand le cercle horaire B coïncide avec le plan méridien ; le cercle horaire tournant autour de l'axe, pour suivre l'étoile dans son mouvement, l'alidade décrit les 360 degrés de l'équateur en 24 heures, soit 15 degrés par heure. Si donc à un instant quelconque on observe l'étoile, le nombre de degrés marqué par l'alidade, divisé par 15, donnera l'heure sidérale au moment de l'observation. Par exemple, l'alidade marque 45 degrés : il est 3 heures sidérales.

20. La terre est infiniment petite par rapport à la distance des étoiles. — En quelque lieu de la terre que soit placé l'observateur, l'axe du monde lui semble toujours passer par le lieu qu'il occupe. On en conclut que la terre est comme un point situé au centre de la sphère céleste; en d'autres termes, les dimensions de la terre sont infiniment petites, comparées à l'immense distance des étoiles à la terre.

21. Sphère oblique. — Il nous est facile maintenant de rendre compte de toutes les circonstances du mouvement diurne. A Paris, l'axe du monde est incliné de 48° 50′ sur l'horizon. Imaginons sur la sphère céleste deux parallèles GH, G′H′, à 48° 50′ des pôles (*fig.* 6). Ces deux parallèles divisent la sphère céleste en trois zones : la première, autour du pôle boréal, comprend les étoiles *circompolaires* qui restent toujours au-dessus de l'horizon de Pa-

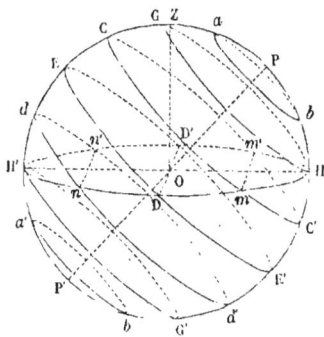

Fig. 6.

ris; la seconde, égale à la première, mais entourant le pôle austral, comprend les étoiles qui sont toujours au-dessous de l'horizon de Paris; dans la zone intermédiaire, les étoiles se lèvent et se couchent.

En effet, une étoile *a* de la zone boréale décrit un cercle *ab*, qui est tout entier au-dessus de l'horizon ; les étoiles situées sur le cercle GH rasent l'horizon au point H, mais se relèvent aussitôt. Au contraire, une étoile *a′* de la zone australe, décrivant un cercle *a′b′* tout entier au-dessous de l'horizon, n'est jamais visible. Les étoiles de la zone intermédiaire, décrivant des cercles qui coupent l'horizon, se lèvent et se couchent ; elles sont visibles dans la partie supérieure de leur cours, invisibles dans la partie inférieure. L'équateur étant divisé par l'horizon en deux parties égales, les étoiles placées sur l'équateur sont pendant douze heures au-dessus de l'horizon, pendant douze heures au-dessous. Les cercles décrits par les autres étoiles sont divisés par l'horizon en deux parties inégales. Si l'étoile est dans l'hémisphère boréal, la partie supérieure est plus grande que la partie inférieure, d'autant plus que l'étoile est plus éloignée de l'équateur ; si l'étoile est dans l'hémisphère austral, la partie supérieure est, au contraire, plus petite que la partie inférieure.

22. **Lever et coucher des étoiles.** — Dans la figure précédente, la ligne IIII' est la méridienne, DD' la ligne est-ouest. Les étoiles placées sur l'équateur se lèvent au point D, exactement à l'est, et se couchent en D', à l'ouest. Une étoile c, située dans l'hémisphère boréal, se lève au point m et se couche au point m', vers le nord. Une étoile d, située dans l'hémisphère austral, se lève au point n et se couche au point n', vers le sud. Des étoiles se lèvent en tous points de la moitié orientale IIDII' de l'horizon, pour se coucher aux points correspondants de la moitié occidentale IID'II'.

CHAPITRE II

SPHÈRE CÉLESTE

Coordonnées célestes. — Constellations.

———

COORDONNÉES CÉLESTES

23. Définitions. — On donne le nom de *coordonnées célestes* à deux angles, au moyen desquels on détermine la position des étoiles sur la sphère céleste : ces deux angles sont l'ascension droite et la déclinaison.

L'*ascensoin droite* d'une étoile est l'angle que fait le cercle horaire de l'étoile avec un cercle horaire choisi arbitrairement. L'angle de deux cercles horaires est mesuré par l'arc qu'ils interceptent sur l'équateur. L'ascension se compte d'occident en orient, de 0 à 360 degrés.

La *déclinaison* d'une étoile est la distance d'une étoile à l'équateur, distance comptée sur le cercle horaire de l'étoile. La déclinaison est boréale ou australe, suivant que l'étoile appartient à l'un ou à l'autre hémisphère.

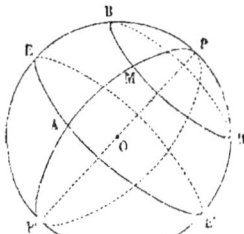

Fig. 7.

Soit PEP′ (*fig.* 7) le cercle horaire à partir duquel on compte les ascensions droites, PAP′ le cercle horaire d'une étoile M ; l'ascension droite de cette étoile est mesurée par l'arc d'équateur EA ; sa déclinaison est sa distance MA à l'équateur.

Les étoiles situées sur un même cercle horaire ont même ascen-

sion droite; celles situées sur un même parallèle ont même déclinaison.

On désigne ordinairement l'ascension droite par le signe Æ,
la déclinaison par la lettre D.

24. Mesure de l'ascension droite. — Un cercle horaire parcourt les 360 degrés de l'équateur en 24 heures sidérales, soit
15 degrés par heure. En un jour, tous les cercles horaires viennent coïncider successivement avec le plan méridien ; par exemple,
un cercle horaire, situé à 15 degrés à l'est du premier, passe une
heure après au méridien ; un cercle horaire, situé à 30 degrés à
l'est, passe deux heures après au méridien ; en général, le temps
qui s'écoule entre les passages de deux étoiles au méridien égale
la différence en ascension droite des deux étoiles, divisée par 15.

Après avoir placé le cercle vertical du théodolite dans le plan
méridien, observons le passage des étoiles au méridien et notons
les instants des passages. Le temps qui s'écoule entre les passages
de deux étoiles, multiplié par 15, nous donnera la différence des
ascensions droites de ces deux étoiles.

Quand on a ainsi trouvé les différences des ascensions droites
des étoiles les unes par rapport aux autres, il est facile de les
rapporter toutes à une même étoile, dont le cercle horaire est pris
pour origine des ascensions droites.

25. Dans ces observations de passage, il faut que le cercle vertical du théodolite coïncide exactement avec le plan méridien.
L'horloge permet de reconnaître si cette condition est bien remplie : on observe le passage supérieur d'une étoile circompolaire,
puis le passage inférieur, puis un second passage supérieur ; si les
intervalles de temps observés sont parfaitement égaux, le cercle
vertical, partageant en deux parties égales le cercle décrit par l'é-
toile, coïncide avec le plan méridien ; sinon, il faut changer un
peu la position du cercle vertical, jusqu'à ce qu'on arrive à une
égalité parfaite.

26. Mesure de la déclinaison. — Le théodolite étant disposé
comme précédemment, mesurons la distance zénithale de l'étoile

au moment de son passage au méridien. De cette distance et de la
distance zénithale du pôle déjà connue
(n° 14), on déduit facilement la déclinaison de l'étoile.

Remarquons d'abord (*fig.* 8) que les
deux arcs PH et ZE sont égaux, comme
étant tous deux complémentaires du
même arc ZP. Il y a trois cas à distinguer :

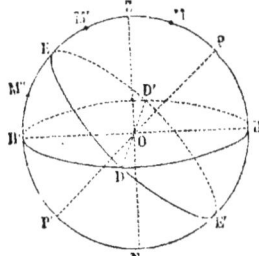

Fig. 8.

1° L'étoile passe en M au nord du zénith ; dans ce cas, on a

$$EM = ZE + ZM = PH + ZM ;$$

la déclinaison de l'étoile égale la hauteur du pôle, plus la distance
zénithale de l'étoile.

2° L'étoile est située dans l'hémisphère boréal et passe en M' au
sud du zénith ; on a

$$EM' = ZE - ZM' = PH - ZM' ;$$

la déclinaison de l'étoile égale la hauteur du pôle, moins la distance zénithale de l'étoile.

3° L'étoile appartient à l'hémisphère austral, elle passe en M''
au sud du zénith ; la déclinaison est australe et l'on a

$$EM'' = ZM'' - ZE = ZM'' - PH ;$$

la déclinaison égale la distance zénithale de l'étoile, moins la hauteur du pôle.

Si donc on représente par D la déclinaison d'une étoile, par Z sa
distance zénithale, par H la hauteur du pôle au-dessus de l'horizon,
on a la formule

$$D = H \pm Z ;$$

le signe + s'appliquant aux étoiles qui passent au nord du zénith, le signe — à celles qui passent au sud. La formule convient
aussi aux étoiles de l'hémisphère austral ; mais alors la déclinaison est affectée du signe —.

Dans les observations de déclinaisons, il n'est pas nécessaire que le plan du cercle coïncide parfaitement avec le plan méridien, parce que, dans le voisinage du méridien, la hauteur de l'étoile ne change pas sensiblement ; elle paraît décrire, pendant quelques instants, une petite ligne horizontale.

Quand on a ainsi trouvé les coordonnées des étoiles, on connaît leurs positions sur la sphère céleste. En effet, l'ascension droite indique sur quel cercle horaire est située l'étoile ; la déclinaison, à quelle distance de l'équateur ou sur quel parallèle ; la position de l'étoile est donc parfaitement déterminée.

CONSTELLATIONS

27. Nombre des étoiles. — Il existe environ 5000 étoiles visibles à l'œil nu. On les a classées en six ordres, d'après leur éclat. Les étoiles de première grandeur sont les plus brillantes ; viennent ensuite celles de seconde, de troisième grandeur, etc. ; celle de sixième grandeur sont les plus petites que l'on puisse apercevoir à l'œil nu.

On compte :

20 étoiles de	1re grandeur,
65	de 2^e
190	de 3^e
425	de 4^e
1100	de 5^e
5200	de 6^e

Chacun des nombres de cette série est à peu près trois fois plus grand que le nombre précédent. Parmi ces 5000 étoiles, 4000 sont visibles à Paris ; les autres appartiennent à la zone australe, invisible à Paris. Cette classification des étoiles n'a rien de bien précis, car il n'existe pas de ligne de démarcation tranchée entre les étoiles de grandeurs voisines.

À l'aide des télescopes et des lunettes astronomiques, on découvre dans le ciel une multitude d'étoiles plus petites, d'autant plus que le télescope est plus puissant, et l'on a prolongé très-loin la série des grandeurs, jusqu'à la dixième et même jusqu'à la vingtième. W. Struve a compté plus de 52000 étoiles de la première à la neuvième grandeur inclusivement, dans la zone comprise entre les deux parallèles célestes menés de part et d'autre à 15 degrés de l'équateur. Herschel évalue à plus de 20 millions le nombre des étoiles visibles avec son télescope de vingt pieds dans toute l'étendue de la sphère céleste.

28. **Noms des étoiles**. — Afin de nommer les étoiles, on les a classées en groupes ou *constellations*. Les anciens avaient couvert le ciel de figures allégoriques de héros ou d'animaux ; ils distinguaient les étoiles d'une même constellation par leurs positions sur la figure. Ainsi ils disaient l'œil du Taureau, le cœur du Lion, l'épaule droite d'Orion, etc.

Les modernes ont conservé les noms des constellations ; mais, abandonnant les figures arbitraires des anciens, ils désignent les étoiles d'une même constellation dans l'ordre de leurs grandeurs par les lettres grecques, puis par les lettres romaines. On se sert aussi de chiffres ou numéros d'ordre. Cependant les étoiles les plus remarquables ont reçu des noms particuliers, qui sont presque tous d'origine arabe.

Les catalogues d'étoiles contiennent la désignation des étoiles, et à côté les ascensions droites et les déclinaisons.

29. **Carte céleste**. — Le moyen le plus simple de figurer la sphère céleste est de tracer sur un globe en bois les cercles horaires et les parallèles, puis de marquer par des points de diverses grandeurs les positions des principales étoiles, en joignant par des traits celles d'une même constellation.

Il est impossible de représenter exactement une sphère par une figure plane. Dans le planisphère placé à la fin du livre, et qui a été construit d'après les excellentes cartes célestes de M. Dien, les cercles horaires sont représentés par des droites partant du pôle et faisant entre elles des angles égaux ; les parallèles et l'équateur, par des cercles concentriques dont le centre est au pôle.

50. Parmi les constellations, l'une des plus remarquables et des plus faciles à reconnaître est la *grande Ourse*, ou le *Chariot*. Elle est toujours au-dessus de l'horizon de Paris. Elle se compose principalement de sept belles étoiles, dont quatre figurent les quatre roues d'un char, et les trois autres, l'attelage ou la queue de l'Ourse. Ces étoiles sont secondaires, excepté ε, qui est tertiaire.

La ligne qui passe par les deux roues de derrière $\beta\alpha$ de la grande Ourse conduit à l'*étoile polaire*; c'est une étoile d'une grandeur intermédiaire entre la deuxième et la troisième, située à un degré seulement du pôle; elle paraît presque immobile dans le ciel. L'étoile polaire est placée à l'extrémité de la queue de la *petite Ourse*, constellation semblable à la grande Ourse, mais plus petite, formée d'étoiles moins brillantes et placée en sens inverse.

Il est facile, d'après cela, de s'orienter pendant la nuit, c'est-à-dire de trouver les quatre points cardinaux. On cherche d'abord la grande Ourse, de là on passe à l'étoile polaire. En regardant l'étoile polaire, on a devant soi le nord, derrière soi le sud, à droite l'est, à gauche l'ouest.

51. Si l'on fait passer une ligne par la roue de devant δ de la grande Ourse et par l'étoile polaire, et que l'on prolonge cette ligne au delà de l'étoile polaire, on rencontre d'abord *Cassiopée*, groupe de cinq étoiles tertiaires ayant la forme d'une chaise.

Plus loin, sur la même ligne, on arrive à un autre grand char, formé d'étoiles secondaires. Les trois étoiles α, β, γ du rectangle appartiennent à la constellation *Pégase*. L'étoile α du rectangle, avec les deux suivantes β, γ, forme *Andromède*. Enfin l'étoile α, placée à l'extrémité du timon, et deux étoiles tertiaires δ et γ, qui avec la précédente figurent une flèche attachée au timon, constituent une troisième constellation, *Persée*. L'étoile changeante β ou *Algol* appartient aussi à Persée.

Au delà de Pégase, sur le prolongement de la ligne $\beta\alpha$ de Pégase, on voit dans l'hémisphère austral une étoile de première grandeur, *Fomalhaut*, du *Poisson* austral.

52. Une ligne menée par le pôle, perpendiculairement à la ligne

précédente, conduit d'abord au *Cocher*, grand pentagone irrégulier, dont la *Chèvre*, belle étoile primaire, toujours au-dessus de l'horizon de Paris, occupe l'un des sommets.

Plus loin, cette même ligne conduit à *Orion*, la plus belle des constellations. C'est un grand rectangle, à cheval sur l'équateur, et formé de deux étoiles primaires, α *Bételgeuse* et β *Rigel*, et de deux étoiles secondaires. Dans l'intérieur du rectangle, sur une ligne oblique, trois étoiles secondaires figurent le *Baudrier* d'Orion.

33. Entre le Cocher et Orion sont placées : du côté de Pégase, le *Taureau*, dont l'étoile primaire *Aldébaran* fait partie; de l'autre côté, les *Gémeaux*, constellation qui comprend les belles étoiles secondaires α *Castor* et β *Pollux*.

La ligne menée par les deux étoiles γ, α d'Orion, qui sont dans l'hémisphère boréal, prolongée du côté des Gémeaux, conduit à l'étoile primaire *Procyon* du *petit Chien*. La ligne du Baudrier d'Orion, prolongée du même côté, conduit, dans l'hémisphère austral, à *Sirius* du *grand Chien*, la plus brillante de toutes les étoiles.

Voici d'ailleurs des alignements qui permettent de trouver directement ces étoiles. La ligne δα de la grande Ourse passe par la *Chèvre* et *Aldébaran*. La ligne δβ de la grande Ourse passe par *Pollux* et *Sirius*.

34. La ligne qui va de α d'Orion ou du Cocher à l'étoile polaire, prolongée au delà de la polaire, mène à la belle étoile primaire *Wéga* de la *Lyre*.

Entre la Lyre et Pégase, mais plus près de la Lyre, se trouve le *Cygne* ou la *Croix*. L'étoile α, placée au sommet de la Croix, est de première grandeur. Les quatre autres sont tertiaires.

Au delà du Cygne, sur la ligne qui va de l'extrémité de la queue de la grande Ourse à Wéga, tout près de l'équateur, se trouve l'*Aigle*, constellation formée d'une étoile primaire *Altaïr*, entre deux étoiles plus petites.

35. La ligne δγ des deux roues de devant de la grande Ourse conduit à l'étoile primaire *Régulus* du *Lion*.

Le prolongement de la queue de la grande Ourse en ligne courbe passe par *Arcturus*, belle étoile primaire appartenant à la constellation du *Bouvier*, pentagone en dehors duquel est Arcturus, sur le prolongement du côté δε.

La ligne qui va de Castor à Régulus conduit, de l'autre côté de l'équateur, à l'étoile primaire l'*Épi* de la *Vierge*, et, plus loin, à l'étoile primaire *Antarès* du *Scorpion*.

Entre le Bouvier et la Lyre sont placées la *Couronne* et *Hercule*.

56. Telles sont les principales constellations visibles en Europe. Le tableau suivant contient, par ordre d'éclat, les noms des vingt étoiles primaires, dont quatorze sont visibles à Paris.

Sirius. . . .	α du grand Chien.
Canopus.. .	α du navire Argo, invisible à Paris.
. . . . .	α du Centaure. id.
Arcturus.. .	α du Bouvier.
La Chèvre .	α du Cocher.
Wéga.. . .	α de la Lyre.
Rigel.. . .	β d'Orion.
Procyon.. .	α du petit Chien.
Bételgeuse .	α d'Orion.
Achernard..	α d'Éridan, invisible à Paris.
Aldébaran..	α du Taureau.
. . . . .	β du Centaure, invisible à Paris.
. . . . .	α de la Croix, id.
Antarès.. .	α du Scorpion.
Altaïr.. . .	α de l'Aigle.
L'Épi.. . .	α de la Vierge.
Fomalhaut .	α du Poisson austral.
. . . . .	β de la Croix du Sud, invisible à Paris.
Régulus.. .	α du Lion.
. . . . .	α du Cygne.

Nous citerons aussi l'étoile changeante η du Navire, qui atteint aujourd'hui la première grandeur.

57. **Voie lactée.** — Par une belle nuit, on aperçoit une grande traînée blanche qui traverse le ciel comme un nuage lumineux : c'est la Voie lactée. Elle passe entre Sirius et Procyon, puis entre

Orion et la Chèvre, traverse Persée, Cassiopée, le Cygne. Là, près d'α du Cygne, elle se sépare en deux branches, toutes les deux comprises entre Wéga et Altaïr ; les deux branches se rejoignent près d'α du Centaure, dans la partie du ciel invisible pour nous. La Voie lactée forme donc, sur la voûte céleste, un grand cercle qui coupe l'équateur en deux points situés, l'un entre Procyon et Orion, l'autre près de l'Aigle. Sa largeur varie de 3 à 4 degrés.

Quand on examine la Voie lactée avec une lunette ou un télescope, on voit qu'elle se compose d'une multitude d'étoiles très-petites et très-rapprochées. A la vue simple, on ne peut les distinguer les unes des autres ; c'est pourquoi l'ensemble produit sur l'œil l'impression d'une lumière continue.

CHAPITRE III

DES INSTRUMENTS

Mesure des angles. — Horloges et chronomètres. — Lunette méridienne
et cercle mural.

Avant d'aller plus loin, il est bon de dire quelques mots des instruments dont on fait usage en astronomie. Ces instruments sont
de deux sortes : les uns servent à mesurer les angles, les autres
à mesurer le temps.

MESURE DES ANGLES

58. **Pinnules**. — On mesure les angles au moyen de cercles divisés en parties égales. Pour viser les objets, les anciens employaient *l'alidade à pinnules*, qui est encore en usage aujour-
d'hui dans l'arpentage. C'est une règle
tournant autour du centre d'un cercle
et surmontée, à ses deux extrémités,
de deux plaques de métal perpendiculaires à l'alidade (*fig.* 9). Chacune
de ces plaques est percée d'une large
ouverture ou fenêtre dans laquelle est
tendu un fil très-fin : dans le prolon-

Fig. 9.

gement du fil est pratiquée une fente très-étroite. L'œil étant
placé derrière la fente étroite de l'une des pinnules, on fait tour-

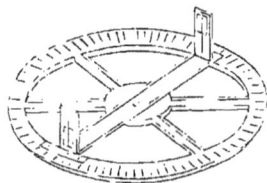

ner l'alidade jusqu'à ce que le fil étendu dans la fenêtre opposée
se place exactement sur l'étoile. Le rayon visuel allant à l'étoile
coïncide avec la droite qui joint la fente étroite au fil de la fenêtre opposée. Si l'on dirige ensuite l'alidade sur une autre étoile,
l'angle dont a tourné l'alidade donne la distance angulaire des
deux étoiles.

L'alidade est ordinairement munie d'un vernier. Par exemple,
si le cercle est divisé en demi-degrés, le vernier permettra d'évaluer les minutes.

59. Lunette astronomique. — Les modernes ont remplacé la pin-
nule par la lunette astronomique. La lunette se compose d'un tube,
aux deux extrémités duquel sont placés deux verres lenticulaires :
un grand verre A, dirigé vers l'objet et appelé pour cette raison
objectif; l'autre très-petit *a*, derrière lequel on place l'œil, et
que l'on nomme *oculaire* (*fig.* 10). Les rayons lumineux envoyés

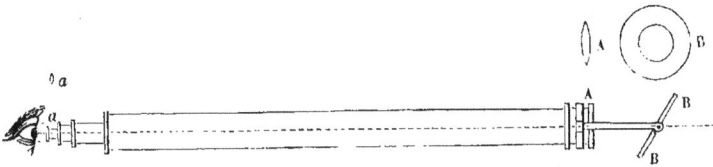

Fig. 10.

par un objet se brisent en passant à travers l'objectif et viennent
former, au *foyer* de la lunette, une image renversée de l'objet ; à
l'aide de l'oculaire on regarde cette image comme avec une loupe.

40. Réticule. — Afin de donner au pointé une grande précision, on place au foyer de la lunette, tout près de
l'oculaire, une petite plaque percée d'une ouverture
circulaire dans laquelle sont tendus deux fils très-
fins perpendiculaires entre eux ; ce petit appareil
s'appelle un *réticule*. Quand on vise une étoile,
on fait mouvoir la lunette de manière que l'image
de l'étoile vienne se placer exactement au point de croisement

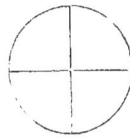

Fig. 11.

des fils du réticule; la droite qui va de ce point de croisement à l'étoile, et qui a une direction fixe dans la lunette, s'appelle *axe de la lunette*. Pour viser une autre étoile, on fait tourner l'alidade qui porte la lunette de manière que l'image se place encore au point de croisement des fils : l'angle décrit par l'alidade est la distance angulaire des deux étoiles.

La lunette astronomique a un double avantage; elle augmente le pouvoir de la vision, et donne au pointé une très-grande précision.

Dans les observations de nuit on est obligé d'éclairer le réticule; pour cela on dispose à l'extrémité de la lunette, en avant de l'objectif, une plaque inclinée BB (*fig.* 10), percée d'une ouverture circulaire qui laisse entrer dans la lunette les rayons lumineux venant de l'astre. Une lampe placée à côté, à une certaine distance de la lunette, éclaire la plaque BB qui, recouverte d'une couche de blanc mat, éclaire légèrement par réflexion le réticule.

44. Micromètre. — Pour mesurer le *diamètre apparent* d'un astre, c'est-à-dire l'angle sous lequel on voit l'astre, on se sert

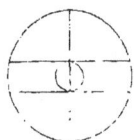
Fig. 12.

d'un instrument appelé *micromètre*. C'est un réticule composé de deux fils parallèles, que l'on peut éloigner l'un de l'autre à volonté, au moyen d'une excellente vis : ces deux fils parallèles sont traversés par un fil perpendiculaire. On place ce réticule au foyer de la lunette, comme le réticule ordinaire. Quand l'astre passe dans le champ de la lunette, on écarte les deux fils parallèles jusqu'à ce qu'ils comprennent exactement le disque de l'astre. De l'écartement des deux fils on déduit le diamètre apparent.

HORLOGES ET CHRONOMÈTRES

42. On peut mesurer le temps par un mouvement uniforme ou par un mouvement qui se répète à des intervalles égaux. Les an-

ciens employaient, dans ce but, l'écoulement du sable fin ou de l'eau dans des vases disposés à cet effet : c'étaient les *sabliers* et les *clepsydres*. Mais ces instruments ne pouvaient atteindre à une précision suffisante; les modernes les ont remplacés par les horloges et les chronomètres.

Une horloge se compose de trois parties principales : le *moteur*, le *régulateur* et le *rouage*, ou système de roues dentées servant d'intermédiaire entre le moteur et le régulateur.

Le moteur est un poids suspendu à une corde enroulée sur un cylindre (*fig.* 14). Le poids descend; la corde en se déroulant fait tourner le cylindre, le cylindre porte une première roue dentée, qui communique le mouvement à tout le rouage. Mais on sait que, sous l'influence de la pesanteur, le mouvement d'un corps s'accélère de plus en plus; pour empêcher cette accélération, on adapte à l'appareil un régulateur qui suspend l'action du moteur à des intervalles égaux, et ne lui permet d'agir que d'une manière inter-mittente.

43. Échappement à ancre. — Dans les horloges, le régulateur est un pendule. On sait que les oscillations d'un pendule ont une durée constante, quelle que soit leur amplitude, pourvu que cette amplitude ne soit pas trop grande. Le régulateur agit sur la dernière roue du rouage au moyen d'un mécanisme particu-lier appelé *échappement*. Le mode d'échappement le plus usité est l'échappement à ancre.

La dernière roue du rouage, ou *roue d'échappement*, porte de longues dents légèrement re-courbées. Une pièce, appelée *an-cre*, à cause de sa forme, oscille avec le pendule. L'ancre est mu-

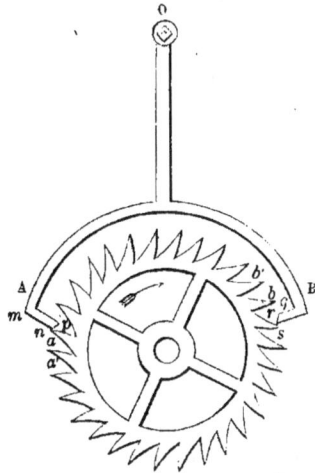

Fig. 15.

nie de deux bras, A et B, qui s'engagent alternativement dans les dents de la roue (*fig.* 13). Lorsque le pendule oscille de gauche à droite, le bras A de l'ancre s'approche de la roue : la dent *a* vient buter contre la partie convexe *mn*, et la roue est arrêtée. Quand le pendule revient de droite à gauche, le bras A s'éloigne de la roue, la dent *a* s'échappe, et la roue tourne dans le sens indiqué par la flèche ; mais en même temps le bras B se rapproche de la roue : la dent *b* vient buter contre la partie concave *qr*, et la roue se trouve arrêtée de nouveau. Quand le pendule revient de gauche à droite, le bras B s'écarte, la dent *b* s'échappe et la roue tourne ; mais, en même temps, le bras A s'engage dans la roue, une nouvelle dent *a'* vient buter contre la partie convexe *mn* et la roue s'arrête ; et ainsi de suite.

Ainsi, au mouvement continu du rouage, le pendule substitue une série de petits mouvements d'égale durée, séparés par des intervalles de repos.

Les faces *mn* et *qr*, sur lesquelles s'appuient les dents, sont légèrement courbées, suivant des circonférences de cercle ayant pour centre le centre d'oscillation O. De cette manière, pendant qu'une dent est arrêtée, le bras de l'ancre glisse sur elle sans la déplacer ; il y a repos. Les deux bras de l'ancre sont terminés par deux petits plans inclinés *np* et *rs* ; quand la dent *a* s'échappe, elle presse le plan *np* et donne ainsi au pendule une petite impulsion, qui entretient son mouvement, sans quoi l'amplitude des oscillations diminuerait sans cesse par suite des frottements et de la résistance de l'air, et le pendule finirait par s'arrêter.

44. **Rouage.** — Le rouage se compose d'une suite de roues dentées (*fig.* 14) : l'axe de chaque roue porte, en outre, une seconde roue beaucoup plus petite appelée *pignon* ; chaque roue s'engrène avec le pignon de la roue suivante. Quand deux roues dentées communiquent, les nombres de tours qu'elles exécutent dans le même temps sont en raison inverse du nombre des dents. Par exemple, la première roue a 50 dents, la seconde 10 ; chaque dent de la première roue poussant successivement une dent de la

seconde, lorsque la première roue a fait un tour, elle a poussé 50 dents; donc la seconde a fait 5 tours.

Le rouage d'une horloge se compose ordinairement de cinq roues, ainsi que le représente la figure 14.

A roue d'échappement.	10 dents.
a pignon de la roue d'échappement.	20
B roue des secondes.	60
b pignon de la roue d'échappement.	10
C roue moyenne	75
c pignon de la roue moyenne..	10
D roue des minutes..	80
d pignon..	10
E roue motrice.	156

La roue motrice communique le mouvement au pignon *d*, la roue D au pignon *c*, et ainsi de suite jusqu'à la roue d'échappement.

Si le pendule bat la seconde, c'est-à-dire si la durée d'une oscillation est d'une seconde, à chaque double oscillation passe une dent de la roue A en deux petits mouvements; donc, à chaque oscillation, passe une aile du pignon *a*, et par conséquent une dent de la roue B qui fait ainsi un tour en 60 secondes ou en une minute; l'axe de cette roue porte l'aiguille des secondes. La roue moyenne C fait un tour pendant que la roue des secondes fait $7 + \frac{1}{2}$ tours; mais elle tourne en sens contraire. La roue D fait un

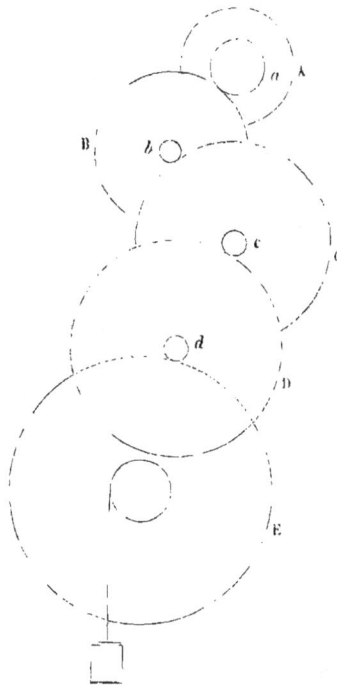

Fig. 14.

tour pendant que la roue C fait 8 tours, et par conséquent pendant que la roue B fait 60 tours; elle fait donc un tour en 60 minutes ou en une heure; son axe porte l'aiguille des minutes. La roue D, tournant en sens contraire de la roue C, tourne dans le même sens que la roue B; la roue moyenne sert ainsi d'intermédiaire entre la roue des minutes et celle des secondes. Sans cet intermédiaire, l'aiguille des minutes et celle des secondes tourneraient en sens contraires.

45. Chronomètres. — On appelle spécialement chronomètres des montres d'une grande précision, telles que les montres marines. Dans les chronomètres, le moteur est un ressort enroulé en spirale (*fig.* 15). L'extrémité intérieure du ressort est fixée à un axe immobile, tandis que l'autre est attachée à la circonférence du cylindre creux ou *barillet*, qui contient le ressort. La tension du ressort fait tourner le barillet qui, par une roue dentée, met le rouage en mouvement.

Fig. 15.

Le régulateur est un *balancier* qui oscille autour d'un axe, par l'action d'un ressort très-faible, enroulé en spirale dans les montres ordinaires (*fig.* 16), en hélice dans les chronomètres; les oscillations du balancier sont isochrones comme celles du pendule. Si l'on écarte le balancier de sa position d'équilibre dans le sens de la flèche, par exemple, et qu'on l'abandonne à lui-même, le ressort spiral, se trouvant plus tendu, le ramène à sa position d'équilibre; mais, en vertu de la vitesse acquise, le balancier dépasse cette position; le ressort réagit alors en sens contraire, et le balancier revient à la position d'équilibre, qu'il dépasse de nouveau, et ainsi de suite. On voit par là que le balancier, comme le pendule, oscille de part et d'autre de sa position d'équilibre.

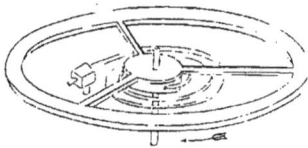

Fig. 16.

46. Échappement libre. — Le meilleur mode d'échappement, pour les chronomètres, est l'échappement libre. Il se compose d'un ressort A (*fig.* 17), fixé par son extrémité amincie dans une pièce immobile B. Ce ressort porte une petite plaque *b* en pierre dure, un crochet *c* à son extrémité, et un petit talon *d*. A ce talon *d* est fixée l'extrémité d'un second ressort très-mince E, qui passe sous le crochet *c*, de manière à pouvoir s'abaisser librement, mais à ne pouvoir s'élever sans entraîner le ressort A. L'axe du balancier G porte un doigt *a* qui vient choquer le second ressort à chaque oscillation. Les dents de la roue d'échappement viennent successivement buter contre la pièce *b*.

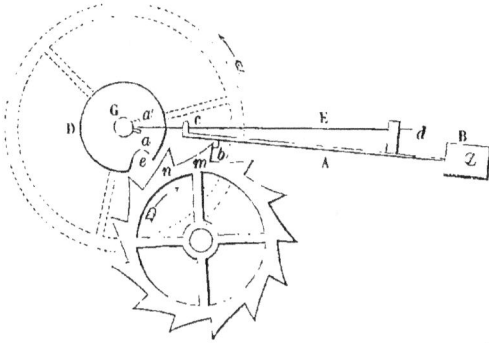

Fig. 17.

Supposons que la dent *m* s'appuie contre la plaque *b*, et que le doigt *a* occupe la position indiquée sur la figure, le balancier étant à l'extrémité de son oscillation de gauche à droite. Le balancier se meut ensuite en sens inverse, dans le sens indiqué par la flèche ; le doigt *a*, en passant, soulève le ressort E, qui entraîne avec lui le ressort A, par le moyen du crochet *c* ; la plaque *b* s'éloigne de la dent *m*, qui, devenant libre, s'échappe, et la roue d'échappement tourne. Mais aussitôt le ressort A revient à sa première position, la dent *n* vient buter contre la plaque *b* et la roue d'échappement s'arrête. Le balancier parvenu à l'extrémité de son oscillation de droite à gauche, le doigt occupe la position *a'* ; alors le balancier exécute une oscillation de gauche à droite, le doigt passe librement en faisant fléchir le ressort E sans déplacer le ressort A, et revient à sa première position a. Une dent de la roue d'échappement passe ainsi à chaque double oscillation du balancier. On voit que le balancier est *libre* pendant la plus grande partie de son oscillation, ce qui est important pour l'égale durée des oscillations.

Outre le doigt a, l'axe du balancier porte un disque D, dans lequel est pratiquée une entaille ou *encoche* e; quand la dent m s'échappe, une autre dent frappe l'encoche et rend immédiatement au balancier la vitesse qu'il a perdue. C'est ainsi que s'entretient le mouvement du balancier.

LUNETTE MÉRIDIENNE ET CERCLE MURAL.

47. Lunette méridienne. — Le théodolite, comme on l'a vu dans le chapitre précédent, suffit pour la détermination des ascensions droites et des déclinaisons: cependant, dans les observatoires fixes, on se sert d'instruments de plus grande dimension, disposés spécialement pour cet objet.

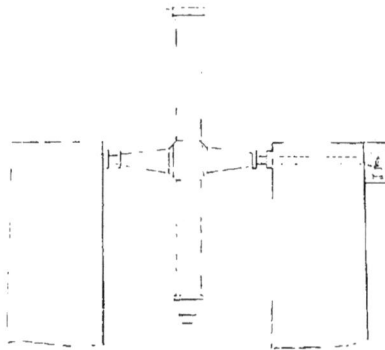

La lunette méridienne, ou lunette des passages, est une grande lunette portée par un axe horizontal (*fig.* 18); cet axe est terminé par deux *tourillons* qui reposent sur des *coussinets* établis solidement sur deux piliers en maçonnerie. L'axe de la lunette est perpendiculaire à l'axe de rotation. On rend horizontal cet axe de rotation à l'aide d'un niveau à bulle d'air, et on lui donne une

Fig. 18.

direction telle que le plan vertical décrit par l'axe de la lunette en tournant autour de l'axe de rotation coïncide avec le plan méridien; on s'assure que cette condition est remplie à l'aide de l'horloge, par les observations des passages d'une étoile circompolaire (n° 25).

Le réticule de la lunette est formé d'un fil horizontal et de huit fils perpendiculaires au premier, et placés deux à deux à égale distance du plan méridien. On note les instants des passages de l'étoile derrière les huit fils, puis on prend la moyenne entre les huit observations; on obtient ainsi avec plus d'exactitude l'instant du passage de l'étoile au méridien. Un compteur, placé à côté de la lunette méridienne, bat les secondes; l'observateur, par l'habitude, parvient à diviser l'intervalle entre deux battements consécutifs en dixièmes de seconde.

18. **Cercle mural.** — Le cercle mural est un grand cercle appliqué contre un mur construit dans la direction du plan méridien. Il sert à mesurer les hauteurs des étoiles au-dessus de l'horizon, ou leurs distances zénithales, à leur passage au méridien. Le cercle mural de l'Observatoire de Paris est divisé de cinq en cinq minutes; par un système particulier de micromètre, on évalue les secondes.

LIVRE II

LA TERRE

CHAPITRE PREMIER

FORME ET ROTATION DE LA TERRE

Forme de la terre. — Définitions. — Mesure de la longitude. — Mesure de la latitude. — Aspect du ciel à différentes latitudes. — Rotation de la terre.

FORME DE LA TERRE

49. La terre est sphérique. — Nous avons vu (n° 1) que la terre, étant entourée par le ciel de tous côtés, est nécessairement un corps isolé dans l'espace. Il est facile de reconnaître qu'elle a la forme sphérique.

Dans un pays découvert, particulièrement en mer, la ligne qui borne la vue ou ligne d'horizon est un cercle dont l'observateur occupe le centre. Plus on s'élève au-dessus de la surface, plus le cercle d'horizon s'agrandit ; et cela a lieu dans tous les pays, en tous les points de la terre. Or, la sphère est le seul corps qui soit vu ainsi sous forme circulaire, de quelque côté qu'on le regarde.

50. Dépression de l'horizon. — Plus on s'élève au-dessus de la surface de la terre, plus l'angle apparent sous lequel on voit la terre diminue. Pour un observateur placé en A (*fig.* 19), à la hauteur AB au-dessus du sol, le cercle d'horizon est CDE, et l'angle sous lequel il voit la terre est CAE. Si l'observateur s'élève en A', le cercle d'horizon C'D'E' augmente, mais l'angle apparent C'A'E' diminue.

De là résulte le phénomène connu sous le nom de dépression de l'horizon. En A, l'horizon rationnel, perpendiculaire à la verticale, est AH ; le rayon visuel AC tangent à la terre est incliné de l'angle CAH au-dessous de l'horizon rationnel. Cet angle est la dépression de l'horizon visible, au point A. En A', la dépression C'A'H' est plus grande. Plus on s'élève, plus la dépression augmente. On mesure cet angle avec un instrument appelé secteur de dépression.

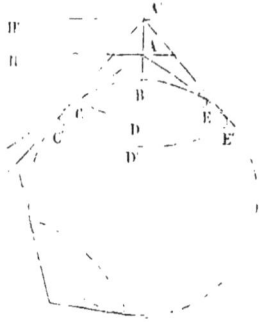

Fig. 19.

Voici quelques résultats trouvés par l'observation :

HAUTEURS.	DÉPRESSION.	RAYON DE L'HORIZON.
5 pieds. . . .	2′ 16″. . . .	0,94 lieues de 4444 mètres.
10 —	3′ 12″. . . .	1,35 —
50 —	7′ 9″. . . .	2,98 —
100 — . . .	10′ 7″. . . .	4,21 —
500 —	22′ 55″. . . .	9,42 —

On déduit de ces nombres, comme première évaluation approximative du rayon de la terre, 1500 lieues.

51. **Convexité de la terre.** — Quand, placés au bord de la mer, nous regardons un navire s'éloigner, nous le voyons diminuer progressivement ; bientôt il atteint l'horizon et paraît suspendu entre la mer et le ciel ; ensuite il semble s'enfoncer peu à peu au-dessous de l'horizon ; le corps du navire disparaît d'abord, puis les basses voiles, enfin les hautes voiles. Et ceci n'est pas un effet de la faiblesse de notre vue ; car, avec une bonne lunette, les phénomènes sont les mêmes. Quand le navire a disparu, si nous montons sur une tour, nous le revoyons de nouveau ; le navire, continuant à s'éloigner, disparaît enfin complétement.

La convexité de la terre rend parfaitement compte de ces appa-

rences. Soit O la position de l'œil (fig. 20) ; quand le navire est
en C, le corps du navire, déjà
situé au-dessous de l'horizon
OH, est invisible ; arrivé en
E, le navire est complète-
ment invisible ; la convexité
de la terre empêche de
l'apercevoir. Si l'observateur
s'élève en O', il voit de nouveau les voiles du navire,

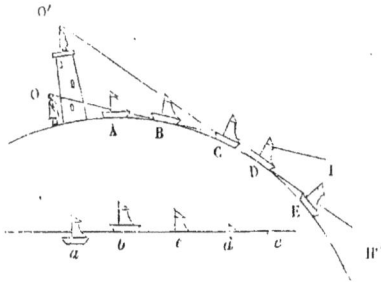

Fig. 20.

jusqu'à ce qu'il ait disparu au-dessous de l'horizon O'H'.

52. Première mesure de la terre. — L'expérience montre que
deux points, élevés chacun d'un mètre et demi au-dessus de la
surface de la terre, deviennent invisibles l'un à l'autre à deux
lieues de distance (lieues de 4444 mètres) : c'est-à-dire que la
droite qui joint ces deux points est tangente à la surface de la
terre. Il en résulte un moyen très-simple de trouver le rayon de
la terre. Soient A et A' les deux points dont
il s'agit (fig. 21) ; la droite AA' est tangente
au point C au globe terrestre. On sait que la
tangente AC est moyenne proportionnelle
entre la sécante entière AD et sa partie extérieure AB ; en d'autres termes, le rapport de
AD à AC est le même que celui de AC à AB :

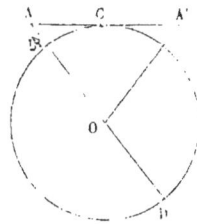

Fig. 21.

mais AC ou une lieue est à peu près égale à 2963 fois AB ou
un mètre et demi ; donc AD égale 2963 lieues. Tel est, par ce
premier aperçu, le diamètre de la terre AD, ce qui fait à peu
près 1500 lieues pour le rayon. Mais cette mesure, comme celle
déduite de la dépression de l'horizon, n'est pas susceptible d'une
grande précision.

53. Montagnes. — Les inégalités que nous voyons à la surface
de la terre, les grandes montagnes qui nous paraissent si énormes,
n'altèrent pas sensiblement la forme générale sphérique du globe
terrestre. La plus haute montagne d'Europe, le mont Blanc, a

4800 mètres d'élévation au-dessus du niveau des mers; la plus
haute montagne du globe, l'Himalaya, en Asie, a 8800 mètres d'é-
lévation; c'est à peu près la 800ᵐᵉ partie du rayon de la terre. Sur
un globe de 4 décimètres de diamètre, la plus haute montagne
serait représentée par un grain de sable d'un quart de millimètre; les montagnes ordinaires, les collines devraient être figu-
rées par la poussière la plus fine. Sur ce globe, une mince couche
d'eau, mise avec un pinceau, figurerait les mers.

54. Voyages autour du monde. — Rien n'a mis en évidence
d'une manière plus frappante la rondeur de la terre que les voyages
autour du monde. Le premier fut exécuté par le Portugais MAGEL-
LAN. Il mit à la voile le 20 septembre 1519, vogua à l'ouest, ren-
contra l'Amérique, découverte vingt-sept ans auparavant par
Christophe Colomb; ne trouvant pas de passage pour continuer sa
route à l'ouest, il côtoya l'Amérique du Sud, pénétra par le détroit qui porte son nom dans l'océan Pacifique, passa entre les
Marquises et l'archipel dangereux de Bougainville; il fut tué dans
l'île de Zébu, par les naturels. Son lieutenant, Sébastien del
Cano, revint par le cap de Bonne-Espérance, et aborda en Europe
le 6 septembre 1522.

DÉFINITIONS

55. Ainsi nous sommes amenés à regarder la terre comme un
globe solide, placé au centre du ciel, semblable à une immense
sphère creuse. Nous supposerons que les centres des deux sphères
coïncident.

L'axe du monde perce le globe terrestre en deux points opposés,
que l'on nomme les *pôles* de la terre : l'un est le pôle boréal,
l'autre le pôle austral.

Si par le centre de la terre on mène un plan perpendiculaire à
l'axe, ce plan trace sur la surface de la terre un grand cercle, que
l'on nomme *équateur terrestre*. L'équateur partage la surface de

la terre en deux hémisphères, l'hémisphère boréal et l'hémisphère austral.

On imagine sur la sphère terrestre deux séries de cercles. Les uns sont des grands cercles déterminés par des plans passant par l'axe; on les nomme *méridiens*; le méridien d'un lieu est le cercle méridien qui passe en ce lieu. Les autres sont des petits cercles déterminés par des plans perpendiculaires à l'axe, et par conséquent parallèles à l'équateur; on les nomme pour cette raison les *parallèles*; les parallèles sont d'autant plus petits qu'ils sont plus rapprochés du pôle.

Les plans des méridiens terrestres coïncident avec les plans des cercles horaires. Les parallèles terrestres correspondent aux parallèles célestes; si l'on imagine un cône ayant son sommet au centre de la terre et passant par un parallèle céleste, ce cône tracera sur la terre un parallèle terrestre.

56. Dans l'hypothèse d'une terre parfaitement sphérique, la verticale, en chaque point du globe, est la droite qui va au centre de la terre; le zénith est le prolongement de ce rayon à l'extérieur.

Les hommes ont eu beaucoup de peine à se représenter la terre, qui les porte et qui leur paraît si stable, comme un globe isolé dans l'espace et ne reposant sur aucun fondement; une idée fausse de la pesanteur les trompait. La pesanteur est une force qui sollicite les corps vers le centre de la terre; les mots *haut* et *bas* n'ont qu'un sens relatif; chaque lieu a son haut et son bas particuliers; un corps qui tombe se rapproche simplement du centre de la terre. Le globe terrestre, considéré dans son ensemble, n'a donc ni haut ni bas. Dès lors, il n'y a pas de raison pour que la terre tombe d'un côté ou de l'autre: il n'y a pas à se demander pourquoi elle se soutient libre dans l'espace.

57. On appelle *coordonnées géographiques* deux angles au moyen desquels on détermine la position d'un lieu à la surface de la terre. Ces deux angles sont la longitude et la latitude.

La *longitude* d'un lieu est l'angle que fait le méridien de ce lieu avec un méridien fixe, que l'on prend pour origine. Cet angle est

mesuré par l'arc d'équateur intercepté entre les deux méridiens.
La longitude se compte à partir du méridien fixe, de 0 à 180 degrés vers l'est, et de 0 à 180 degrés vers l'ouest. Les Français
comptent les longitudes à partir du méridien de l'Observatoire de
Paris; les Anglais, à partir de l'Observatoire de Greenwich. La
longitude de Greenwich, par rapport au méridien de Paris, est
occidentale et de 2° 20′ 24″.

La *latitude* d'un lieu est l'angle que fait la verticale d'un lieu
avec le plan de l'équateur. Si la terre était parfaitement sphérique,
la verticale passerait par le centre de la terre, et la latitude serait
mesurée par l'arc de méridien compris entre le lieu et l'équateur.
La latitude varie de 0 à 90 degrés : elle est boréale ou australe,
suivant que le lieu est situé dans l'un ou l'autre hémisphère.

Les deux coordonnées géographiques sont analogues aux deux
coordonnées célestes : la longitude correspond à l'ascension droite,
la latitude à la déclinaison. On désigne ordinairement la longitude
par la lettre L, la latitude par la lettre grecque λ.

MESURE DE LA LONGITUDE.

58. Théorème. *La différence des longitudes de deux lieux est
égale à la différence des temps de ces deux lieux, multipliée par 15.*

Je suppose qu'en tous lieux de la terre les horloges soient réglées sur le passage d'un même astre à leurs méridiens respectifs,
par exemple sur le passage de l'étoile Wéga de la Lyre : l'étoile,
dans sa révolution diurne, passe par tous les méridiens : son cercle
horaire coïncide successivement avec tous les méridiens : il parcourt les 360 degrés de l'équateur terrestre en vingt-quatre heures,
soit 15 degrés par heure. Si un lieu est situé à 15 degrés de longitude à l'est d'un autre lieu, l'étoile passera au méridien du premier lieu une heure avant de passer au méridien du second;
quand l'horloge du premier lieu marque 12 heures, par exemple,
celle du second lieu ne marque que 11 heures, la différence des

temps des deux lieux est une heure. Ainsi, à une distance de 15 degrés en longitude correspond une différence d'une heure dans les temps; on obtiendra donc la distance de deux lieux en longitude, en multipliant par 15 la différence des temps de ces deux lieux.

Toute la difficulté est de comparer les heures des lieux au même instant. On emploie pour cela plusieurs méthodes, suivant les circonstances dans lesquelles on se trouve placé.

59. **Méthode des signaux.** — Je suppose que les deux lieux ne soient pas très-éloignés l'un de l'autre; d'un point intermédiaire, comme un sommet de montagne visible à la fois des deux lieux, on fait un signal instantané, on enflamme, par exemple, une petite quantité de poudre; deux observateurs, placés dans les deux lieux, et ayant réglé préalablement leurs horloges ou chronomètres sur le passage d'une même étoile à leurs méridiens respectifs, observent le signal et notent chacun le temps où il l'aperçoit; la comparaison des résultats donne la différence des temps, d'où l'on déduit la différence des longitudes.

Si les deux lieux sont très-éloignés l'un de l'autre, on établit plusieurs stations intermédiaires et on fait la somme des différences observées.

Lorsque deux villes sont unies par un télégraphe électrique, on peut s'en servir avec avantage pour déterminer la différence des longitudes. La vitesse de l'électricité est si grande, qu'un courant électrique ferait le tour de la terre en une fraction de seconde; on peut donc admettre qu'un signal électrique se transmet instantanément d'un lieu à l'autre. Une horloge, battant la seconde, est installée en l'un des lieux, le courant électrique, interrompu et rétabli à chaque oscillation par le mouvement du pendule lui-même, transmet le battement de l'horloge au second lieu; de sorte que les deux observateurs, quoique très-éloignés l'un de l'autre, comptent le temps pour ainsi dire à la même horloge. S'ils observent les passages d'une même étoile à leurs méridiens respectifs, la différence des temps donnera la différence des longitudes. Ce procédé très-précis a été employé avec succès en Amérique et en Europe.

60. Par les phénomènes astronomiques. — Certains phénomènes célestes, tels que les éclipses des satellites de Jupiter, les occultations d'étoiles par la lune, la distance angulaire de la lune au soleil, visibles au même instant de points très-éloignés à la surface de la terre, sont d'excellents signaux qui peuvent servir avec avantage à la détermination des longitudes.

Le Bureau des longitudes publie d'avance un livre appelé *Connaissance des temps*, dans lequel sont inscrits les phénomènes célestes en temps de Paris. Si donc, en un certain lieu, un observateur note l'apparition d'un phénomène en temps du lieu, et qu'il compare ce temps au temps de Paris, donné par la *Connaissance des temps*, la différence lui donnera la longitude du lieu.

61. Par les chronomètres. — Pour trouver la longitude en mer, les marins emportent avec eux d'excellents chronomètres, réglés sur le méridien de Paris. Ces chronomètres leur donnent à chaque instant l'heure de Paris. Ils déterminent l'heure du lieu où ils se trouvent par l'observation de la hauteur du soleil, comme nous l'expliquerons plus tard (note E). De la comparaison des temps ils déduisent la longitude.

62. Quand Sébastien del Cano, achevant le voyage de Magellan (n° 54), revint en Europe, il aborda le 6 septembre 1522, et cependant le registre du bord marquait le 5 septembre. Il est facile d'expliquer cette perte d'un jour : quand on marche vers l'ouest, l'heure, dans les lieux par lesquels on passe, retarde de plus en plus sur l'heure du lieu de départ : quand on a parcouru 180 degrés de longitude, le retard est de 12 heures : le soleil se lève en ce lieu au moment où il se couche en Europe : quand on a fait le tour de la terre, le retard total est de 24 heures, ou d'un jour.

Au contraire, quand on fait le tour du monde en marchant à l'est, on gagne un jour.

MESURE DE LA LATITUDE

63. Théorème. *La latitude d'un lieu est égale à la hauteur du pôle au-dessus de l'horizon du lieu.*

Soit PP′ l'axe de la terre, EE′ l'équateur, A un certain lieu, PAP′ le méridien du lieu (*fig.* 22) ; la latitude est l'arc AE du méridien ou l'angle AOE que fait la verticale avec l'équateur. Soit AH la trace du plan de l'horizon sur le plan méridien, ou la méridienne. Le pôle céleste étant situé à une distance extrêmement grande sur le prolongement de l'axe PP, le rayon visuel AD, mené du point A au pôle céleste, est sensiblement parallèle à

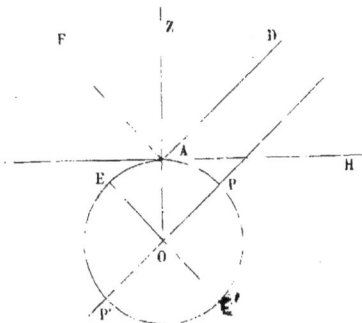

Fig. 22.

l'axe ; la hauteur du pôle au-dessus de l'horizon est l'angle DAH. Par le point A, je mène dans le plan méridien une droite AF parallèle à l'équateur EE′ ; la latitude AOE égale l'angle ZAF. Les deux angles ZAF, DAH sont égaux, comme complémentaires du même angle ZAD. Donc la latitude est égale à la hauteur du pôle au-dessus de l'horizon.

64. Par une étoile circompolaire. — Nous avons expliqué comment on détermine la hauteur du pôle au-dessus de l'horizon : on place le théodolite dans le plan méridien, et l'on observe les distances zénithales d'une étoile circompolaire à ses passages supérieur et inférieur au méridien. Mais cette méthode, très-bonne et très-précise pour les observatoires à poste fixe, exigeant deux observations à 12 heures d'intervalle, n'est pas commode pour les marins et les voyageurs.

65. Par une seule observation. — Quand on connaît la déclinaison d'une étoile, une seule observation suffit pour trouver la latitude ; on mesurera la distance zénithale de l'étoile à son passage au méridien, et l'on en déduira la latitude par la formule (n° 26)

$$\lambda = D \pm Z,$$

dans laquelle λ désigne la latitude, D la déclinaison de l'étoile, Z sa distance zénithale.

Le signe — s'applique aux étoiles qui passent au nord du zénith, le signe + à celles qui passent au sud.

Les marins déterminent la latitude par l'observation de la hauteur du soleil à midi.

ASPECT DU CIEL A DIFFÉRENTES LATITUDES

66. Sphère oblique. — Nous avons décrit (n° 21) l'aspect général de la sphère céleste pour un observateur situé à une certaine distance de l'équateur. Les étoiles décrivent des cercles obliques à l'horizon, et coupés par l'horizon en deux parties inégales. Il existe, autour des pôles, deux zones, l'une toujours visible, l'autre toujours invisible ; les parallèles qui limitent ces zones sont distants des pôles d'une quantité égale à la latitude du lieu. Si l'on marche vers le sud, la latitude et, par suite, la hauteur du pôle diminue. Les deux zones dont nous venons de parler diminuent également : on découvre donc de nouvelles étoiles vers le sud.

67. Sphère droite. — Quand on arrive à l'équateur, la ligne des pôles est couchée dans le plan de l'horizon. On voit à l'horizon, d'un côté l'étoile polaire boréale, du côté opposé le pôle austral. Toutes les étoiles sont visibles sans exception, mais toutes se lèvent et se couchent. Les étoiles décrivent des cercles perpendiculaires à l'horizon, et divisés en deux parties égales. Ainsi, chaque étoile est visible pendant douze heures, invisible pendant douze heures.

68. Sphère parallèle. — Quand, au contraire, on marche vers le nord, la hauteur du pôle augmente, de même que les deux zones polaires. Plaçons-nous par la pensée au pôle boréal : l'axe du monde sera perpendiculaire à l'horizon, et l'étoile polaire nous apparaîtra fixe au zénith. L'équateur céleste coïncide avec l'horizon, et les étoiles décrivent des cercles parallèles à l'horizon; aucune d'elles ne se lève ni ne se couche. L'hémisphère boréal reste constamment au-dessus de l'horizon; mais l'hémisphère austral tout entier est invisible.

ROTATION DE LA TERRE

69. **Tous les mouvements observés sont des mouvements relatifs.** — Nous n'observons que des mouvements relatifs, c'est-à-dire des déplacements des corps les uns par rapport aux autres. Par exemple, on observe que la distance de deux corps A et B augmente; il y a mouvement de

Fig. 25.

chacun d'eux, relativement à l'autre. Relativement au point A, supposé fixe, le point B se meut vers la droite; au contraire, relativement au point B, supposé fixe, le point A se meut vers la gauche de la même quantité. Ainsi, tout mouvement relatif peut être envisagé de deux manières, ou comme un mouvement du premier corps, ou comme un mouvement du second en sens contraire.

70. **Explication du mouvement diurne par la rotation de la terre.** — Le mouvement diurne est un mouvement relatif du ciel et de la terre. Il est clair que ce phénomène peut être expliqué de deux manières; ou la terre est fixe, et la sphère céleste tourne effectivement de l'est à l'ouest; ou le ciel est fixe, et le globe terrestre tourne en sens contraire de l'ouest à l'est.

Soit O le globe terrestre (*fig.* 24), *m* la position de l'observateur sur ce globe; je suppose les étoiles fixes, et la terre tournant sur elle-même de l'ouest à l'est, dans le sens indiqué par la flèche.

Une étoile A, située au-dessous du plan de l'horizon GII, est invisible. La terre tourne, le point *m* vient en *m'*, le plan de l'horizon se déplace en même temps et prend la position G'II'; alors l'étoile A, se trouvant au-dessus de l'horizon, apparaît à l'est. La terre continue à tourner, le point *m* vient en *m"*, le plan de l'horizon en

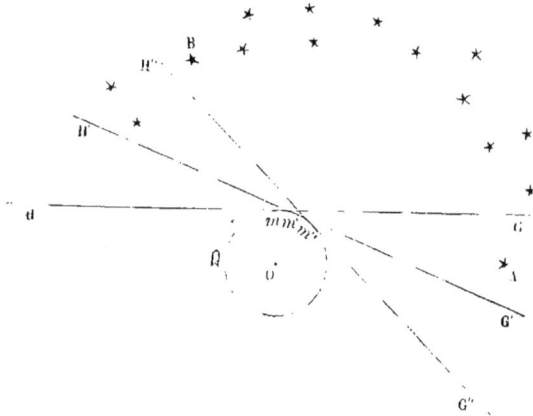

Fig. 24.

G"II"; la hauteur de l'étoile au-dessus de l'horizon augmente et l'étoile paraît s'élever de plus en plus au-dessus de l'horizon. Pendant ce temps, une étoile B, située à l'ouest, se rapproche de plus en plus de l'horizon. Ainsi, les apparences sont exactement les mêmes dans l'une et l'autre hypothèse.

D'une manière plus générale, si la terre tourne de l'ouest à l'est autour d'un diamètre fixe qui, prolongé, sera l'axe du monde, le méridien d'un lieu coïncidera successivement avec chacun des cercles horaires tracés sur la sphère céleste, dans l'ordre des ascensions droites; tout se passe comme si, la terre étant fixe, la sphère céleste tournait autour du même axe, en sens contraire, c'est-à-dire de l'est à l'ouest.

71. Preuves de la rotation de la terre. — Il est un grand nombre de circonstances dans lesquelles un observateur attribue son mouvement propre aux objets qui l'entourent. Quand nous descendons une rivière en bateau, nous croyons voir les arbres du rivage se mouvoir en sens inverse; l'illusion est complète si aucune secousse du bateau ne nous avertit de son mouvement.

Placés sur la terre et n'éprouvant aucune sensation directe de son mouvement, les hommes ont dû nécessairement croire d'abord la terre immobile et le ciel en mouvement autour d'elle. Il a fallu une longue réflexion pour les amener à douter d'une idée si naturelle et leur faire adopter l'hypothèse contraire du mouvement de la terre. Et d'abord un examen plus attentif des étoiles nous les fait considérer, non plus comme des points lumineux fixés à une sphère creuse, mais comme des astres isolés les uns des autres et situés à des distances très-différentes de la terre. La sphère céleste n'a pas d'existence réelle. C'est une sphère purement fictive, imaginée pour représenter commodément les directions suivant lesquelles de la terre nous voyons les étoiles. Or, il est très-difficile de comprendre comment des astres si nombreux, indépendants les uns des autres, pourraient combiner leurs mouvements de manière à décrire des cercles très-inégaux dans le même temps. Dans l'autre hypothèse, au contraire, tout est expliqué par le mouvement d'un seul corps, la rotation de la terre sur elle-même.

L'observation nous apprend que tous les corps célestes, dont nous pouvons reconnaître la forme et les dimensions avec nos lunettes et nos télescopes, tournent sur eux-mêmes. Pourquoi la terre ferait-elle exception?

72. Outre ces considérations d'ordre général et d'analogie, des raisons plus puissantes militent en faveur du mouvement de la terre. Il est une loi générale de la nature, loi démontrée par l'expérience, et qui est le principe fondamental de la mécanique; c'est que, lorsqu'aucune action extérieure ne s'exerce sur un corps, ce corps reste en repos, s'il est en repos, ou, s'il est en mouvement, se meut en ligne droite et avec une vitesse constante. Un corps ne décrit une ligne courbe que s'il est dévié de la ligne droite par une action extérieure, ce qu'on appelle une *force*.

Pour qu'un corps se meuve en cercle, il faut donc qu'une force

le sollicite sans cesse vers le centre du cercle ; dès que la force
cesse d'agir, le corps prend un mouvement rectiligne suivant la
tangente et quitte le cercle. On démontre que cette force, nécessaire pour produire le mouvement circulaire, est proportionnelle
au rayon du cercle, la durée de la révolution étant la même. Si
l'hypothèse du mouvement de la sphère céleste était vraie, les
étoiles décrivant en un jour, autour de l'axe du monde, des cercles
inégaux très-grands, chacune d'elles devrait être sollicitée par une
force énorme, dirigée vers le centre du parallèle qu'elle décrit :
or, il n'y a pas, sur l'axe du monde, au centre de chaque parallèle,
de corps pour produire cette action : on ne saurait imaginer d'où
viendrait cette force.

La même difficulté n'existe pas pour le mouvement de la terre :
quand un corps est animé d'un mouvement de rotation autour
d'un axe et qu'aucune action extérieure ne s'exerce sur lui, le
corps continue à tourner indéfiniment ; le mouvement de rotation
d'un corps sur lui-même se conserve indéfiniment, comme le
mouvement rectiligne et uniforme. Ainsi, nous adopterons l'hypothèse de la rotation de la terre pour expliquer les phénomènes
du mouvement diurne, comme plus simple et ne présentant aucune
difficulté théorique.

73. La terre, en tournant, emporte avec elle tous les corps
placés à sa surface, les pierres, les arbres, les animaux, les eaux,
l'air lui-même, de sorte que leurs dispositions respectives ne sont
pas changées ; tout se passe à la surface de la terre, comme si ce
mouvement commun n'existait pas. Voilà pourquoi, tant que nous
n'observons que les corps placés sur la terre, rien ne nous avertit
de son mouvement. Il en est de même sur un bateau qui descend
le courant d'un fleuve ; un observateur placé sur le pont, et dont
toute l'attention est occupée à ce qui se passe dans le bateau, ne
s'aperçoit pas du mouvement du bateau ; mais s'il observe des
corps extérieurs, les arbres du rivage, le mouvement se manifeste
immédiatement par un déplacement relatif. C'est ainsi que le
mouvement de la terre nous est révélé par l'observation des étoiles.

Diverses expériences démontrent d'une manière incontestable le mouvement de la terre. On a observé que quand un corps tombe d'une grande hauteur, par exemple dans un puits très-profond, il ne descend pas exactement suivant la verticale, mais qu'il dévie un peu vers l'est. Cette déviation prouve que la terre tourne de l'ouest à l'est.

Dans ces derniers temps, M. Foucault a imaginé des expériences qui manifestent d'une manière très-sensible la rotation de la terre; on en trouvera la description dans la note C, à la fin de ce volume.

CHAPITRE II

MESURE DE LA TERRE

Triangulation. — Aplatissement de la terre. — Longueur du mètre.

— — —

74. **Arc d'un degré**. — Le plus court chemin d'un point à un autre, sur la surface de la terre, est l'arc de grand cercle qui les joint. On appelle *arc d'un degré* un arc de grand cercle tel que les verticales menées à ses deux extrémités font entre elles un angle d'un degré. Si la terre était parfaitement sphérique, sa mesure reviendrait à celle d'un arc d'un degré ; une fois la longueur de cet arc connue, en la multipliant par 360, on aurait la longueur de la circonférence entière, d'où l'on déduirait facilement le rayon.

L'angle des verticales aux deux extrémités d'un arc s'obtient aisément, quand l'arc appartient à un méridien : car cet angle est la différence des latitudes des deux extrémités. On mesurera donc de préférence l'arc d'un degré sur un méridien. L'opération a été faite directement en Pensylvanie, aux États-Unis, en 1768 : dans un pays plat, voisin de la mer, on a tracé un arc de méridien, et on en a mesuré la longueur avec des règles placées les unes à la suite des autres.

75. **Triangulation**. — Mais, en général, la mesure directe étant très-difficile à effectuer, à cause des inégalités du sol, on a recours à la méthode de triangulation. Soit AB l'arc de méridien que l'on veut mesurer ; on forme un réseau de triangles ayant pour sommets les points les plus remarquables, tels que des clochers ou

des sommets de collines; on mesure directement une base MN,
que l'on rattache au réseau ; on mesure avec un théodolite les angles de tous ces triangles. On peut alors calculer, par les formules
de la trigonométrie, les côtés de tous ces triangles et les parties
de l'arc méridien comprises dans chacun d'eux. En faisant la
somme de ces parties, on a l'arc total AB.

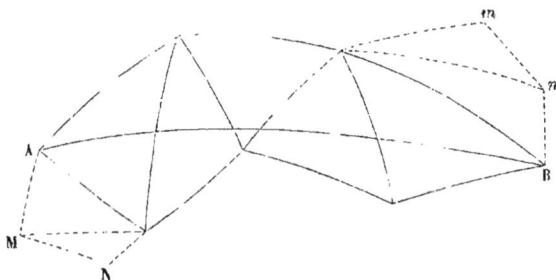

Fig. 25.

On observe aussi la hauteur du pôle aux deux extrémités A et
B ; la différence donne l'arc exprimé en degrés. En divisant la longueur totale par le nombre de degrés contenus dans l'arc, on obtient la longueur de l'arc d'un degré.

Pour faire abstraction des inégalités de la surface de la terre, on
imagine la surface des mers prolongée sous les continents, et l'on
projette le réseau des triangles sur cette surface idéale. Le théodolite donne immédiatement les angles projetés, c'est-à-dire réduits à l'horizon.

76. **Mesure d'une base.** — La partie la plus difficile de l'opération est la mesure de la base. Dans une plaine unie et autant
que possible horizontale, on jalonne une ligne droite, puis on la
mesure avec des règles en sapin, placées sur des bancs horizontaux
et portés par des chevalets. Chaque règle est munie, à une de ses
extrémités, d'une petite languette glissant dans une rainure. Afin
d'éviter les chocs, qui pourraient déranger les règles, on ne met
pas les règles en contact immédiat, on laisse entre elles une petite
distance ; puis on fait mouvoir la languette, de manière à établir

le contact très-délicatement. On connaît la longueur des règles, les languettes sont graduées. En répétant un certain nombre de fois cette opération, on obtient la longueur de la base très-exactement.

On vérifie les opérations et les calculs de la triangulation, en mesurant une seconde base *mn* à l'autre extrémité, et en comparant sa longueur à celle donnée par le calcul.

77. L'opération que nous venons de décrire sommairement a été exécutée à diverses latitudes. Voici quelques-uns des résultats obtenus :

	LATITUDE MOYENNE.	LONGUEUR DU DEGRÉ.
Pérou.	1° 51′	56757 toises.
Inde..	12° 32′ 21″. . . .	56762
France et Espagne. .	46° 8′ 6″. . . .	57025
Angleterre.	52° 2′ 20″. . . .	57066
Laponie.	66° 20′ 10″. . . .	57196

On voit, par ce tableau, que la longueur de l'arc d'un degré n'est pas la même partout ; elle augmente à mesure qu'on s'éloigne de l'équateur.

APLATISSEMENT DE LA TERRE.

78. Puisque les arcs d'un degré ne sont pas égaux, la terre n'a pas une forme rigoureusement sphérique. De ce qu'ils sont plus grands vers les pôles que vers l'équateur, on conclut que la terre est aplatie au pôle et renflée à l'équateur. En effet, puisque la terre n'est pas une sphère exacte, la verticale, en chaque point, ne passe plus au centre ; on doit la concevoir comme une perpendiculaire à la surface de la terre en ce point. Soient EA et PB deux arcs d'un degré, l'un près de l'équateur, l'autre près du pôle, C le point de rencontre des verticales aux deux extrémités du premier arc, D le point de rencontre des verticales aux deux extrémités du second. Si du point C comme centre, avec CA pour rayon, on décrit un arc

de cercle, cet arc coïncidera sensiblement avec l'arc de méridien
EA; de même, si du point D comme centre, avec DP pour rayon,
on décrit un arc de cercle, cet arc coïncidera sensiblement avec le
second arc de méridien PB.
Ainsi les deux arcs EA, PB
peuvent être considérés
comme deux arcs d'un degré
dans les deux cercles C et
D. Or, sur un cercle, l'arc
d'un degré, ou la 360me
partie de la circonférence,
est d'autant plus grand que
le rayon du cercle est plus

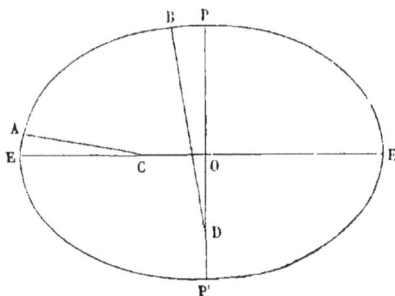

Fig. 26.

grand; puisque l'arc PB est plus grand que EA, le rayon DP
est plus grand que CE. D'un autre côté, la courbure d'un cercle
diminue quand le rayon augmente; plus le rayon est grand, moins
la courbure est sensible; donc la courbure est moins grande au
pôle qu'à l'équateur; en d'autres termes, la terre est aplatie vers
les pôles et renflée à l'équateur; elle a la forme ovale que représente la figure.

79. **Ellipsoïde terrestre.** — Imaginons qu'une ellipse PEP
(*fig.* 26) tourne autour de son petit axe PP′, elle engendrera un
corps nommé *ellipsoïde*, auquel nous assimilerons la terre. Il y a
lieu de distinguer deux dimensions dans ce corps : le diamètre des
pôles PP′ et celui de l'équateur EE′. Puisque l'ellipsoïde terrestre
est défini par ses deux diamètres, on conçoit que deux arcs d'un
degré, mesurés à des latitudes différentes, suffisent à les déterminer; afin que ces deux arcs diffèrent le plus possible, on les
prendra, l'un dans le voisinage du pôle, l'autre dans le voisinage
de l'équateur. Voici les résultats donnés par le calcul :

Demi-diamètre de l'équateur. . . . . . 6577398 mètres.
Demi-diamètre du pôle. 6356080
Différence. 21318

On appelle *aplatissement* le rapport de la différence des deux

4

diamètres au diamètre de l'équateur. L'aplatissement de la terre est à peu près égal à $\frac{1}{299}$, soit en nombre rond $\frac{1}{300}$. Si nous représentons la terre par un globe de 5 décimètres de diamètre, comme nous l'avons supposé précédemment, la différence entre les deux diamètres ne serait pas de 2 millimètres.

Au premier aperçu, nous avons regardé la terre comme une sphère ; des mesures plus précises nous la font considérer comme un ellipsoïde de révolution peu différent d'une sphère. Les méridiens sont des ellipses, les parallèles sont des cercles.

80. L'aplatissement de la terre est une conséquence de sa rotation. — On admet, en général, que la terre, au commencement de sa formation, était une masse liquide ; or on conçoit qu'une masse liquide en repos, en vertu de l'attraction mutuelle de ses parties, doit prendre la forme sphérique ; c'est ainsi qu'une goutte d'eau est une petite sphère : si la terre était immobile, elle aurait donc la forme sphérique. Mais si l'on imprime à cette masse liquide un mouvement de rotation, l'équilibre sera rompu, la sphère se déformera et s'aplatira aux pôles. Des expériences très-simples démontrent cette indication de la théorie. Une bande circulaire en acier flexible et élastique est disposée sur un axe vertical, qui la traverse en deux points diamétralement opposés ; la partie inférieure est fixée à l'axe, mais la partie supérieure peut glisser librement le long de l'axe, quand on la comprime. Si l'on imprime à l'axe un mouvement de rotation, on voit le cercle se déformer et s'aplatir aux pôles, d'autant plus que le mouvement de rotation est plus rapide.

Ce phénomène a été mis en évidence d'une manière plus nette encore par M. Plateau, de Bruxelles. Dans un mélange d'eau et d'alcool, ayant une densité égale à celle de l'huile, il introduit une certaine quantité d'huile d'olive ; en vertu de l'attraction mutuelle de ses parties, la masse d'huile prend la forme sphérique et se soutient en équilibre au milieu du vase. Si l'on imprime ensuite à cette sphère d'huile un mouvement de rotation autour d'un axe, on la voit se déformer, s'aplatir au pôle et se renfler à l'équateur ;

l'effet est d'autant plus marqué que la rotation est plus rapide. (Pour plus de détails sur cette expérience curieuse, je renvoie le lecteur à la note D, à la fin du volume.)

Ainsi l'aplatissement d'une masse fluide est une conséquence nécessaire de sa rotation. Aussi Huyghens et Newton avaient-ils prévu l'aplatissement de la terre longtemps avant qu'on l'eût constaté par l'expérience.

LONGUEUR DU MÈTRE

81. La plus grande opération géodésique a été exécutée en France, à la fin du siècle dernier, à l'occasion de la détermination du mètre. Le 8 mai 1790, l'Assemblée nationale, voulant substituer à la confusion des mesures provinciales un système général de poids et mesures, décida, sur la proposition d'une Commission nommée par l'Académie, et composée de Borda, Lagrange, Laplace, Monge et Condorcet, que toutes les mesures seraient déduites de l'unité de longueur, et que l'unité de longueur serait liée à la grandeur de la terre. Dans ce but, Méchain et Delambre mesurèrent par triangulation l'arc du méridien qui traverse la France de Dunkerque à Barcelone, arc de près de 10 degrés. Combinant leurs résultats avec ceux obtenus précédemment au Pérou, ils trouvèrent, pour la longueur du quart du méridien terrestre, 5130740 toises. On a pris la dix-millionième partie du quart du méridien terrestre pour la nouvelle unité de longueur, à laquelle on donna le nom de *mètre*; ainsi la longueur du mètre est de 0,513074 toise, ou 3 pieds 11 lignes et une fraction 0,296 de ligne. Dans ces opérations géodésiques, l'unité de longueur était la toise en fer de l'Académie, autrement dite toise du Pérou, parce qu'elle a servi dans la mesure de la base du Pérou. Le système nouveau fut adopté par la Convention, sanctionné plus tard par le Corps législatif, et déclaré obligatoire à partir du 2 novembre 1801. Ainsi, la valeur légale du mètre est de 0,513074

toise. Telle est la longueur de l'étalon en platine déposé aux archives de l'État.

Le méridien de Paris a été prolongé depuis cette époque, vers le nord, de Dunkerque à Greenwich, en Angleterre; vers le sud, de Barcelone à l'île de Formentera, par MM. Biot et Arago.

On a reconnu depuis, à l'aide de nouvelles mesures, que la longueur assignée au quart du méridien terrestre par la Commission chargée de la détermination du mètre est un peu trop faible. D'après Bessel, la longueur du quart du méridien est de 5131180 toises; elle surpasse de 440 toises la valeur donnée précédemment.

CHAPITRE III

RÉFRACTION ATMOSPHÉRIQUE ET PARALLAXES

Pesanteur de l'air. — Crépuscule. — Réfraction atmosphérique.
Parallaxes.

———

82. **Pesanteur de l'air.** — Le globe terrestre est entouré d'une atmosphère gazeuse; c'est l'air que nous respirons. On constate la pesanteur de l'air au moyen du *baromètre*. Si l'on remplit de mercure un tube ayant à peu près un mètre de long, et qu'on le retourne dans un vase plein de mercure, on voit le niveau se maintenir dans le tube à 76 centimètres environ au-dessus du niveau extérieur. Ainsi, une colonne de mercure de 76 centimètres fait équilibre à la pression atmosphérique. L'atmosphère exerce donc sur la surface des corps une pression égale au poids d'une colonne de mercure de 76 centimètres de hauteur, c'est-à-dire une pression d'à peu près 1 kilogramme par centimètre carré, ou 100 kilogrammes par décimètre carré, soit la pression énorme de 10000 kilogrammes par mètre carré.

Quand on s'élève au sommet des montagnes, on voit la colonne barométrique s'abaisser peu à peu; la pression atmosphérique diminue. Au sommet de l'Etna, à 3237 mètres au-dessus du niveau de la mer, on a déjà le tiers de la masse de l'atmosphère sous ses pieds; à 5600 mètres, on en a la moitié. En même temps, l'air, moins comprimé, devient de plus en plus rare. Quoiqu'on ne puisse assigner avec précision la limite de l'atmosphère, diverses considérations ont amené à penser que sa hauteur totale ne dépasse pas 60000 mètres, ou du moins qu'à cette hauteur la densité de l'air

est extrêmement faible ; c'est à peu près la centième partie du
rayon de la terre. Sur un globe de 4 décimètres de diamètre (n° 55),
l'atmosphère serait représentée par une couche gazeuse de 2 millimètres d'épaisseur ; on l'a comparée au duvet d'une pêche.

83. **Utilité de l'atmosphère.** — L'atmosphère joue un rôle très-
utile. Par sa pression, elle retient les eaux à l'état liquide ; entourant la terre comme d'un vêtement, elle empêche la dispersion
de la chaleur et le refroidissement qui en résulte ; enfin elle est
indispensable à la respiration des végétaux et des animaux. Sans
l'atmosphère, aucune vie ne serait possible à la surface de la terre.

Au sommet des montagnes, l'atmosphère, devenant plus rare,
s'oppose d'une manière moins efficace à la dispersion de la chaleur. À l'hospice du grand Saint-Bernard, élevé de 2075 mètres
au-dessus du niveau des mers, la température moyenne est de
1 degré au-dessous de zéro.

84. **Lumière diffuse.** — L'atmosphère n'est pas parfaitement
transparente ; les molécules d'air réfléchissent une partie des
rayons lumineux venant du soleil, particulièrement les rayons
bleus, et les dispersent dans toutes les directions. C'est de là que
provient la lumière diffuse répandue dans l'atmosphère pendant
le jour, et la couleur bleue du ciel. Quand on s'élève sur les
hautes montagnes, la quantité de lumière diffuse diminuant, le
bleu du ciel devient plus foncé et tourne au noir, qui est l'absence de lumière.

85. **Pourquoi les étoiles ne sont pas visibles pendant le jour.**
— Il est facile d'expliquer maintenant pourquoi les étoiles ne sont
pas visibles pendant le jour. La petite quantité de lumière qu'une
étoile envoie dans l'œil est en quelque sorte noyée dans la grande
quantité de lumière diffuse qui nous vient de toutes les parties de
l'atmosphère ; l'étoile, se projetant sur un fond lumineux, ne peut
être distinguée. Mais si, par un moyen quelconque, on se met à
l'abri de la lumière diffuse, l'étoile, se détachant sur un fond noir,
devient visible. C'est ainsi que du fond d'un puits on peut voir les
étoiles en plein jour. On les observe aussi avec des lunettes dont le

tube, noirci intérieurement, absorbe la lumière diffuse. Au sommet des hautes montagnes, là où la lumière diffuse est peu considérable et le ciel presque noir, il n'est pas rare d'apercevoir pendant le jour les étoiles les plus brillantes.

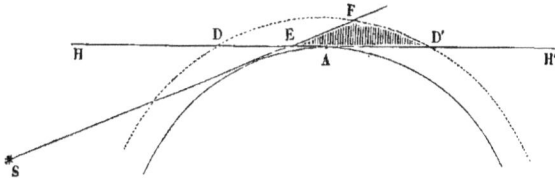

Fig. 27.

86. Crépuscule. — C'est aussi l'atmosphère qui produit le phénomène de l'aurore et du crépuscule. Soit A la position de l'observateur, HH' son horizon. Lorsque le soleil est arrivé en S au-dessous de l'horizon, il éclaire encore la portion DEF de l'atmosphère, située au-dessus de l'horizon. Cette partie du ciel, à l'ouest, paraît encore lumineuse à l'observateur, tandis que l'autre partie D'EF, à l'est, est déjà noire. Le soleil continuant à descendre au-dessous de l'horizon, la partie éclairée diminue, la partie obscure augmente. La disparition totale du crépuscule a lieu quand le soleil est à 17 ou 18 degrés au-dessous de l'horizon ; on en conclut que la hauteur de l'atmosphère est au plus de 60000 mètres.

87. Réfraction atmosphérique. — On sait que lorsqu'un rayon lumineux passe d'un milieu moins dense dans un milieu plus dense, il se brise et se rapproche de la normale à la surface de séparation des deux milieux. L'atmosphère peut être considérée comme formée de couches superposées, de moins en moins denses. Un rayon lumineux Ea (fig. 28) venant d'une étoile, pénètre dans l'atmosphère en a; il éprouve une première réfraction et prend la direction ab; en b, il rencontre une seconde couche d'air plus dense, se réfracte de nouveau, et prend la direction bc ; en c, le rayon lumineux se réfracte encore, et arrive à l'observateur placé en A dans la direction cA. Or il est clair que la sensation produite ne dépend que de la direction du rayon lumineux, au moment où il pénètre dans l'œil; l'observateur voit donc l'étoile en E', sur le prolongement du dernier élément A*c*. Si l'atmosphère n'existait pas, il verrait l'étoile dans la direction AE. La déviation EAE' est ce qu'on appelle la *réfraction atmosphérique*.

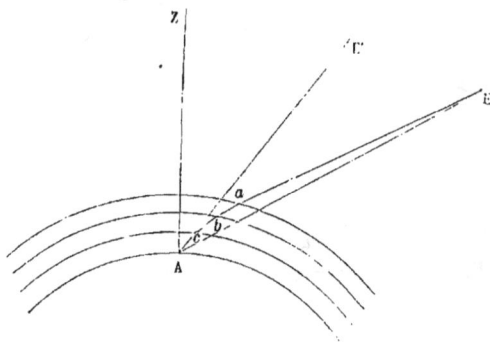

Fig. 28.

Ainsi, la réfraction atmosphérique élève l'astre au-dessus de l'horizon, dans le plan vertical qui le contient. Quand on observe la hauteur d'un astre, il faut donc, pour avoir la hauteur *vraie*, retrancher de l'angle observé la déviation due à la réfraction. Les astronomes ont construit dans ce but des tables de réfraction. A l'horizon, la réfraction surpasse 35 minutes; elle diminue rapidement quand la hauteur au-dessus de l'horizon augmente; à la hauteur de 45 degrés, elle n'est plus que de 58 secondes; au zénith, elle est nulle; le rayon lumineux, traversant normalement les couches d'air, n'est pas dévié.

La réfraction atmosphérique, élevant l'astre dans le plan vertical qui le contient, ne change pas l'instant de son passage au méridien; la correction de la réfraction ne portera donc que sur les observations relatives à la détermination des déclinaisons.

88. La réfraction à l'horizon étant un peu plus grande que le diamètre apparent du soleil, cet astre est déjà descendu au-dessous de l'horizon, que nous le voyons encore tout entier au-dessus.

La réfraction regarde donc de deux à trois minutes le coucher du soleil, et avance de même son lever.

Un autre phénomène, dû à la réfraction atmosphérique, est la déformation du soleil ou de la lune à l'horizon. Le bord inférieur du soleil est élevé par la réfraction plus que le bord supérieur ; il en résulte une diminution dans le diamètre vertical du soleil, tandis que le diamètre horizontal ne change pas sensiblement. Le disque du soleil paraît donc ovale, au moment de son lever ou de son coucher. Au reste, la réfraction à l'horizon est très-irrégulière, et le disque du soleil ou de la lune présente quelquefois des formes très-bizarres.

89. Les astres qui ont un diamètre apparent sensible, particulièrement le soleil et la lune, nous semblent plus grands à l'horizon qu'à une certaine hauteur. Ceci est une illusion d'optique ; nous jugeons de la grandeur d'un objet, non-seulement par son diamètre apparent, mais encore par la distance à laquelle nous le croyons situé. Or, quand le soleil est à l'horizon, nous le croyons beaucoup plus éloigné, à cause du grand nombre d'objets intermédiaires, tels qu'arbres, collines ; et, par conséquent, nous le jugeons plus grand. Mais si nous le regardons à travers un tube ou un petit trou percé dans une carte, qui nous cache les objets intermédiaires, nous le voyons sous sa grandeur ordinaire.

90. **Scintillation**. — Les étoiles paraissent dans une agitation continuelle ; on les voit trembloter et changer d'éclat et de couleur d'une manière très-rapide. Ce phénomène n'est pas dû à un mouvement réel des étoiles : car la scintillation est surtout sensible dans le voisinage de l'horizon, elle est plus faible au zénith. Elle n'est pas la même toutes les nuits ; elle est très-marquée quand l'atmosphère est agitée : dans certaines régions de la terre, où l'air est très-calme, les étoiles scintillent peu. Ainsi, la scintillation dépend de l'état de l'atmosphère. Arago a donné de ce phénomène une théorie complète ; on peut consulter à cet égard la remarquable notice insérée par l'illustre savant dans l'*Annuaire du Bureau des longitudes* de 1852.

91. Définition. — Nous avons fait subir aux observations une première correction due à la réfraction atmosphérique. Quand il s'agit du soleil et de la lune, et en général d'astres qui ne sont pas situés à une distance très-grande de la terre, on fait subir aux observations une seconde correction, appelée correction de la parallaxe.

On appelle *parallaxe* d'un astre l'angle sous lequel, du centre de l'astre, on voit le rayon de la terre; en d'autres termes, la parallaxe d'un astre est la moitié du diamètre apparent de la terre vue du centre de l'astre. Soit S le centre du soleil; de ce point menons des tangentes au globe terrestre; la parallaxe du soleil est l'angle OSA, ou la moitié de l'angle ASB, sous lequel, du centre du soleil, on voit la terre.

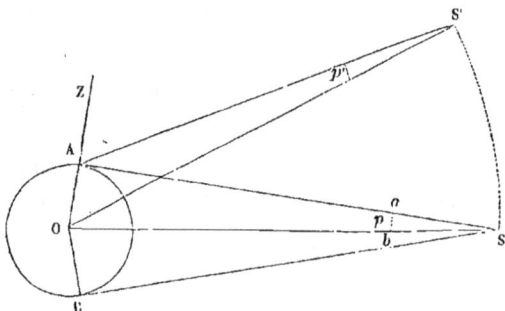

Fig. 29.

La parallaxe d'un astre dépend de la distance de l'astre au centre de la terre. Soit r le rayon de la terre, D la distance du centre de la terre au centre de l'astre, p la parallaxe. Du point S comme centre, avec un rayon égal à l'unité, décrivons un arc de cercle, l'angle ASO est mesuré par l'arc ab compris entre ses côtés; or cet arc très-petit coïncide sensiblement avec une petite

droite perpendiculaire sur SA; les deux triangles semblables
SAO, S*ab*, donnent

$$\frac{ab}{Sb} = \frac{OA}{OS},$$

d'où

$$p = \frac{r}{D}.$$

Ainsi l'arc qui mesure la parallaxe est égal au rayon de la terre
divisé par la distance du centre de la terre au centre de l'astre.

La parallaxe d'un astre est d'autant plus petite que l'astre est
plus éloigné de la terre. Nous indiquerons plus tard les moyens
par lesquels on détermine la parallaxe de la lune et celle du soleil. Quant aux étoiles, elles sont si éloignées de la terre, que leur
parallaxe est insensible.

92. Correction de la parallaxe. — La position que l'on attribue
à un astre dans l'espace dépend évidemment de la position de
l'observateur à la surface de la terre; d'autre part, le lieu occupé
par un observateur se déplace, à cause de la rotation de la terre.
Pour rendre les observations indépendantes de ces variations, on
les rapporte au centre de la terre. Soit A (*fig.* 29) la position de
l'observateur à la surface de la terre, OZ la verticale du lieu; on
imagine que l'observateur soit placé au centre de la terre, en conservant la même verticale OZ. Quand le soleil est à l'horizon en
S, la distance zénithale observée ZAS est de 90 degrés; mais,
pour l'observateur placé au centre de la terre, la distance zénithale ZOS est plus petite; elle est égale à ZAS, c'est-à-dire à 90
degrés, moins la parallaxe OSA, que l'on nomme, pour cette
raison, parallaxe horizontale. Supposons maintenant que le soleil
soit en S', à une certaine hauteur au-dessus de l'horizon, la distance zénithale observée est ZAS'; pour l'observateur placé au
centre de la terre, la distance zénithale du soleil est l'angle ZOS';
or on a

$$ZOS' = ZAS' — OS'A.$$

Pour rapporter l'observation au centre de la terre, il faut donc, de la distance zénithale observée ZAS', retrancher l'angle OS'A, que l'on appelle parallaxe de hauteur. Connaissant la parallaxe horizontale, il est facile de calculer la parallaxe de hauteur[1] ; on construit ainsi des tables qui donnent la correction pour toutes les distances zénithales observées.

---

[1] Soit p la parallaxe horizontale de l'astre ; dans le triangle rectangle ASO (fig. 29), on a

$$\sin p = \frac{r}{D}.$$

Comme l'arc p est très-petit, le sinus est sensiblement égal à l'arc lui-même ; on a donc

$$p = \frac{r}{D}.$$

Désignons par p' la parallaxe de hauteur et par Z la distance zénithale observée ZAS' ; le triangle AS'O donne

$$\frac{\sin p'}{r} = \frac{\sin Z}{D} ;$$

d'où l'on déduit

$$\sin p' = \frac{r}{D} \sin Z,$$

ou, en remplaçant le sinus de l'arc très-petit p' par l'arc lui-même,

$$p' = p \sin Z.$$

Telle est la formule au moyen de laquelle on calcule la parallaxe de hauteur, connaissant la parallaxe horizontale.

LIVRE III

LE SOLEIL

―

CHAPITRE PREMIER

MOUVEMENT CIRCULAIRE DU SOLEIL

Mouvement apparent du soleil. — Définitions. — Équinoxes. — Écliptique. — Longitude et latitude des astres. — Saisons. — Climats. — Des vents. — Calendrier.

―

MOUVEMENT APPARENT DU SOLEIL

93. Le soleil n'est pas fixe sur la sphère céleste comme les étoiles ; il se déplace sur cette sphère, décrivant un grand cercle en une année, d'occident en orient. La simple inspection du ciel permet de reconnaître ce mouvement : que l'on observe la constellation qui précède le soleil à son lever, ou celle qui le suit à son coucher, on verra le soleil passer successivement dans différentes constellations.

Disons d'abord quelques mots des précautions à prendre. L'image du soleil, au foyer de la lunette, étant extrêmement intense, il faut avoir soin de placer en avant de l'objectif, ou d'interposer entre l'oculaire et l'œil, des verres de couleur très-foncée, qui absorbent la plus grande partie des rayons, sans quoi l'œil serait gravement blessé. Le soleil ayant un certain diamètre apparent, on rapporte les observations au centre de l'astre. Pour déterminer l'ascension droite, on note l'instant du passage du bord occidental du soleil derrrière le fil vertical du réticule, puis l'instant du passage du bord oriental; la moyenne entre les deux temps observés donne l'instant du passage du centre du soleil. Pour déterminer la déclinaison, on observe la distance zénithale du bord inférieur du soleil, puis celle du bord supérieur; la moyenne donne la distance zénithale du centre, d'où l'on déduit la déclinaison.

Si l'on observe ainsi chaque jour à midi, pendant le cours d'une année, l'ascension droite et la déclinaison du centre du soleil, et que l'on marque sur un globe céleste les positions correspondantes, on reconnaît que le soleil décrit, dans une année, de l'ouest à l'est, un grand cercle sur la sphère céleste.

DÉFINITIONS

94. Le grand cercle que paraît décrire le soleil, d'occident en orient, sur la sphère céleste, porte le nom d'*écliptique*. Il est incliné de 23° 28′ sur l'équateur; il coupe l'équateur en deux points que l'on nomme les *équinoxes*.

L'équinoxe du printemps est le point où le soleil traverse l'équateur, pour passer de l'hémisphère austral dans l'hémisphère boréal. L'équinoxe d'automne est le point où le soleil traverse l'équateur, pour revenir de l'hémisphère boréal dans l'hémisphère austral.

Si par le centre de la sphère céleste on mène dans le plan de l'écliptique une ligne perpendiculaire à la ligne des équinoxes, cette ligne détermine sur l'écliptique deux points appelés les *solstices*. L'un est le solstice d'été, celui qui est dans l'hémisphère boréal; l'autre le solstice d'hiver, celui qui est dans l'hémisphère austral.

Dans la figure 50, le cercle EγE′ représente l'équateur, le cercle GγG′ l'écliptique; le mouvement du soleil sur l'écliptique s'accomplit dans le sens G′γG indiqué par la flèche. Les points γ et γ′, où l'écliptique coupe l'équateur, sont les équinoxes ; le point γ est l'équinoxe du printemps, γ' l'équinoxe d'automne. La ligne GG', perpendiculaire à la ligne des équinoxes γγ', détermine les deux solstices G et G' : le point G est le solstice d'été, G' le solstice d'hiver.

95. Le *jour solaire* est l'intervalle de temps compris entre deux passages consécutifs du soleil au même méridien. Les astronomes font commencer le jour à midi, et ils comptent les heures sans interruption de 0 à 24, d'un midi au midi suivant ; mais, dans

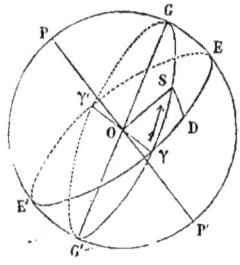

Fig. 30.

les usages de la vie civile, on fait commencer le jour à minuit, et on le divise en deux périodes de douze heures chacune, que l'on distingue en heures du matin, de minuit à midi, et en heures du soir, de midi au minuit suivant. Par exemple, le 25 mars, à 7 heures du matin, temps civil, correspond au 24 mars, à 19 heures, temps astronomique.

L'*année tropique* est l'intervalle de temps compris entre deux passages consécutifs du soleil à l'équinoxe du printemps. Elle a été divisée en quatre saisons, qui correspondent aux quatre parties de l'écliptique : le *printemps*, qui commence à l'équinoxe du printemps (le 20 mars environ) et finit au solstice d'été (le 21 juin) ; l'*été*, qui commence au solstice d'été et finit à l'équinoxe d'automne (le 22 septembre) ; l'*automne*, qui commence à l'équinoxe d'automne et finit au solstice d'hiver (le 21 décembre) ; enfin l'*hiver*, qui commence au solstice d'hiver et finit à l'équinoxe du printemps.

On appelle *zodiaque* une bande circulaire sur la sphère céleste, traversée en son milieu par l'écliptique, et ayant 7 à 8 degrés de largeur de part et d'autre de l'écliptique. Les anciens ont divisé le cercle de l'écliptique en douze parties égales, que l'on nomme les *signes du zodiaque*, et dont voici les noms, à partir de l'équinoxe du printemps :

0	♈	Aries, le Bélier...	
1	♉	Taurus, le Taureau...	Printemps.
2	H	Gemini, les Gémeaux...	
3	♋	Cancer, l'Écrevisse...	
4	♌	Leo, le Lion...	Été.
5	♍	Virgo, la Vierge...	
6	♎	Libra, la Balance...	
7	♏	Scorpius, le Scorpion...	Automne.
8	↗	Arcitenens, le Sagittaire...	
9	♑	Caper, le Capricorne...	
10	♒	Amphora, le Verseau...	Hiver.
11	♓	Pisces, les Poissons...	

Pour aider la mémoire, on a réuni en deux vers latins les noms des douze signes du zodiaque :

Sunt Aries, Taurus, Gemini, Cancer, Leo, Virgo,
Libraque, Scorpius, Arcitenens, Caper, Amphora, Pisces.

96. Détermination des équinoxes. — On détermine les équinoxes de la manière suivante : par exemple, le 20 mars 1866, à midi, le soleil a une déclinaison australe de 0° 8′; le 21 mars, à midi, il a une déclinaison boréale de 0° 16′. Dans l'intervalle, la déclinaison a été nulle, le soleil a traversé l'équateur. Par une proportion, on trouve l'instant de l'équinoxe et la position de ce point sur l'équateur; l'équinoxe du printemps a eu lieu, en 1866, le 20 mars, à 8ʰ 4ᵐ du soir.

Nous avons dit que l'on compte les ascensions droites à partir d'un point fixe, choisi arbitrairement sur l'équateur. On est convenu de prendre pour origine des ascensions droites le point équinoxial du printemps, et l'on fait commencer le jour sidéral au moment où ce point équinoxial passe au méridien.

Pendant une année, l'ascension droite du soleil varie de 0 à 360 degrés. De l'équinoxe du printemps à l'équinoxe d'automne, la déclinaison du soleil est boréale; elle croît depuis l'équinoxe du printemps jusqu'au solstice d'été, pour décroître ensuite jusqu'à l'équinoxe d'automne. De l'équinoxe d'automne à l'équinoxe du printemps, la déclinaison est australe; elle croît jusqu'au solstice d'hiver, pour décroître ensuite.

97. Obliquité de l'écliptique. — Il y a plusieurs manières de trouver l'obliquité de l'écliptique, c'est-à-dire l'angle que fait le plan de l'écliptique avec celui de l'équateur. On remarque d'abord que cet angle est mesuré par l'arc GE (*fig.* 30), déclinaison maximum du soleil, celle des solstices; l'observation donne, pour cette déclinaison maximum, 23° 28′. Telle est l'obliquité de l'écliptique.

Soit S une position quelconque du soleil. On a mesuré sa déclinaison SD et son ascension droite γD ; en résolvant le triangle sphérique γSD, on calcule l'angle γ, obliquité de l'écliptique.

98. Longitude et latitude des astres. — On appelle *axe* de l'écliptique le diamètre de la sphère céleste perpendiculaire au plan de l'écliptique. Les *pôles* de l'écliptique en sont les deux extrémités : l'un est le pôle boréal, l'autre le pôle austral. Nous avons déterminé jusqu'à présent la position des astres sur la sphère céleste au moyen des deux coordonnées, ascension droite et déclinaison. Dans ce mode, l'équateur est considéré comme un plan fixe auquel on apporte la position des astres. On détermine aussi la position des astres en les rapportant au plan de l'écliptique comme à un plan fixe, au moyen de deux nouvelles coordonnées, que l'on appelle longitude et latitude célestes.

La latitude d'un astre est la distance de l'astre à l'écliptique, comptée sur le grand cercle qui passe par les pôles de l'écliptique et l'astre. La latitude est boréale ou australe.

La longitude d'un astre est l'arc d'écliptique compris entre le point de l'équinoxe du printemps et le point où le grand cercle précédent coupe l'écliptique. La longitude se compte, comme l'ascension droite, de l'ouest à l'est, de 0 à 360 degrés.

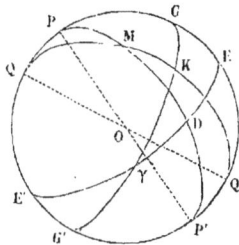

Fig. 31.

Soit PP′ l'axe de l'équateur (*fig.* 31), QQ′ l'axe de l'écliptique,

5

M un astre quelconque. La déclinaison de l'astre est MD, son ascension droite γD, sa latitude MK, sa longitude γK.

On détermine par l'observation les deux coordonnées primitives, ascension droite et déclinaison. On en déduit ensuite par le calcul les deux nouvelles coordonnées, longitude et latitude.

SAISONS

99. Inégalité des jours et des nuits. — Le mouvement annuel du soleil sur un cercle oblique à l'équateur produit le grand phénomène des saisons. Chaque jour, en vertu de la rotation de la sphère céleste autour de son axe, le soleil décrit sensiblement le parallèle céleste sur lequel il est situé. Ce parallèle, étant plus ou moins éloigné de l'équateur, selon la déclinaison du soleil, est divisé par l'horizon en deux parties inégales ; de là provient l'inégalité des jours et des nuits.

Soit HH' l'horizon du lieu, OZ la verticale, PP' l'axe du monde, PEP' le méridien (*fig.* 52). Je suppose, afin de simplifier la figure,

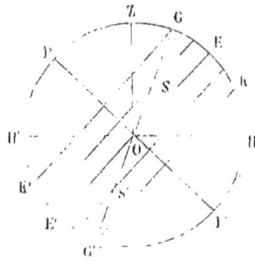

Fig. 52.

que la ligne des équinoxes soit perpendiculaire au méridien ; la projection de l'équateur sur le plan méridien sera la droite EE', la projection de l'écliptique la droite GG', faisant avec la précédente un angle de 23° 28'. A l'équinoxe du printemps, le soleil est en O, il décrit l'équateur EE', qui est divisé par l'horizon en deux parties égales ; le jour est égal à la nuit ; c'est de là que vient la dénomination d'*équinoxe*. Quelques jours après, le soleil est en S ; il décrit un parallèle dont la partie supérieure est plus grande que la partie inférieure, le jour est plus grand que la nuit. Le jour continue d'augmenter, et la nuit de diminuer, jusqu'à ce que le soleil arrive au solstice d'été, en G : alors le jour est maximum, la nuit minimum. A partir du solstice, le soleil se rapproche de l'équateur ; le jour diminue, la nuit augmente. Quand le soleil est arrivé à l'équinoxe d'automne, il décrit de nouveau l'équateur ; le jour est égal à la nuit.

Le soleil passe dans l'autre hémisphère. Arrivé en S', il décrit un parallèle dont la partie supérieure est plus petite que la partie inférieure ; le jour est plus petit que la nuit. Les jours continuent de décroître jusqu'à ce que le soleil arrive au solstice d'hiver, en G' ; alors le jour est minimum, la nuit maximum. Ensuite le soleil se rapproche de l'équateur ; le jour augmente, pour redevenir égal à la nuit à l'équinoxe du printemps.

Ainsi, du solstice d'hiver au solstice d'été, les jours augmentent constamment et les nuits diminuent : c'est le contraire du solstice d'été au solstice d'hiver.

Les deux parallèles GK' et G'K, situés à 25° 28' de part et d'autre de l'équateur, s'appellent les *tropiques célestes* : le premier est le tropique du Cancer ou de l'Ecrevisse ; le second, le tropique du Capricorne. Le jour du solstice d'été, le soleil semble parcourir le tropique du Cancer ; le jour du solstice d'hiver, le tropique du Capricorne.

La courbe décrite chaque jour par le soleil n'est pas exactement un cercle, à cause de la variation de la déclinaison. C'est une courbe non fermée, analogue aux spires d'une hélice. Le soleil semble décrire, dans une année, une série de spires entre les deux tropiques ; il s'avance dans l'hémisphère boréal jusqu'au tropique du Cancer, et retourne ensuite, en quelque sorte, sur ses pas, pour se rapprocher de l'équateur ; c'est de là que vient la dénomination *tropique*, du mot grec τρέπω, *je tourne*. De même, le soleil s'avance dans l'hémisphère austral jusqu'au tropique du Capricorne.

100. Hauteur méridienne du soleil. — La hauteur du soleil au-dessus de l'horizon, à midi, varie de la même manière que la durée du jour. Le jour de l'équinoxe du printemps, le soleil passe au méridien, à peu près au point E ; sa hauteur méridienne est l'angle EOH (*fig.* 52), complément de la hauteur du pôle, soit 41° 10', à Paris. A partir de l'équinoxe du printemps, la hauteur méridienne du soleil augmente jusqu'au solstice d'été, où elle est égale à l'angle GOH, c'est-à-dire à 41°10', plus l'obliquité de l'écliptique, soit 64° 58'. A partir du solstice d'été, la hauteur diminue jusqu'au solstice d'hiver, où elle est égale à l'angle KOH, c'est-à-dire à 41° 10', moins l'obliquité de l'écliptique, soit 17° 42'. Elle augmente ensuite du solstice d'hiver au solstice d'été. Ainsi, à Paris, la hauteur méridienne du soleil varie de 17° 42' à 64° 58'. Si l'on ne tient compte que des hauteurs méridiennes, le soleil paraît monter de K en G, pour redescendre ensuite ou rétrograder de G en K. Les anciens ont indiqué ce double mouvement par le signe du Capricorne ou de la Chèvre, et par celui du Cancer ou de l'Écrevisse.

La vitesse du mouvement est très-variable : à l'équinoxe du printemps, le soleil monte rapidement et les jours croissent d'une manière très-sensible; au solstice d'été, quand le soleil cesse de monter pour descendre ensuite, il paraît stationnaire pendant quelques jours : c'est de là que vient la dénomination *solstice* (*sol stat*, le soleil s'arrête); à l'équinoxe d'automne, la hauteur du soleil diminue rapidement, ainsi que la durée des jours. Au solstice d'hiver, quand le soleil cesse de descendre pour monter ensuite, il paraît de nouveau stationnaire. Dans le voisinage des solstices, la durée des jours varie très-peu.

101. **Gnomon.** — Les corps, quand ils sont éclairés par le soleil, projettent derrière eux une ombre dont la longueur dépend de la hauteur du soleil au-dessus de l'horizon; plus le soleil est élevé au-dessus de l'horizon, plus la longueur de l'ombre est petite. Les anciens, qui ne possédaient pas nos instruments si parfaits, étudiaient la marche du soleil à l'aide d'un gnomon ou style vertical, fixé sur un plan horizontal.

D'abord infinie au lever du soleil, l'ombre diminue jusqu'à midi; elle augmente ensuite jusqu'au coucher du soleil. Autour du pied O du style (*fig.* 55), comme centre, décrivons, dans plan horizontal, des cercles concentriques, et marquons les points *a*, *b*, *c* où l'extrémité de l'ombre tombe sur ces cercles avant midi,

et les points correspondants *c'*, *b'*, *a'* après midi. Le soleil, à égale distance de part et d'autre du plan méridien, ayant sensiblement même hauteur, on aura la méridienne en traçant la bissectrice commune OM des angles *aoa'*, *bob'*. *coc'*.

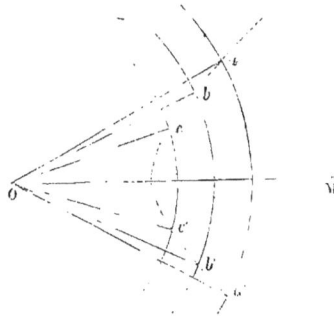

Les jours suivants, au moment où l'ombre du style tombera sur la méridienne, on saura que le soleil passe au

Fig. 33.

méridien. En marquant l'extrémité de l'ombre, à midi, dans les différents jours de l'année, on peut déterminer les équinoxes et

les solstices. Soit OI le style (*fig.* 34), OM la méridienne, le plan de la figure est le plan méridien. Le solstice d'été a lieu quand l'ombre est minimum, OB ; le solstice d'hiver,

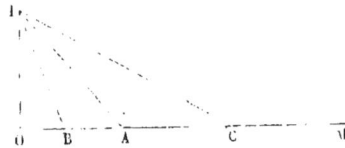

Fig. 34.

quand elle est maximum, OC. Si l'on mène la bissectrice IA de l'angle BIC, on aura l'ombre OA des équinoxes; quand, l'année suivante, l'extrémité de l'ombre tombera exactement au point A, on saura que le soleil passe par un équinoxe. La détermination du jour de l'équinoxe, par ce procédé, est assez exacte, parce que la longueur de l'ombre varie rapidement à cette époque; mais celle du jour des solstices laisse beaucoup d'incertitude, parce que la variation de l'ombre est presque insensible dans le voisinage des solstices.

Le plan mené par IA, perpendiculairement au plan méridien, est l'équateur. L'angle IAO est l'inclinaison de l'équateur sur l'horizon ; l'angle complémentaire OIA est la hauteur du pôle, ou la

latitude du lieu ; enfin l'angle BIA donne l'obliquité de l'écliptique.

102. **Variations de la température.** — Le soleil éclaire constamment une moitié du globe terrestre et verse chaque jour, sur
ce globe, à peu près la même quantité de chaleur. Mais la quantité
de chaleur que reçoit un lieu déterminé est très-variable : elle dépend de la durée du jour en ce lieu et de la hauteur du soleil au-
dessus de l'horizon. Plus le jour est long et plus le soleil est élevé,
plus l'échauffement est grand. Du solstice d'hiver au solstice d'été,
les jours augmentant, ainsi que la hauteur méridienne du soleil,
la quantité de chaleur reçue chaque jour dans un même lieu augmente : elle diminue, au contraire, du solstice d'été au solstice
d'hiver.

La température, à chaque instant, ne dépend pas seulement de
la quantité de chaleur reçue à cet instant, mais encore de la quantité de chaleur accumulée antérieurement et conservée par l'atmosphère (n° 85). Si l'on observe la variation de la température
dans un jour, on reconnaît que le maximum n'a pas lieu à midi,
moment où le soleil verse la plus grande quantité de chaleur sur le
sol, mais à deux heures environ, un peu plus tôt en hiver, un
peu plus tard en été. Avant midi et jusqu'à deux heures, le sol
reçoit une quantité de chaleur plus grande que celle qu'il perd par
rayonnement, et la température s'élève d'une manière continue.
A partir de ce moment, c'est le contraire qui a lieu, et la température baisse jusqu'au lendemain au lever du soleil. L'heure du
maximum n'est pas la même partout ; sur les montagnes, elle se
rapproche de midi, parce que l'atmosphère moins dense conserve
moins bien la chaleur.

Un effet semblable se produit dans le cours de l'année. Appelons
température d'un jour la moyenne des températures des différentes
heures du jour. S'il n'y avait pas accumulation de chaleur et con-
servation par l'atmosphère, le jour le plus chaud de l'année serait
le jour du solstice d'été, le 21 juin ; le jour le plus froid, le jour
du solstice d'hiver, le 21 décembre : mais, à cause de l'accumula-

tion de chaleur, le maximum a lieu un mois plus tard, à la fin de juillet ; le minimum trois semaines plus tard, au milieu de janvier. Du milieu de janvier, la température croît d'abord lentement, plus rapidement en avril et mai, et ainsi jusqu'à la fin de juillet, où elle atteint son maximum. Elle baisse lentement en août, plus rapidement en septembre et octobre, et descend à son minimum au milieu de janvier.

En réfléchissant à ce qui précède, on voit que l'inégalité des jours et des nuits, et par suite le phénomène des saisons, dépend essentiellement de l'inclinaison de l'écliptique sur l'équateur. Si l'écliptique coïncidait avec l'équateur, le soleil décrivant chaque jour l'équateur, les jours seraient constamment égaux aux nuits ; il n'y aurait pas entre les jours ces différences qui constituent les saisons ; il y aurait égalité de température, et, pour ainsi dire, printemps perpétuel.

CLIMATS

103. Définitions. — On appelle *tropiques terrestres* deux parallèles tracés sur le globe terrestre à 23° 28′ de part et d'autre de l'équateur. Les tropiques terrestres correspondent aux tropiques célestes.

Le tropique du Cancer traverse la partie septentrionale de l'Afrique, au sud de l'Atlas, la mer Rouge, au nord de la Mecque ; passe au sud du golfe Persique, traverse l'Inde, et sort du continent par les côtes de la Chine ; de là, il gagne l'Amérique à travers la mer du Sud ; passe à l'extrémité sud de la Californie et dans le golfe du Mexique ; puis vient en Afrique à travers l'océan Atlantique.

Le tropique du Capricorne coupe la pointe australe de l'Afrique ; passe par l'île de Madagascar, la mer des Indes, la Nouvelle-Hollande ; parcourt les mers du Sud dans toute leur étendue ; traverse l'Amérique méridionale vers le Paraguay. La plus grande partie de ce cercle passe sur des mers.

On appelle *cercles polaires* deux parallèles situés à 23° 28' des pôles. Le cercle polaire boréal passe en Islande, au nord de la Suède, dans la Sibérie, le pays des Esquimaux et le Groënland. Le cercle polaire austral est défendu par des glaces perpétuelles ; c'est à peine si l'on a pu en approcher.

104. La surface de la terre a été partagée en cinq zones : 1° la

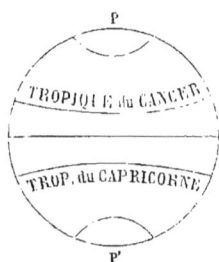

Fig. 55.

zone *torride*, comprise entre les deux tropiques ; elle a 46° 56' de largeur : 2° deux zones *glaciales* autour des pôles et limitées par les cercles polaires : 3° deux zones *tempérées*, comprises entre les tropiques et les cercles polaires.

La zone torride occupe à peu près les 598 millièmes de la surface totale du globe terrestre : les zones tempérées, les 519 millièmes ; les zones glaciales, les 83 millièmes.

J'ai décrit les saisons dans nos contrées situées dans la zone tempérée ; mais ce phénomène varie beaucoup avec la latitude. Je vais décrire ce qui se passe dans les différentes zones.

105. A L'ÉQUATEUR. — Supposons-nous placés, par exemple, à Quito, dans l'Amérique du sud. Les parallèles célestes étant per-

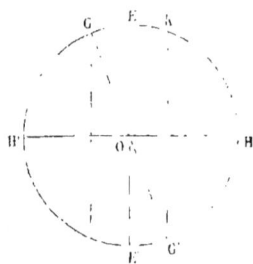

Fig. 56.

pendiculaires à l'horizon et divisés en deux parties égales (n° 67), le jour est constamment égal à la nuit. Chaque jour est de douze heures, chaque nuit de douze heures. Le jour de l'équinoxe du printemps, le soleil passe à peu près au zénith : l'ombre méridienne est nulle. De l'équinoxe du printemps au solstice d'été, le soleil s'avance vers le nord, l'ombre est dirigée vers

e sud et sa longueur augmente. Du solstice d'été à l'équinoxe

d'automne, le soleil se rapproche du zénith, l'ombre diminue.
Le jour de l'équinoxe d'automne, le soleil passe de nouveau au
zénith, puis il s'avance vers le sud, jusqu'au solstice d'hiver,
pour revenir ensuite au zénith à l'équinoxe du printemps. Pendant cette seconde moitié de l'année, l'ombre est dirigée vers le
nord.

Ainsi, à l'équateur, le phénomène des saisons est peu marqué :
les jours étant constamment égaux aux nuits, et le soleil, à midi,
ne s'écartant que de 25° 28′ du zénith, vers le nord ou vers le sud,
la quantité de chaleur reçue chaque jour est à peu près la même.
On pourrait dire que, sous l'équateur, l'année se compose de deux
étés et de deux hivers.

106. **Zone torride**. — Transportons-nous maintenant en un
point quelconque de la zone torride ; par exemple, dans l'île de la
Martinique, à 15 degrés de l'équateur. L'axe du monde PP′ est incliné de 15 degrés sur l'horizon. L'é-
quateur EE′, dans la position supposée, fait avec la verticale le même
angle de 15 degrés ; l'écliptique GG′,
qui fait avec l'équateur un angle de
25° 28′, est disposée comme l'indique
la figure 37 : l'arc ZE égale 15″,
l'arc ZG égale 8″ 28′. L'arc GK, que
semble décrire le soleil dans le méridien, est en partie au sud du zé-

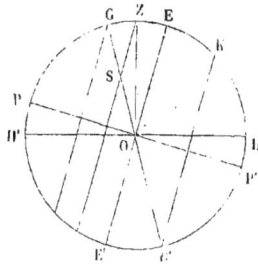

Fig. 37.

nith, en partie au nord ; quand le soleil est en S sur l'écliptique,
vers le 1er mai, il passe au zénith à midi ; il s'avance ensuite vers
le nord jusqu'au solstice d'été, en G, puis rétrograde ; passe de
nouveau au zénith, vers le 10 août ; s'avance vers le sud jusqu'au
solstice d'hiver en K, pour remonter ensuite vers le nord. Du
1er mai au 10 août, l'ombre méridienne est dirigée vers le sud ;
pendant le reste de l'année, elle est dirigée vers le nord.

Ainsi, en chacun des points de la zone torride, le soleil passe
deux fois par an au zénith ; plus rigoureusement, l'ombre méri-

dienne change de sens, est dirigée, tantôt vers le nord, tantôt vers le sud.

Sur la limite de la zone torride, par exemple à Canton, en Chine, le soleil, à midi, atteint le zénith au solstice d'été, mais sans passer au nord ; il rétrograde ensuite.

107. Au pôle. — Plaçons-nous par la pensée au pôle boréal. L'axe du monde est vertical, et l'équateur céleste coïncide avec l'ho-

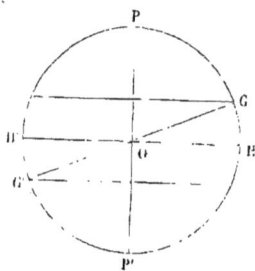

Fig. 58.

rizon (n° 68). Le jour de l'équinoxe du printemps, le soleil fait le tour de l'horizon ; il monte ensuite peu à peu, décrivant sensiblement des cercles parallèles à l'horizon, sans se lever ni se coucher ; le jour est continu, il n'y a pas de nuit. Le soleil s'élève jusqu'à 23° 28', puis il redescend de la même manière, toujours en décrivant des

cercles parallèles à l'horizon. Le jour de l'équinoxe d'automne, il fait de nouveau le tour de l'horizon, puis il s'abaisse au-dessous et disparaît pour six mois : alors commence une longue nuit, qui dure jusqu'à l'équinoxe du printemps. Ainsi, au pôle, l'année se compose d'un jour de six mois et d'une nuit de six mois.

108. Zone glaciale. — Supposons-nous placés à 15 degrés du pôle boréal, dans la Nouvelle-Zemble,

Fig. 59.

par exemple. L'axe du monde PP' fait avec la verticale un angle de 15 degrés (fig. 59) : l'équateur EE' fait avec l'horizon le même angle : l'arc GK, que semble décrire le soleil dans le méridien, à midi, est en partie au-dessous de l'horizon ; l'arc qu'il semble décrire dans le méridien, à minuit, est en partie au-dessus de l'horizon. A

partir du jour de l'équinoxe, les jours augmentent rapidement. Le

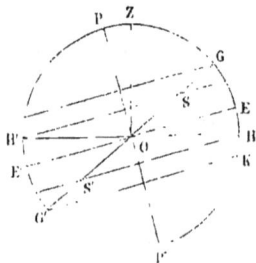

1er mai, quand le soleil arrive en S sur l'écliptique, il touche simplement l'horizon au point H', pour se relever aussitôt ; le soleil ne se couche plus et le jour est continu. Les jours suivants, les parallèles que décrit le soleil s'élevant de plus en plus, le soleil reste constamment au-dessus de l'horizon. A partir du solstice d'été, le soleil redescend ; revenu en S, le 10 août, il touche de nouveau l'horizon, et les nuits augmentent rapidement. Arrivé en S', le 3 novembre, le soleil apparaît simplement à l'horizon au point H pour s'abaisser aussitôt ; les jours suivants, les parallèles étant tout entiers au-dessous de l'horizon, le soleil ne se lève plus, et la nuit dure jusqu'à ce que, revenu en S' le 5 février, le soleil reparaisse.

Ainsi, à 15 degrés du pôle, on a un jour de plus de trois mois et une nuit à peu près égale. Cet effet diminue à mesure qu'on s'éloigne du pôle. En chaque point de la zone glaciale, il y a un jour d'au moins vingt-quatre heures et une nuit égale.

Sur la limite, au nord de l'Islande, on a un jour de vingt-quatre heures à l'un des solstices, et une nuit de vingt-quatre heures à l'autre solstice.

Tels sont les caractères astronomiques de la zone torride et des zones glaciales. Dans les zones tempérées, le soleil ne passe pas au zénith ; il se lève et se couche chaque jour (nos 99 et 100).

Remarquons d'ailleurs que, dans les deux hémisphères, les saisons sont alternées : quand l'été règne dans l'hémisphère boréal, l'hiver a lieu dans l'hémisphère austral.

109. **Crépuscule.** — Plusieurs circonstances contribuent à diminuer la longue nuit des zones glaciales. Dans ce qui précède, nous n'avons considéré que le centre du soleil ; mais il suffit qu'une portion du disque apparaisse au-dessus de l'horizon pour éclairer la terre ; la réfraction atmosphérique, élevant le soleil, encore augmente cet effet. De longs crépuscules précèdent d'ailleurs la venue du soleil, et lui succèdent quand il a disparu.

Nous avons dit que le crépuscule (n° 86) commence ou finit quand le soleil est à 18 degrés au-dessous de l'horizon. Nous appellerons *cercle crépusculaire* un cercle parallèle à l'horizon et situé à 18 degrés au-dessous de l'horizon. Il est aisé de comprendre que la durée du crépuscule n'est pas la même en tous les lieux, et qu'elle augmente avec la latitude. En effet, le parallèle décrit par le soleil en un jour s'inclinant de plus en plus sur l'horizon, à mesure qu'on s'éloigne de l'équateur, la portion de ce parallèle comprise entre l'horizon et le cercle crépusculaire augmente, et par conséquent la durée du crépuscule augmente. A l'équateur, la durée du crépuscule est minimum ; elle est de 1ʰ 12ᵐ environ : la nuit succède rapidement au jour.

Au pôle boréal, après une nuit de six mois, le soleil reparaît à l'équinoxe du printemps ; mais une aurore continue, parcourant l'horizon, annonce depuis longtemps son retour. Cette aurore commence dès que le soleil n'est plus qu'à 18 degrés, déclinaison australe de l'équateur. De même, après la disparition du soleil à l'équinoxe d'automne, un crépuscule continu retarde la venue des ténèbres.

110. La durée du crépuscule en un même lieu varie pendant l'année. A l'équateur, les parallèles célestes étant perpendiculaires à l'horizon, les portions comprises entre l'horizon et le cercle crépusculaire ont à peu près même longueur ; mais le temps mis par le soleil pour les parcourir augmente avec la déclinaison. Ainsi, à l'équateur, la durée du crépuscule est minimum aux équinoxes, maximum aux solstices. A Paris, le plus court crépuscule a lieu quand le soleil est à 7 degrés de l'équateur, déclinaison australe ; il est alors de 1ʰ 47ᵐ. Le plus long a lieu au solstice d'été ; sa durée est de 2ʰ 59ᵐ.

111. **Distribution des températures.** — La température d'une contrée dépend principalement de sa latitude et de sa hauteur au-dessus du niveau des mers. Entre les tropiques, le soleil s'écartant peu du zénith à midi, ses rayons tombent chaque jour presque verticalement sur la terre et pénètrent dans le sol en grande quantité ; aussi la température de cette zone est-elle très-élevée : à l'équateur, elle est en moyenne de 28 degrés centigrades. Dans les zones tempérées, à mesure qu'on s'éloigne de l'équateur, les

rayons du soleil arrivent plus obliquement à la terre et pénètrent dans le sol en moins grande abondance; aussi la température moyenne diminue-t-elle rapidement; à Paris, à la latitude de 48° 50′, elle n'est que de 10° 8′; au cap Nord, à la latitude de 71°, elle est seulement de 0 degré.

Dans les zones glaciales, l'obliquité est encore plus grande; il se forme d'ailleurs, pendant les longues nuits d'hiver, des masses énormes de glace, que le soleil, quand il revient ensuite au-dessus de l'horizon, ne peut fondre entièrement.

On a observé qu'à latitude égale, la température est plus élevée en Europe qu'en Amérique et dans le continent de l'Asie; ainsi, Londres (latitude, 51° 51′) et New-York (latitude, 41° 55′) ont la même température moyenne, 10 degrés.

On a remarqué aussi que l'hémisphère austral est plus froid que l'hémisphère boréal. La ceinture de glaces, qui entoure le pôle boréal ne s'étend pas à plus de 9 degrés du pôle, tandis que celle qui entoure le pôle austral s'étend à plus de 18 degrés; les énormes blocs de glace qui s'en détachent vont jusqu'au 58e degré de latitude.

L'influence de l'*altitude* (c'est-à-dire de l'élévation au-dessus du niveau des mers) sur la température n'est pas moins remarquable. Nous avons déjà dit quelques mots (n° 85) du rôle de l'atmosphère entourant la terre comme d'un vêtement. L'atmosphère laisse pénétrer la chaleur solaire; mais la chaleur une fois entrée dans le sol, l'atmosphère l'empêche de sortir; la chaleur solaire éprouve dans le sol une modification telle qu'elle ne passe plus que difficilement à travers l'air atmosphérique. Ainsi, l'atmosphère s'oppose au rayonnement de la chaleur terrestre et au refroidissement qui en résulte; mais quand on s'élève au-dessus du niveau des mers, l'atmosphère devenant plus rare, son action est moins efficace; on a remarqué que la température s'abaisse environ de 1 degré pour 185 mètres d'élévation.

112. Production du sol. — La température a une grande influence sur la fécondité du sol et sur la distribution des races animales et des espèces végétales à la surface du globe terrestre. La zone torride, en général, est remarquable par sa fécondité; elle est riche en magnifiques végétaux, tels que le bananier, le cocotier, l'arbre à pain, le dattier, qui fournissent à l'homme une nourriture abondante. La banane est un fruit doux qui, d'après Alexandre de Humboldt, dans une même étendue de terre, produit une quantité de substance nutritive quatre fois plus grande que la pomme de terre, et cent trente-trois fois plus grande que le froment; il en mûrit toute l'année. L'arbre à pain est presque aussi productif que le bananier; quatre arbres à pain suffisent, dit-on, pour nourrir un homme. La séve du cocotier donne du sucre et du vin. Le dattier croît sans culture au sud de l'Atlas, en Afrique, dans les pays secs et chauds.

Le riz a été cultivé dans le sud de l'Asie dès la plus haute antiquité, et donne une grande quantité d'aliments; il exige beaucoup de chaleur et d'humidité. C'est la nourriture générale dans le Japon, la Chine; chez certains peuples de l'Inde et de l'archipel asiatique, Madagascar, Mozambique et la Guinée; dans l'Afrique du Nord, l'Asie Mineure, la Perse et tout le sud de l'Europe. Les Européens l'ont introduit dans le nouveau monde; il est très-abondant au Brésil et dans les États du sud des États-Unis, la Caroline et la Louisiane.

Dans les parties des zones tempérées plus éloignées des tropiques, on cultive surtout les céréales. Les céréales ne paraissent pas avoir de limite vers l'équateur. Le froment s'étend, en Norwége, jusqu'au 64ᵉ degré de latitude; l'avoine, jusqu'au 65ᵉ; l'orge, jusqu'au cap Nord, au 70ᵉ. La limite nord des céréales coïncide à peu près avec celle du chêne et des arbres fruitiers.

Dans les pays de montagnes, on voit les climats se succéder par étages : en bas, les magnifiques productions de la zone torride; plus haut, la vigne et les céréales; plus haut encore, les sapins et les pâturages; enfin on dépasse la limite de la végétation, et l'on arrive aux neiges éternelles.

DES VENTS

115. Cause générale des vents. — La différence de température à l'équateur et aux pôles produit quatre grands courants d'air : deux courants d'air chaud, qui vont de l'équateur aux pôles, dans les régions supérieures de l'atmosphère ; deux courants d'air froid, qui viennent, au contraire, des pôles à l'équateur, en suivant la surface de la terre. En effet, l'air, échauffé à l'équateur, au contact du sol, se dilate et s'élève dans les régions supérieures de l'atmosphère, pour se déverser vers les pôles ; il se forme ainsi à l'équateur un vide, que l'air froid des pôles, plus dense, vient combler.

Ceci est un phénomène général : lorsque, dans un espace quelconque, dans un appartement, par exemple, une partie est échauffée tandis que l'autre est froide, on voit toujours s'établir deux courants d'air : un courant supérieur, de la partie chaude à la partie froide ; un courant inférieur, de la partie froide à la partie chaude.

114. Vents d'est. — La rotation de la terre autour de son axe, se combinant avec ces deux grands déplacements atmosphériques, produit les vents d'est et d'ouest. La terre tourne de l'ouest à l'est. Les divers points de sa surface, décrivant en un jour chacun le parallèle sur lequel il est situé, ont des vitesses inégales ; à l'équateur, la vitesse est de 464 mètres par seconde ; elle diminue à mesure qu'on s'éloigne de l'équateur ; à 60 degrés de latitude, à Saint-Pétersbourg, la vitesse est moitié de celle de l'équateur ; au pôle, elle est nulle. L'air froid qui vient du pôle, en rasant le sol, a une vitesse moindre que celle des lieux dans lesquels il arrive. Le sol marche donc vers l'est plus vite que l'air ; tout se passe comme si, le sol étant immobile, l'air allait en sens contraire, de l'est à l'ouest, avec une vitesse égale à la différence des deux vitesses.

Le même phénomène se produit dans un grand nombre de cir-

constances : en chemin de fer, par un temps calme, si l'on est
monté sur les wagons, on éprouve la sensation d'un vent violent
soufflant en sens contraire du mouvement du convoi. Ainsi s'ex-
pliquent les vents d'est.

Dans l'hémisphère boréal, le courant d'air froid allant du nord
au sud, et la rotation de la terre produisant une vitesse relative de
l'est à l'ouest, on a un vent du nord-est. Dans l'hémisphère austral, le courant allant du sud au nord, on a un vent du sud-est. Ces
deux vents inférieurs, connus sous le nom de *vents alizés*, règnent
constamment entre les deux tropiques, sur l'océan Atlantique et le
grand Océan.

On a remarqué que, dans ces mêmes contrées, les nuages élevés
marchent en sens contraire, emportés par le courant supérieur.

Entre la zone du vent alizé nord-est et celle du vent alizé sud-
est, sur l'équateur, il existe une région de calmes entremêlés de
violents orages.

115. Vents d'ouest. — Le courant d'air chaud qui va de l'équateur au pôle, après s'être refroidi dans les régions supérieures de
l'atmosphère, devenu plus dense, s'abaisse vers le 50e degré de
latitude. Ayant conservé à peu près la vitesse de rotation de l'é-
quateur, il va plus vite de l'ouest à l'est que le parallèle qu'il
vient toucher; ce vent souffle donc de l'ouest avec une vitesse
égale à la différence des vitesses. Le courant d'air se transportant
d'ailleurs du sud au nord dans notre hémisphère, il en résulte un
vent du sud-ouest, qui règne généralement dans l'Atlantique, et
qui facilite le retour d'Amérique. Les paquebots à voiles qui faisaient
un service régulier entre Liverpool et New-York mettaient quarante-
trois jours en moyenne pour aller d'Europe en Amérique, et
vingt-trois seulement pour revenir.

Les grands courants atmosphériques dont nous venons de
parler ont pour effet de tempérer les climats : les courants d'air
froid qui viennent des pôles modèrent l'extrême chaleur de la zone
torride, tandis que les courants d'air chaud, qui de l'équateur se
déversent vers les pôles, adoucissent la rigueur des zones glaciales.

On a constaté aussi dans la mer l'existence de grands courants qui agissent d'une manière analogue, transportant l'eau chaude vers les régions polaires et ramenant l'eau froide vers la zone torride.

116. Moussons. — Un grand nombre de circonstances locales produisent des vents qui ont une étendue plus ou moins grande. Ainsi, l'échauffement alternatif du continent de l'Asie et de la pointe méridionale de l'Afrique produit des vents appelés *moussons*, qui soufflent régulièrement dans la mer des Indes. Quand le soleil est vers le tropique boréal, il échauffe fortement les côtes et le continent de l'Asie, tandis que la pointe méridionale d'Afrique est dans l'hiver. Il s'établit ainsi un courant inférieur du Cap à la presqu'île de l'Indostan; c'est la mousson du sud-ouest, dont profitent les marins pour aller dans l'Inde. Quand le soleil est vers le tropique austral, la pointe d'Afrique étant fortement échauffée, le vent souffle en sens contraire; c'est la mousson du nord-est, qui ramène les navires de l'Inde au cap de Bonne-Espérance.

117. Brises. — Sur les côtes, quand le temps est calme, il s'élève, vers neuf heures du matin, une brise de mer, qui augmente jusqu'à trois heures de l'après-midi; puis elle faiblit, pour céder la place à la brise de terre, qui s'élève un peu après le coucher du soleil. Le matin, le sol s'échauffant plus rapidement que la mer, l'air froid vient de la mer à la terre; le soir, au contraire, le sol se refroidit plus rapidement que la mer, et l'air froid souffle de la terre à la mer.

Ces brises alternatives adoucissent le climat des îles et des côtes; aussi distingue-t-on les climats en continentaux et marins. Dans les premiers, la température éprouve de grandes variations; il fait très-froid en hiver, très-chaud en été; dans les derniers, au contraire, les variations de la température sont peu considérables : il n'y a ni chaud ni froid excessifs.

Nous citerons comme exemples les températrices moyennes suivantes :

	HIVER.	ÉTÉ.	DIFFÉRENCE.
Ile Féroë..	3°90	11°60	7°70
Londres..	3°22	16°75	13°53
Paris.	3°59	18°01	14°42
Vienne..	0°18	20°36	20°18
Pétersbourg.	— 7°70	15°96	23°66
Moscou.	— 10°22	17°55	27°77
Jakousk, en Sibérie	— 38°90	17°20	56°10

CALENDRIER

118. Correction julienne. — L'année tropique est de 365,24224 jours solaires moyens; c'est un peu moins de 365 jours et un quart. L'année civile est composée d'un nombre entier de jours, et l'on tient compte de la fraction en intercalant un jour à certains intervalles.

L'année des anciens Égyptiens était de 365 jours, savoir : douze mois de trente jours, plus cinq jours complémentaires. Ils commettaient une erreur d'à peu près un quart de jour par an, soit un jour tous les quatre ans. Les erreurs, en s'accumulant, finissaient par changer le rapport entre les saisons et la dénomination des jours. Le premier jour de l'an remontait le cours des saisons en 1508 ans.

L'an 45 avant notre ère, Jules César, en sa qualité de grand pontife, opéra une réforme du calendrier; adoptant pour la durée de l'année 365 jours et un quart, il intercala un jour tous les quatre ans. Il ordonna que les années ordinaires seraient de 365 jours, et que, tous les quatre ans, il y aurait une année de 366 jours. Les années de 366 jours, qui se succèdent ainsi de quatre ans en quatre ans, s'appellent années *bissextiles*.

Dans notre calendrier, les années bissextiles sont celles dont le millésime est divisible par quatre; les années 1804, 1808, 1812,... 1864 sont bissextiles; les années 1868, 1872,... le seront également.

119. Correction grégorienne. — La durée de l'année adoptée par Jules César n'est pas tout à fait exacte. En comparant l'année julienne, 365 jours un quart, ou $365^j,25$, à l'année tropique $365^j,24224$, on voit qu'elle est trop grande de $0^j,00776$; il en résulte une erreur de $0^j,776$ en cent ans, soit $3^j,104$ en quatre cents ans. Ainsi, dans le calendrier julien, il y a à peu près trois jours de trop en quatre siècles.

Cette dernière correction a été faite en 1582, sous le pontificat du pape Grégoire XIII. Pour supprimer trois jours tous les quatre siècles, on est convenu que les années séculaires ne seraient pas bissextiles, excepté lorsque le nombre de siècles est divisible par quatre; ainsi, l'année 1600 reste bissextile; les années 1700, 1800, 1900 ne sont pas bissextiles; l'année 2000 sera bissextile, etc.

120. Notions historiques. — Les Romains comptaient les années à partir de la fondation de Rome. Les peuples chrétiens datent leur ère de la naissance du Christ; mais c'est une époque que l'on ne peut assigner avec précision. Au reste, la fixation absolue de l'origine de l'ère est peu importante; il suffit que l'on connaisse avec précision, au moyen d'un phénomène astronomique, une époque quelconque de l'ère. Or, on sait que, lors de la tenue du concile de Nicée, en 325, l'équinoxe du printemps arriva le 21 mars. On continua à compter avec le calendrier julien jusqu'en 1582; à cette époque, on s'aperçut que l'équinoxe s'était sensiblement déplacé, et qu'au lieu d'arriver le 21 mars, comme en 325, il tombait le 11 mars. De 325 à 1582, il s'est écoulé 1257 ans; l'erreur du calendrier julien étant de $0^j,00776$ par an, s'était élevée à $9^j,7$, à peu près 10 jours, en 1257 ans. On était donc en retard de 10 jours dans la numération des jours. Pour rétablir la concordance, le pape Grégoire XIII ordonna que le lendemain du 4 octobre 1582, au lieu de s'appeler le 5 octobre, s'appellerait le 15 octobre.

Le calendrier grégorien fut adopté immédiatement par les nations catholiques, un peu plus tard par les nations protestantes. Les Grecs et les Russes suivent encore le calendrier julien. Le retard du calendrier julien est actuellement de 12 jours.

121. L'année a été partagée en 12 mois, ainsi que le représente le tableau suivant :

ANNÉE COMMUNE DE 365 JOURS

NOMS DES MOIS	NOMBRE DE JOURS DU MOIS	RANG DU 1ᵉʳ JOUR DE CHAQUE MOIS DANS LA SÉRIE DES JOURS DE L'ANNÉE
Janvier.	31	1
Février.	28	32
Mars.	31	60
Avril.	30	91
Mai.	31	121
Juin.	30	152
Juillet.	31	182
Août.	31	213
Septembre.	30	244
Octobre.	31	274
Novembre.	30	305
Décembre.	31	335

Lorsque l'année est bissextile, on ajoute un jour au mois de février, qui a alors 29 jours ; et l'on augmente d'une unité le rang du premier jour de chacun des mois suivants.

Dans le calendrier de la République française, l'année était divisée en douze mois de trente jours, suivis de cinq jours complémentaires ; elle commençait à minuit, le jour dans lequel arrive l'équinoxe d'automne. L'ère de ce calendrier était le 22 septembre 1792, jour de la fondation de la République. Les noms des mois rappelaient les grands phénomènes météorologiques ou les progrès de la végétation. Ces noms sont les suivants :

AUTOMNE. . . . . Vendémiaire, brumaire, frimaire.
HIVER. . . . . Nivôse, pluviôse, ventôse.
PRINTEMPS.. . . . . . . Germinal, floréal, prairial.
ÉTÉ... . . . . Messidor, thermidor, fructidor.

On trouve chez tous les peuples l'usage d'une petite période de sept jours appelée la *semaine*, qui remonte à la plus haute antiquité, et qui paraît réglée sur le plus ancien système d'astronomie. Les jours de la semaine portent en effet les noms du soleil, de la lune et des cinq planètes connues des anciens. *Dimanche* est le jour du Seigneur ou du Soleil; *lundi*, le jour de la Lune; *mardi*, *mercredi*, *jeudi*, *vendredi* et *samedi*, sont consacrés aux planètes Mars, Mercure, Jupiter, Vénus et Saturne.

CHAPITRE II

MOUVEMENT ELLIPTIQUE DU SOLEIL

Lois du mouvement elliptique. — Temps moyen. — Inégalité des saisons.
— Inégalités du mouvement elliptique.

---

122. L'orbite est plane. — Au premier aperçu, le soleil nous
a semblé décrire, en une année, un cercle sur la voûte céleste,
d'un mouvement uniforme; ce premier aperçu nous a suffi pour
expliquer les saisons et les climats. Étudions maintenant avec
plus de soin le mouvement du soleil.

Soit S (*fig*. 40) une position quelconque du soleil; on a observé

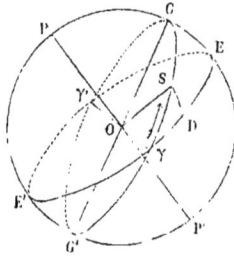

Fig. 40.

l'ascension droite γD et la déclinaison
SD. Si l'on calcule chaque jour la valeur de l'angle γ dans le triangle sphérique SγD, on trouve toujours la même
valeur. On en conclut que la courbe décrite par le soleil autour de la Terre est
une courbe plane. Le plan de cette courbe
est le plan de l'écliptique; l'angle constant γ est l'obliquité de l'écliptique.

123. Variations du mouvement en longitude. — Le soleil restant toujours dans le plan de l'écliptique, sa latitude est nulle,
mais sa longitude γS varie de 0 à 360 degrés. Au moyen de l'ascension droite observée γD et de l'obliquité de l'écliptique qui est
connue, on calcule aisément la longitude γS. Si l'on fait un
tableau des longitudes du soleil pour tous les jours de l'année, et

si l'on prend les différences, on reconnaît que le mouvement du soleil, en longitude, n'est pas uniforme ; il est, en moyenne, de 0°59'8",55 par jour ; le maximum est de 1°1'10", vers le 31 décembre ; le minimum de 0°57'11",5, vers le 2 juillet. La variation est à peu près égale au trentième de la valeur moyenne, en plus ou en moins.

124. Variations du diamètre apparent. — On appelle diamètre apparent d'un astre l'angle que font les deux rayons visuels, menés de l'œil de l'observateur tangentiellement au disque, en deux points diamétralement opposés.

Pour déterminer la déclinaison du centre du soleil, nous avons dit (n° 93) que l'on observe les distances zénithales du bord supérieur et du bord inférieur du soleil ; la différence de ces deux angles donne évidemment le diamètre apparent du soleil. Si l'on compare les observations faites dans le cours d'une année, on reconnaît que le diamètre apparent varie ; il est, en moyenne, de 52 minutes ; il atteint son maximum 52'55",6 vers le 31 décembre ; son minimum 31'31" vers le 2 juillet.

On détermine encore le diamètre apparent du soleil par le temps qu'emploie son disque à traverser le méridien, dans les observations d'ascensions droites. Mais, dans le calcul, il faut tenir compte de la déclinaison.

Le diamètre apparent d'un astre varie en raison inverse de la distance de l'astre à l'observateur : si la distance devient double, le diamètre apparent devient moitié. Puisque le diamètre apparent du soleil varie, il en résulte que la distance du soleil à la terre varie. Si l'on prend pour unité la distance moyenne du soleil à la terre, la distance minimum sera 0,98321, vers le 31 décembre ; la distance maximum 1,01679, vers le 2 juillet. La variation est à peu près égale au soixantième de la distance moyenne, en plus ou en moins.

125. Excentrique des anciens. — Pour expliquer les variations du mouvement en longitude, les anciens, voulant conserver le mouvement circulaire uniforme, qui leur semblait le mouvement parfait, supposaient que le soleil décrit d'un mouvement uniforme un *excentrique*, c'est-à-dire un cercle dont le centre est

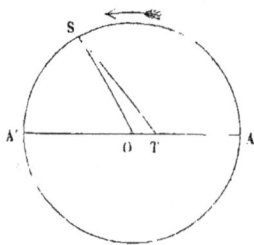

Fig. 41.

placé en dehors du centre de la terre. Soit T le centre de la terre (*fig.* 41), O le centre du cercle décrit par le soleil, l'*excentricité* est le rapport de la quantité OT au rayon du cercle; le diamètre AA′ détermine le point A le plus rapproché de la terre, le *périgée*, et le point A′ le plus éloigné, l'*apogée*. Le mouvement angulaire du soleil autour du point O est uniforme; c'est le mouvement moyen, mais, autour du point T, il est variable; son maximum a lieu au périgée, son minimum à l'apogée. Si l'excentricité est égale à un trentième, la variation du mouvement angulaire sera aussi un trentième de sa valeur moyenne en plus ou en moins.

La distance du soleil à la terre éprouve sur l'excentrique une variation égale au trentième de sa valeur moyenne en plus ou en moins. Mais la mesure des diamètres apparents nous a fait voir que la variation de la distance n'est que du soixantième. Donc l'hypothèse des anciens nécessite une excentricité deux fois trop grande.

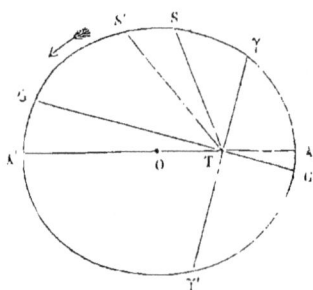

Fig. 42.

C'est par de semblables considérations que Kepler a été conduit à renoncer au mouvement circulaire, pour y substituer le mouvement elliptique.

126. L'orbite est une ellipse. — Pour trouver la courbe décrite par le soleil dans son mouvement autour de la terre, sur une feuille de papier traçons une ligne Tγ, qui représentera la ligne de l'équinoxe du printemps (*fig.* 42); traçons ensuite diverses droites

TS, TS′…, faisant avec Tγ des angles égaux aux longitudes du soleil dans ses différentes positions. Prenons sur ces droites des longueurs proportionnelles aux distances correspondantes, et faisons passer un trait continu par les points S, S′… ainsi obtenus; nous aurons la courbe décrite par le soleil. Kepler a reconnu que cette courbe est une ellipse dont la terre occupe l'un des foyers.

On appelle *ellipse* une courbe telle que la somme des distances de chacun de ses points à deux points fixes F, F′ est constante. Les deux points fixes F, F′ sont les *foyers* de l'ellipse; la droite AA′, qui divise la courbe en deux parties égales, en est le *grand axe;* le rapport de la distance FF′ des foyers au grand axe AA′, en est l'*excentricité.* Quand les foyers

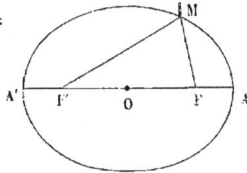

Fig. 45.

sont très-près l'un de l'autre, la courbe diffère très-peu d'un cercle.

La courbe décrite par le soleil autour de la terre est une courbe de cette nature; la terre T (*fig.* 42) occupe l'un des foyers; l'excentricité de l'ellipse est d'un soixantième. L'excentricité étant très-petite, l'ellipse décrite par le soleil diffère peu d'un cercle. L'extrémité A du grand axe est le point rapproché de la terre, ou le périgée; l'autre extrémité A′ est, au contraire, le point le plus éloigné, ou l'apogée. C'est au périgée que le mouvement du soleil en longitude est le plus rapide; c'est à l'apogée qu'il l'est le moins.

La droite GG′, perpendiculaire sur la ligne des équinoxes γγ′, détermine les deux solstices G, G′. Le soleil se met dans le sens indiqué par la flèche; partant de l'équinoxe du printemps γ; il passe au solstice d'été G, à l'apogée A′, à l'équinoxe d'automne γ′, au solstice d'hiver G′, au périgée A, et revient à l'équinoxe du printemps. La longitude se compte à partir de la droite Tγ, dans le sens du mouvement. Le grand axe de l'ellipse fait un angle d'à peu près 10 degrés avec la ligne des solstices.

127. Loi des aires. — Chaque jour le soleil parcourt sur son ellipse un petit arc SS' (*fig.* 42), et le rayon vecteur TS, allant du centre de la terre au centre du soleil, décrit une aire STS', que l'on peut assimiler à un secteur dans le cercle décrit du point T comme centre avec TS pour rayon. Il est évident que l'aire de ce secteur est proportionnelle à l'angle STS' et au carré du rayon TS.

L'angle STS' représente le mouvement angulaire du soleil. Si l'on compare les observations faites dans le cours d'une année, on voit immédiatement que le mouvement angulaire est d'autant plus grand que le diamètre apparent est plus grand, ou que la distance du soleil à la terre est plus petite; il est maximum au périgée, minimum à l'apogée; mais il ne varie pas proportionnellement au diamètre apparent. Kepler a reconnu que le mouvement angulaire varie proportionnellement au carré du diamètre apparent, ou en raison inverse du carré de la distance, et il en a conclu que l'aire décrite chaque jour par le rayon vecteur est constante. C'est en cela que consiste la loi des aires. On l'énonce ainsi : *Les aires décrites par le rayon vecteur du soleil sont proportionnelles au temps.*

On peut se faire une idée de la manière dont varie la vitesse du soleil sur l'ellipse. Soient ATB, A'TB' (*fig.* 44), les aires décrites par le rayon vecteur dans le même temps au périgée et à l'apogée; puisque la hauteur TA du premier triangle est plus petite que celle du second, il faut, pour que les aires soient égales, que la base AB du premier soit plus grande que la

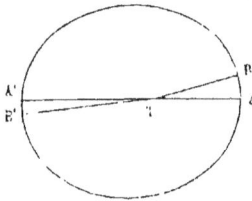

Fig. 44.

base A'B' du second.

Ainsi, le soleil décrit en un jour un arc plus grand au périgée qu'à l'apogée; la vitesse du soleil sur sa courbe est maximum au périgée, minimum à l'apogée; elle diminue du périgée à l'apogée, et augmente de l'apogée au périgée. La variation de la vitesse s'élève à un soixantième de la valeur moyenne, en plus ou en moins.

128. Équation du centre. — Imaginons un soleil fictif qui décrive un cercle d'un mouvement uniforme autour de la terre dans le plan de l'écliptique, et qui traverse le grand axe en même temps que le soleil vrai ; la longitude de ce soleil fictif croîtra proportionnellement au temps ; on l'appelle *longitude moyenne*. La longitude du soleil vrai sera égale à la longitude moyenne, plus une quantité périodique, tantôt positive, tantôt négative ; cette quantité périodique s'appelle *équation du centre*. On appelle, en général, *équation* en astronomie la différence qui existe entre la valeur d'une quantité variable et la valeur qu'aurait cette quantité, si elle croissait uniformément. Du périgée à l'apogée, le soleil vrai devance le soleil fictif ; l'équation du centre est positive. De l'apogée au périgée, c'est au contraire le soleil fictif qui devance le soleil vrai ; l'équation du centre est négative. L'équation du centre est nulle deux fois par an, au périgée et à l'apogée. Son maximum est de 1° 55′ 33″.

Si l'excentricité était nulle, le soleil décrirait un cercle d'un mouvement uniforme, et l'équation du centre serait constamment nulle.

On appelle *anomalie* l'angle que fait le rayon vecteur TS (*fig.* 42) avec le grand axe TA de l'ellipse du côté du périgée ; l'anomalie du soleil fictif est l'anomalie moyenne. L'anomalie ne diffère de la longitude que d'un angle constant.

TEMPS MOYEN

129. Le jour solaire est plus grand que le jour sidéral. — Considérons une étoile placée sur le même cercle horaire que le soleil au moment de son passage au méridien ; après un jour sidéral, la sphère céleste ayant accompli sa rotation, l'étoile est revenue au méridien. Mais, pendant ce temps, le soleil a marché vers l'est d'à peu près 1 degré ; il ne passera donc au méridien qu'un peu plus tard, environ 4 minutes après l'étoile. Ainsi, le jour solaire surpasse le jour sidéral d'environ 4 minutes. Dans une année, il y a un jour solaire de moins que de jours sidéraux.

150. **Inégalité des jours solaires.** — Les jours solaires ne sont pas égaux entre eux. En effet, l'excès du jour solaire sur le jour sidéral dépend du mouvement du soleil en ascension droite : or, deux causes font varier ce mouvement : 1° l'inégalité du mouvement du soleil en longitude ; 2° l'obliquité de l'écliptique. La première cause est évidente. Pour rendre sensible la seconde cause, prenons deux arcs d'un degré sur l'écliptique, supposée circulaire, l'un à l'équinoxe, l'autre au solstice, et considérons les arcs d'équateur correspondants. Le premier arc d'équateur, côté d'un triangle rectangle sensiblement rectiligne, est plus petit que l'hypoténuse, c'est-à-dire plus petit qu'un degré. Le second arc d'écliptique, étant parallèle à l'équateur, peut être considéré comme appartenant sensiblement au tropique ; mais il occupe plus d'un degré sur le tropique, qui est un petit cercle de la sphère céleste ; donc l'arc correspondant d'équateur, c'est-à-dire l'arc d'équateur compris entre les cercles horaires menés par ses deux extrémités, est plus grand qu'un degré. Ainsi, à un mouvement d'un degré en longitude correspond un mouvement en ascension droite, plus petit qu'un degré vers les équinoxes, plus grand vers les solstices. On voit par là que, même si le soleil décrivait un cercle uniformément dans le plan de l'écliptique, le mouvement en ascension droite ne serait pas uniforme, et que les jours solaires ne seraient pas égaux entre eux. Pour que les jours solaires fussent égaux, il faudrait que le soleil décrivît uniformément l'équateur ; car, alors l'excès du jour solaire sur le jour sidéral serait constant.

151. **Temps moyen.** — Nous avons imaginé (n° 128) un soleil fictif se mouvant uniformément sur l'écliptique et passant au périgée en même temps que le soleil vrai ; ce soleil fictif n'est pas affecté de la première cause d'inégalité des jours solaires. Imaginons maintenant un second soleil fictif se mouvant uniformément sur l'équa-

teur et passant à l'équinoxe du printemps en même temps que le premier soleil fictif ; ce second soleil fictif, qui porte le nom de soleil moyen, n'étant plus soumis à aucune cause d'inégalité, sert à définir le temps moyen. On appelle *midi moyen* le moment du passage du soleil moyen au méridien ; *jour moyen* le temps qui s'écoule entre deux passages consécutifs du soleil moyen au méridien.

Les horloges dont on se sert dans les observatoires, pour la détermination des ascensions droites, sont réglées sur le jour sidéral, dont la durée est constante. Mais cette manière de compter le temps ne concorde nullement avec les usages et les travaux de la vie, qui sont déterminés par le soleil ; d'autre part, il est impossible de régler les horloges sur le jour solaire vrai, à cause de ses inégalités. C'est pour éviter ces deux inconvénients que les astronomes ont adopté une autre unité de temps, le jour solaire moyen. Les horloges publiques, dans les grandes villes, et les chronomètres employés dans la marine, marquent le temps moyen.

152. Équation du temps. — On appelle équation du temps la différence entre le temps vrai et le temps moyen. L'équation du temps s'élève jusqu'à 17 minutes ; elle est tantôt positive, tantôt négative ; elle s'annule quatre fois par an : vers le 15 avril, le 15 juin, le 1ᵉʳ septembre et le 24 décembre.

Soit S la position du soleil vrai à un instant quelconque (*fig.* 45), *s* la position du premier soleil fictif au même instant ; prenons sur l'équateur l'arc γS′ égal à γ*s*, nous aurons la position correspondante S′ du soleil moyen. L'ascension droite γD du soleil vrai se compose de deux parties : une partie γS′ proportionnelle au temps ;

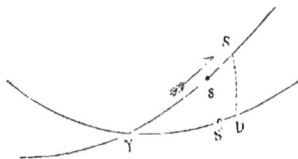

Fig. 45.

c'est l'ascension droite moyenne, qui est égale à la longitude moyenne γ*s* ; une partie DS′ périodique, qui, divisée par 15, donne l'équation du temps.

155. Inégalité des saisons. — Les deux droites rectangulaires
γγ', GG' divisent l'ellipse solaire en quatre parties inégales, auxquelles correspondent les quatre saisons. Puisque les aires décrites
par le rayon vecteur sont proportionnelles au temps, les durées des
saisons sont entre elles comme les aires des quatre parties de l'ellipse. Or, il est aisé de voir que la portion G'Tγ, qui correspond à
l'hiver, est la plus petite; viennent ensuite l'automne γ'TG', le

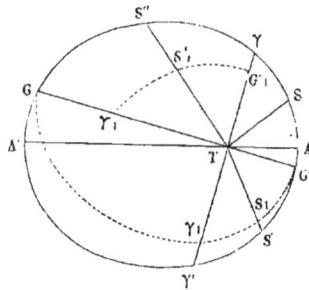

Fig. 46.

printemps γTG, et l'été GTγ'. En
effet, le rayon vecteur minimum
est le rayon TA du périgée; les
rayons vecteurs augmentent à mesure qu'ils s'écartent du périgée.
Prenons deux rayons vecteurs TS
et TS' également inclinés sur la
ligne GG', le rayon TS' sera plus
grand que TS, comme plus éloigné
du périgée; faisons tourner la par-
tie G'γG de l'ellipse autour de GG' comme charnière pour l'appliquer de l'autre côté, le rayon TS tombera sur TS' et le point S au
point S_1; l'aire G'γG s'appliquera donc en G'γ₁G dans l'intérieur
de l'aire G'γ'G; il en résulte que l'hiver G'Tγ est plus petit que
l'automne G'Tγ', le printemps γTG plus petit que l'été GTγ'.
Comparons maintenant l'automne et le printemps; dans le printemps menons un rayon vecteur TS'' faisant avec Tγ un angle
γTS'' égal à G'TS', le rayon TS'' sera plus grand que TS' comme
plus éloigné du périgée; faisons tourner, autour de la bissectrice
de l'angle G'Tγ, la portion G'Tγ' pour l'appliquer de l'autre côté,
TG' tombera en TG₁', Tγ' en Tγ₁', TS' en TS₁'; l'aire G'Tγ' s'appliquera donc en G₁Tγ₁', dans l'intérieur de l'aire γTG; il en résulte
que l'automne est plus petit que le printemps. Ainsi, les quatre
saisons, rangées par ordre de grandeur croissante, sont : l'hiver,
l'automne, le printemps, l'été. Voici quelle est, à peu près, la
durée des saisons en jours moyens : hiver, 89ʲ 1ʰ; automne,
89ʲ 17ʰ; printemps, 92ʲ 22ʰ; été 95ʲ 14ʰ.

COMMENCEMENT DES QUATRE SAISONS POUR L'ANNÉE 1866

PRINTEMPS.. . .	20 mars, à 8 h. 4 m. du soir.		
ÉTÉ.	21 juin, à 4 h. 43 m. du soir.	Temps moyen	
AUTOMNE. . . .	23 septembre, à 6 h. 59 m. du matin.	de Paris.	
HIVER.. . . .	22 décembre, à 0 h. 59 m. du matin.		

134. Inégalités du mouvement elliptique. — Les lois du mouvement elliptique ne représentent pas encore d'une manière parfaitement exacte le mouvement du soleil. La précision des observations modernes a fait reconnaître certaines variations ou inégalités, parmi lesquelles nous signalerons le mouvement du grand axe et la diminution de l'obliquité de l'écliptique.

Le grand axe de l'ellipse solaire n'est pas fixe dans le ciel; il tourne dans le plan de l'ellipse, dans le sens même du mouvement du soleil, de 11″,8 par an. Le plan de l'ellipse se déplace aussi dans l'espace, mais d'une manière très-lente; il en résulte une diminution graduelle de l'obliquité de l'écliptique de 48 secondes par siècle. Ainsi l'obliquité moyenne de l'écliptique, qui était de 23° 27′ 57″ en 1800, n'est plus que de 23° 27′ 14″,8 au 1ᵉʳ janvier 1866. Cette diminution ne sera pas indéfinie; après avoir diminué pendant une longue période de temps, l'obliquité augmentera ensuite pour diminuer de nouveau. On croit que la diminution totale d'obliquité ne dépassera pas 3 degrés.

CHAPITRE III

MOUVEMENT DE LA TERRE AUTOUR DU SOLEIL

Explication du mouvement apparent du soleil. — Explication des saisons.
— Précession des équinoxes. — Nutation.

— —

135. Mouvement circulaire. — Le mouvement du soleil, tel que nous l'observons, est un mouvement relatif du soleil par rapport à la terre, de même que le mouvement de la sphère céleste. Ce mouvement, comme tout mouvement relatif, peut être expliqué de deux manières : ou la terre est immobile et le soleil se meut réellement autour d'elle, ou le soleil est immobile et la terre se meut autour du soleil. Voyons d'abord comment cette seconde hypothèse rend compte des phénomènes.

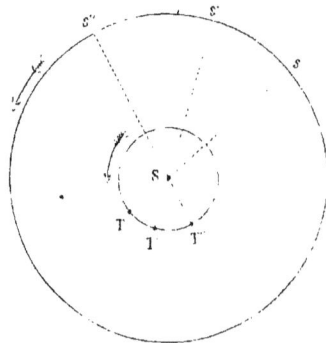

Supposons le soleil S immobile au centre de la sphère céleste et la terre décrivant autour de lui un cercle d'occident en orient en une année (*fig. 47*). Le grand cercle représente la sphère céleste. Quand la terre est en T, l'observateur placé sur la terre voit le soleil dans la direction TS : il le croit placé en s sur la sphère céleste. Le lendemain, la terre occupe la position T', l'observateur voit le soleil dans la direction T'S, et le projette en

Fig. 47.

servateur voit le soleil dans la direction T'S, et le projette en

s' sur la sphère céleste. Le lendemain, la terre occupe la position T''', l'observateur voit le soleil dans la direction T''S et le projette en s'' sur la sphère céleste, etc. Ainsi, pour l'observateur placé sur la terre, le soleil paraît se mouvoir sur la sphère céleste d'occident en orient, décrivant un grand cercle en une année.

156. Mouvement elliptique. — Nous venons d'expliquer le mouvement apparent du soleil à la première approximation, c'est-à-dire en considérant les mouvements comme circulaires. A la seconde approximation, nous supposerons que la terre décrive, non plus un cercle, mais une ellipse, dont le soleil occupe l'un des foyers. Soit AA' le grand axe de cette ellipse, dont le soleil occupe un foyer S (*fig.* 48); le point A, le plus rapproché du soleil, s'appelle *périhélie*; le point A', le plus éloigné, *aphélie*. Imaginons

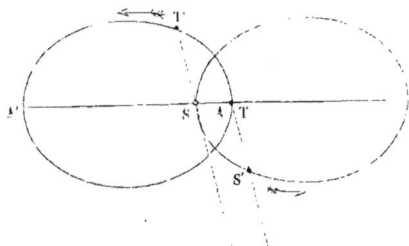

Fig. 48.

une seconde ellipse égale à la précédente et ayant un de ses foyers en A; les phénomènes seront les mêmes, soit que, le soleil étant immobile en S, la terre se meuve sur la première ellipse, dans le sens indiqué par la flèche, soit que, la terre étant immobile en A, le soleil se meuve sur la seconde ellipse, dans le même sens, passant au périgée S quand la terre est au périhélie A. En effet, soit T' la position de la terre à un instant quelconque dans la première hypothèse, S' la position du soleil au même instant dans la seconde hypothèse; à cause de l'égalité des aires décrites TST', STS', les deux droites ST', TS' sont égales et parallèles. Quand la terre est en T', un observateur placé à la surface de la terre voit le soleil dans la direction T'S; dans la seconde hypothèse, l'observateur immobile en T voit le soleil à la même époque dans la direction parallèle TS', et à la même distance. Or, à cause de l'immense distance des étoiles, les deux droites parallèles T'S,

TS' se confondent sensiblement, et vont aboutir en un même
point de la voûte céleste : donc les phénomènes sont les mêmes
dans les deux hypothèses.

Nous dirons plus tard les motifs qui doivent faire préférer le
mouvement de la terre à celui du soleil, l'analogie de la terre avec
les planètes, les phénomènes connus sous le nom d'*aberration de
la lumière*, la parallaxe des étoiles, et des raisons puisées dans la
mécanique. Nous admettrons donc que la terre est animée d'un
double mouvement, un mouvement de rotation sur elle-même,
et un mouvement de translation autour du soleil. Il importe de remarquer que, pendant que la terre décrit ainsi une ellipse autour
du soleil, l'axe autour duquel elle tourne reste parallèle à lui-
même ; cet axe conserve une direction invariable dans le ciel, sauf
le changement très-lent, et à peine sensible dans une année, qui
constitue la précession.

157. Explication des saisons. — Nous avons expliqué les saisons et les zones terrestres dans l'hypothèse du mouvement du soleil ; tout ce que nous avons dit à cet égard subsiste entièrement,
car le mouvement du soleil est vrai en tant que mouvement apparent ou relatif, et toutes les conséquences que nous en avons déduites sont légitimes. Cependant il est bon de voir directement
comment les choses se passent.

Par le centre S du soleil menons un plan parallèle au plan de
l'équateur ; ce plan coupe l'écliptique suivant une droite $\gamma\gamma'$, qui
est la ligne des équinoxes (*fig*. 49) ; une droite GG', perpendiculaire à la précédente, détermine les solstices. Le soleil éclaire toujours une moitié de la terre : nous appellerons *cercle d'illumination* le grand cercle qui sépare l'hémisphère éclairé de l'hémisphère obscur, et dont le plan est perpendiculaire au rayon vecteur
allant du centre du soleil au centre de la terre.

Considérons d'abord la terre quand elle est au point γ ; dans
cette position, le rayon vecteur Sγ, étant contenu dans l'équateur,
est perpendiculaire à l'axe de la terre PP' : donc le cercle d'illumination passe par les pôles : c'est un méridien. En vertu de la ro-

tation de la terre, les divers points de sa surface décrivent des
parallèles; or, tout parallèle est divisé en deux parties égales par
un méridien, et par conséquent par le cercle d'illumination; une
moitié du parallèle sera donc éclairée, l'autre dans l'ombre. Ainsi,
quand la terre est en γ, le jour est égal à la nuit en tous les points
du globe.

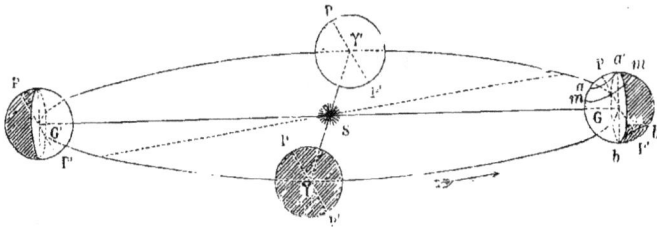

Fig. 49.

Il en est de même au point γ′: le cercle d'illumination passe encore par les pôles, et les jours sont égaux aux nuits.

Nous supposons que la terre se meut dans le sens indiqué par
la flèche. Pendant qu'elle parcourt la moitié γGγ′ de son orbite,
son axe restant toujours parallèle à lui-même, elle tourne vers
le soleil son pôle boréal, qui est constamment éclairé, tandis que
le pôle austral est dans l'ombre; dans l'autre partie γ′G′γ de
son orbite, c'est son pôle austral, au contraire, qui est tourné
vers le soleil, tandis que le pôle boréal est dans l'ombre. La
terre présente ainsi alternativement ses deux pôles au soleil; de
là proviennent les saisons. Dans la première moitié de l'année,
l'hémisphère boréal étant beaucoup plus échauffé que l'hémisphère austral, c'est l'été pour l'un, l'hiver pour l'autre. L'inverse a lieu dans la seconde moitié de l'année.

D'après l'hypothèse faite sur le sens du mouvement, le point γ
est l'équinoxe du printemps, le point γ′ l'équinoxe d'automne.

138. Entrons dans quelques détails sur ce sujet important. Au
point γ, le cercle d'illumination passe par les pôles, les jours sont
égaux aux nuits. Quand la terre parcourt l'arc γG, le cercle d'illumination s'éloigne des pôles de plus en plus, et la partie constamment éclairée autour du pôle boréal augmente. En effet, l'axe de

la terre est incliné de 66° 32′ sur le plan de l'écliptique ; sa projection sur ce plan, constamment parallèle à elle-même, est perpendiculaire à la ligne des équinoxes ꝿꝿ′ ; aux solstices, en G et
G′, elle tombe sur la ligne GG′ ; or la distance du pôle au cercle
d'illumination, ou l'angle que fait l'axe avec le plan de ce cercle,
est complémentaire de l'angle formé par l'axe avec le rayon vecteur allant du centre du soleil au centre de la terre ; ce dernier angle,
droit en ꝿ, diminue jusqu'en G, où il atteint sa valeur minimum
PGS = 66°32′ ; la distance du pôle au cercle d'illumination augmente donc jusqu'en G, où elle atteint sa valeur maximum
PG𝑎′ = 23°28′. Considérons la terre dans une position quelconque
et décrivons autour des pôles deux petits cercles tangents au cercle
d'illumination ; ces deux petits cercles comprennent, l'un la partie
toujours éclairée autour du pôle boréal, l'autre la partie toujours
dans l'ombre autour de l'autre pôle. Au solstice d'été, en G, ces
deux portions occupent toute l'étendue des deux zones glaciales.
L'inégalité des jours et des nuits, dans les autres parties de la terre,
dépend aussi de la distance du pôle au cercle d'illumination.

Quand la terre parcourt l'arc Gꝿ′, cette distance diminue, et le
cercle d'illumination passe de nouveau par les pôles à l'équinoxe
d'automne. Les mêmes phénomènes se produisent en sens inverse
pendant l'autre moitié de l'année.

PRÉCESSION DES ÉQUINOXES

159. Rétrogradation des points équinoxiaux. — Les points
équinoxiaux ne sont pas fixes sur la sphère céleste ; ils se déplacent de 50″ par an environ, de l'est à l'ouest. On a reconnu ce
déplacement par la comparaison de deux catalogues d'étoiles faits
à des époques éloignées : cette comparaison montre que les ascensions droites ont augmenté, tandis que les déclinaisons ont varié
dans un sens ou dans l'autre d'une manière irrégulière. Mais, si
l'on transforme les ascensions droites et les déclinaisons en lon-

gitudes et en latitudes (n° 98), on voit que les latitudes restent à peu près constantes, tandis que les longitudes augmentent toutes de 1°23′30″ par siècle. ce qui fait 50″ par an. On en conclut que le point équinoxial γ, origine des longitudes, rétrograde de l'est à l'ouest de 50″ par an.

140. **Année sidérale, tropique, anomalistique.** — L'année *sidérale* est le temps qu'emploie le soleil, partant d'une certaine étoile, pour revenir à la même étoile; elle est de 565,256 375 jours solaires moyens.

L'année *tropique* est le temps qu'emploie le soleil, partant de l'équinoxe du printemps, pour revenir au même équinoxe. Si le point équinoxial était fixe sur la sphère céleste comme les étoiles, il est clair que l'année tropique serait égale à l'année sidérale; mais le point équinoxial se déplaçant vers l'ouest et allant en quelque sorte au-devant du soleil, le soleil revient à l'équinoxe avant d'avoir accompli sa révolution sidérale; c'est là le phénomène de la *précession* ou de l'avancement de l'équinoxe. Ainsi, l'année sidérale surpasse l'année tropique du temps employé par le soleil pour parcourir l'arc de 50″, c'est-à-dire de 20ᵐ 19ˢ,9, ce qui donne 565,24224 jours solaires moyens pour la durée de l'année tropique.

On appelle année *anomalistique* le temps qu'emploie le soleil, partant du périgée, pour revenir au périgée. Nous avons dit (n° 134) que le périgée a un mouvement direct de 11″,8 par an. Quand le soleil, partant du périgée, a accompli sa révolution sidérale, il a encore à décrire l'arc de 11″,8 pour rejoindre le périgée; il y emploie 4ᵐ 59ˢ, 7. En ajoutant ce temps à l'année sidérale, on trouve que l'année anomalistique est de 565,256612 jours solaires moyens.

Le mouvement du périgée, par rapport à la ligne des équinoxes, est de 61″,8 par an ; il égale le mouvement propre du périgée, plus celui de l'équinoxe. Ainsi, l'angle que fait le grand axe de l'ellipse solaire avec la ligne des solstices augmente annuellement de 61″,8; au 1ᵉʳ janvier 1866, il était de 10° 58′. Il y a six siècles, vers l'an 1248, le périgée coïncidait avec le solstice d'hiver.

141. Mouvement de l'axe de la terre. — La précession des équinoxes dépend du déplacement des points équinoxiaux, c'est-à-dire de la droite d'intersection de l'écliptique et de l'équateur. On peut expliquer ce déplacement de deux manières : ou par un mouvement de la sphère céleste autour de l'axe de l'écliptique de l'ouest à l'est, l'équateur restant fixe, ou par un mouvement en sens inverse de l'équateur, la sphère céleste restant fixe. Nous adopterons la seconde hypothèse, plus conforme au nouveau système astronomique.

Ainsi nous admettons que l'axe de la terre ne conserve pas une direction absolument invariable dans l'espace; mais qu'il décrit autour de l'axe de l'écliptique un cône circulaire droit en 25800 ans environ. L'équateur, toujours perpendiculaire à l'axe de la terre, se déplace en même temps d'une manière très-lente, et sa trace sur le plan de l'écliptique, ou la ligne des équinoxes, rétrograde de 50″ par an.

Soit GG' l'écliptique, EE' l'équateur, OQ l'axe de l'écliptique, OP l'axe de la terre; ces deux axes font entre eux un angle égal à

Fig. 30.

l'obliquité de l'écliptique. Nous admettons que l'axe OP décrit autour de la ligne OQ un cône droit; en d'autres termes, que le pôle P décrit autour du pôle de l'écliptique un cercle en 25800 ans, dans le sens indiqué par la flèche. Soit G le point où le grand cercle QP coupe l'écliptique; l'arc Gγ est égal à 90 degrés; quand le point P se meut uniformément sur le petit cercle, le point G, et par suite le point équinoxial γ, se meuvent uniformément sur l'écliptique; l'arc γγ₁, décrit par le point équinoxial, est égal à l'axe GG₁, c'est-à-dire à l'angle PQP₁. L'écliptique GG' reste fixe; mais l'équateur se déplace et vient en γ₁E₁.

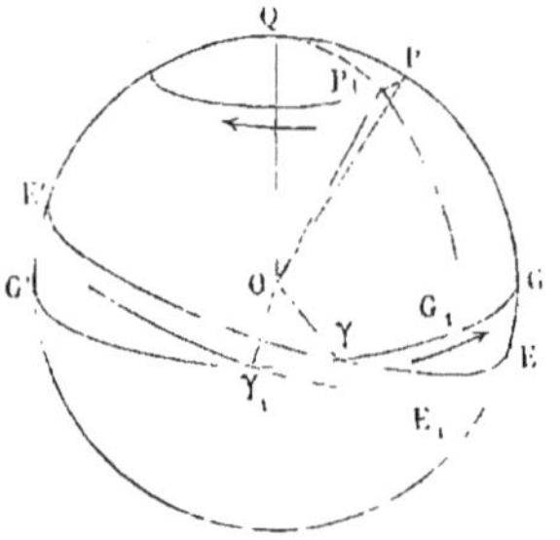

Nous avons dit (n° 95) que le zodiaque a été partagé en douze parties égales, que l'on nomme les *signes*. Le premier signe,

celui du Bélier, commence à l'équinoxe du printemps. Au temps
d'Hipparque, il y a deux mille ans, les signes coïncidaient avec
les constellations dont ils portent les noms; mais depuis cette
époque l'équinoxe a rétrogradé d'un signe entier ; il est maintenant dans la constellation des Poissons, de sorte qu'aujourd'hui
nous appelons signe du Bélier ce que les Grecs nommaient constellation des Poissons, et ainsi des autres. Il importe donc de ne pas
confondre les signes avec les constellations du zodiaque.

Le mouvement de l'axe de la terre produit encore un autre
phénomène bien remarquable, c'est le déplacement du pôle sur
la sphère céleste. Il y a trois mille ans, le pôle était voisin de
l'étoile ϰ du Dragon ; à une époque plus reculée encore, il n'était
pas loin de l'étoile ζ de la grande Ourse, et les premiers navigateurs s'orientaient sur cette belle constellation. Depuis ce temps,
il s'est rapproché constamment de l'étoile α de la petite Ourse,
notre étoile polaire actuelle, dont il n'est plus distant que de
1 degré et demi. Il s'en rapprochera encore jusque vers l'an 2095,
et alors il n'en sera plus qu'à 26′; puis il la dépassera pour marcher vers la constellation Céphée.

142. **Nutation.** — Le mouvement de précession, dont nous
venons de décrire les principaux effets, n'est pas uniforme; il est
soumis à des inégalités, dont la période est dix-huit ans et deux
tiers. D'autre part, l'angle que fait l'axe de la terre avec l'axe de
l'écliptique n'est pas constant; il éprouve des variations très-
petites, qui s'accomplissent dans la même période; l'axe de la
terre s'éloigne et se rapproche alternativement de l'axe de l'écliptique. Ce double phénomène d'oscillation du point équinoxial et
de balancement de l'axe de la terre a été appelé *nutation*. On
l'explique en admettant que l'extrémité P de l'axe de la terre
décrit autour du pôle Q de l'écliptique, non pas un cercle exact,
comme nous l'avons supposé précédemment, mais une courbe
sinueuse, comme celle représentée dans la figure 51. On arrive
plus simplement au même résultat, en supposant que le pôle P
décrit en 18 ans et $\frac{2}{3}$ une petite ellipse (*fig.* 52), dont le centre

P_o décrit uniformément en 25800 ans un cercle autour du pôle
Q de l'écliptique. Les deux demi-axes de la petite ellipse sont de
9″,23 et de 6″,87; le grand axe *ab* est dirigé suivant le grand
cercle QP_o.

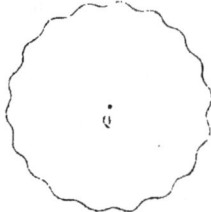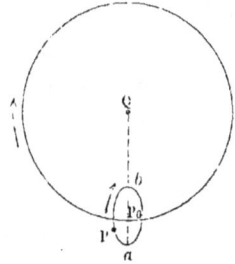

Fig. 51.   Fig. 52

La nutation fait varier périodiquement l'obliquité de l'écliptique, laquelle éprouve, comme nous l'avons dit au n° 134, une
diminution de 48″ par siècle. On appelle *obliquité moyenne* celle
qui aurait lieu sans la nutation, *obliquité apparente* celle qui a
lieu en réalité.

CHAPITRE IV

CONSTITUTION PHYSIQUE DU SOLEIL.

Distance du soleil à la terre. — Grandeur du soleil. — Rotation du soleil. —
Taches du soleil. — Hypothèses sur la constitution du soleil. — Lumière
zodiacale.

———

DISTANCE DU SOLEIL A LA TERRE

143. Nous avons défini précédemment (n° 91) ce qu'on appelle *parallaxe* d'un astre. On a trouvé, par des moyens que nous indiquerons plus tard, pour la parallaxe du soleil la valeur moyenne 8″,86. Nous avons vu aussi que l'arc qui mesure la parallaxe égale le rapport du rayon de la terre à la distance du centre de la terre au centre de l'astre. Or l'arc de 8″,86 a une longueur à peu près égale à $\frac{1}{23300}$, le rayon du cercle étant pris pour unité; il en résulte que la distance de la terre au soleil égale 23300 rayons terrestres, ou 37 millions de lieues de 4 kilomètres.

La distance de la terre au soleil varie, en plus ou en moins, du soixantième de sa valeur moyenne (n° 124); cette variation est donc de 400 rayons terrestres, c'est-à-dire de 600 000 lieues.

GRANDEUR DU SOLEIL

144. Le diamètre apparent du soleil, vu de la terre, est en moyenne de 52′; le diamètre apparent de la terre, vue du soleil, ou le double de la parallaxe du soleil, est, en moyenne, de 17″,7. Or, quand deux astres sont vus d'une même distance

très-grande, les diamètres vrais de ces deux astres sont entre eux
sensiblement comme leurs diamètres apparents ; donc le diamètre du soleil est au diamètre de la terre comme 32′ ou 1920″
est à 17″,7. On en conclut que le diamètre du soleil est 109 fois
plus grand que celui de la terre.

Les volumes de deux sphères sont entre eux comme les cubes
de leurs diamètres ; donc le volume du soleil est 1 280 000 fois
celui de la terre. Nous verrons plus tard que sa masse n'est que
354 000 fois celle de la terre. Il en résulte que la densité moyenne
du soleil n'est que le quart de celle de la terre.

ROTATION DU SOLEIL

145. A l'œil nu, le soleil nous apparaît comme un disque

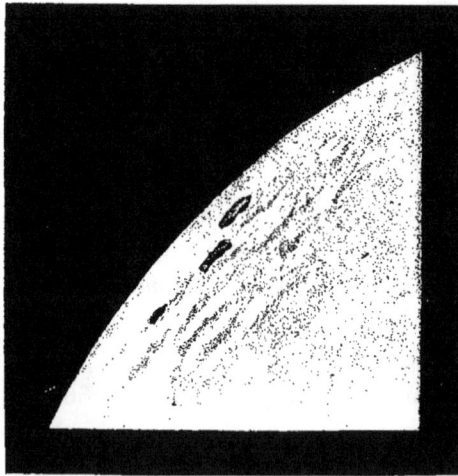

Fig. 55. — Figure d'une portion du soleil, d'après sir John Herschel.

brillant d'un éclat uniforme : mais quand on l'examine avec une
lunette munie de verres colorés, pour en affaiblir l'éclat, on aperçoit à sa surface des taches noires de forme irrégulière (fig. 55) ;
en les observant avec attention, on les voit toutes se mouvoir de
l'est à l'ouest d'un mouvement commun. Elles ne sont pas dues à

des corps étrangers qui passent devant le disque du soleil; car souvent des taches apparaissent ou disparaissent à l'intérieur même du disque. Ainsi le soleil tourne sur lui-même dans le même sens que la terre: la durée de sa rotation est de $25^j 8^h$; son équateur est incliné de $7°9'$ sur l'écliptique. Les taches se montrent surtout dans le voisinage de l'équateur solaire; la région des taches ne s'étend qu'à 30 degrés environ de part et d'autre de l'équateur.

TACHES DU SOLEIL

146. Les taches du soleil ont été observées pour la première fois par Fabricius en 1611, et par Galilée en 1612. Elles ont une forme irrégulière et variable, mais elles sont nettement définies sur leur contour; elles sont généralement entourées d'une sorte de bordure moins sombre, appelé *pénombre* (*fig.* 54). Voici la

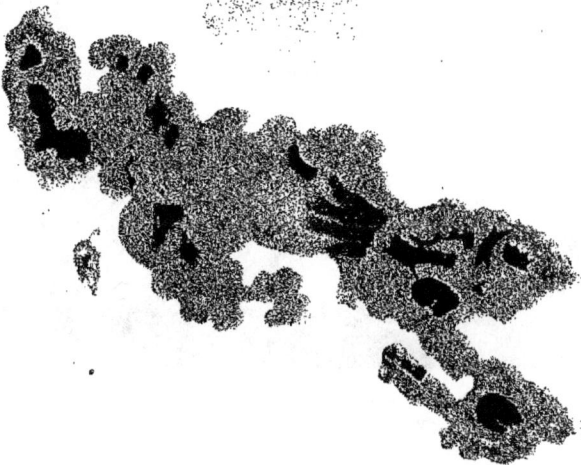

Fig. 54. — Tache du soleil, d'après sir John Herschel.

description qu'en donne sir John Herschel : « Les taches ne sont pas permanentes; d'un jour à l'autre, ou même d'heure en heure, elles semblent s'élargir ou se resserrer, changer de forme, puis disparaître tout à fait, ou reparaître dans d'autres parties de la surface où il n'y en avait point auparavant. En cas de disparition, l'obscurité centrale se resserre de plus en plus, et s'évanouit avant les bords. Il arrive encore qu'elles se séparent en deux ou plusieurs taches. Toutes ces circonstances annoncent une mobilité extrême

Fig. 55. — Phase totale de l'éclipse du 18 juillet 1860, observée par M. Laussedat, à Batna (Algérie).

qui ne convient qu'à un fluide, et accuse un état violent d'agitation qui ne semble compatible qu'avec l'état atmosphérique ou gazeux de la matière. L'échelle sur laquelle s'accomplissent ces mouvements est immense. Une seconde angulaire, pour l'observaleur terrestre, correspond sur le disque solaire à 170 lieues, et un cercle de ce diamètre (comprenant plus de 22000 lieues carrées) est le moindre espace que nous puissions voir distinctement à la surface du disque. Or, on a observé des taches dont le diamètre surpassait 16 000 lieues, à peu près cinq fois le diamètre de la terre. Pour que de semblables taches disparaissent en six semaines, et elles durent rarement plus longtemps, il faut que les bords, en se rapprochant, décrivent plus de 360 lieues par jour.

« Plusieurs autres circonstances tendent à confirmer les mêmes aperçus. La portion du disque solaire que les taches ne recouvrent point est loin d'avoir un éclat uniforme. Le fond en semble parsemé d'une multitude de petits points obscurs ou *pores*, qui, examinés attentivement, se montrent dans un état perpétuel de changement. On ne peut mieux représenter ces apparences qu'en les comparant à l'aspect d'une précipitation chimique floconneuse opérée avec lenteur dans un fluide transparent, et vue d'en haut. La ressemblance est si fidèle qu'elle ne peut manquer de faire naître l'idée d'un fluide lumineux qui se mêle, sans se confondre, avec une atmosphère transparente et non lumineuse, soit qu'il flotte à la manière des nuages dans notre atmosphère, soit qu'il forme de vastes traînées ou colonnes de flammes, analogues à celles de nos aurores boréales.

« Enfin, dans le voisinage des grandes taches ou groupes de taches, on observe souvent de larges espaces couverts de raies bien marquées, courbes ou à embranchements, qui sont plus lumineuses que le reste du disque, et qu'on nomme *facules* (*fig.* 53). On voit fréquemment des taches se former auprès des facules lorsqu'il n'y en avait pas auparavant. On peut les regarder très-probablement comme les faîtes de vagues immenses produites dans les régions supérieures de l'atmosphère solaire, à la suite de violentes agitations[1]. »

Pendant les éclipses totales de soleil, cet astre paraît entouré

---

[1] *Outlines of astronomy*, par sir John Herschel. J'ai emprunté cette citation l'excellente traduction de M. Cournot.

d'une auréole lumineuse, étendant au loin ses rayons (*fig.* 55) ; il
semble en résulter que l'atmosphère du soleil se prolonge bien au
delà du disque brillant. On aperçoit aussi, sur le pourtour même

Fig. 56. — Eclipse totale de soleil du 18 juillet 1860. Aspect du phénomène immédiatement
après le commencement de l'éclipse totale, d'après une photographie de M. Warren
de la Rue.

du disque, des protubérances rougeâtres de formes variées et
semblables à des nuages flottant dans l'atmosphère du soleil
(*fig.* 56).

CONSTITUTION DU SOLEIL

147. On a fait diverses hypothèses sur la constitution du soleil. On a cru d'abord que les taches sont dues à des scories ou matières impures se déposant à la surface du globe enflammé; mais cette hypothèse est impuissante à expliquer les changements d'aspect des taches. Fontenelle et Lalande croyaient que le soleil est un globe opaque recouvert d'un océan de feu; suivant eux, les taches seraient des sommets de montagnes sortant de cet océan de feu; mais si l'on considère deux taches voisines, lorsqu'elles sont près d'un bord du disque, la tache la plus rapprochée du centre devrait nous cacher la partie brillante intermédiaire : or, il n'en est pas ainsi, la partie brillante intermédiaire ne cesse pas d'être visible.

Pour expliquer les apparences que présentent les taches, William Herschel supposait que le soleil est un globe obscur entouré de deux atmosphères concentriques; une première atmosphère, dans laquelle flotte une couche de nuages opaques et réfléchissants; une seconde, lumineuse à sa surface extérieure, et qui détermine le contour visible de l'astre. Quand une ouverture se produit dans la *photosphère*, c'est-à-dire dans l'enveloppe lumineuse, nous voyons la couche nuageuse; de là une tache grise ou pénombre. Quand une ouverture correspondante se produit dans la couche nuageuse, nous voyons à travers les deux ouvertures le globe obscur central; de là une tache noire, ordinairement entourée d'une pénombre. Ces déchirements temporaires des deux couches seraient produits, suivant Herschel, par des courants atmosphériques violents s'élevant de la surface du globe solaire.

148. Hypothèse de Kirchhoff. — Les belles expériences faites par M. Kirchhoff, dans ces dernières années, ont conduit cet habile physicien à une manière toute différente d'envisager la constitution du soleil. Mais ici quelques explications préliminaires sont

indispensables. Deux hypothèses fondamentales ont été faites sur
la nature de la lumière. La première, connue sous le nom de *système de l'émission*, a été imaginée par Newton. Newton supposait
que les corps lumineux, tels que le soleil, lancent au dehors, dans
toutes les directions, des corpuscules extrêmement petits, qui se
meuvent en ligne droite avec une très-grande vitesse ; quand ces
corpuscules pénètrent dans l'œil et viennent frapper la rétine, ils
produisent la sensation de lumière. Cette hypothèse, insuffisante
pour rendre compte des phénomènes nouvellement découverts,
est aujourd'hui complétement abandonnée.

Elle a été remplacée par l'hypothèse des *ondulations*, à laquelle
Huyghens avait déjà, dans le dix-septième siècle, donné de beaux
développements, et qui a été élevée, dans notre siècle, au rang
d'une vérité scientifique par l'illustre Fresnel. On admet qu'un
fluide élastique, très-subtil, que l'on nomme *éther*, est répandu
dans l'espace et pénètre tous les corps. Un corps lumineux est
un corps dont les molécules exécutent des vibrations très-rapides ; ces vibrations se propagent dans l'éther comme les
vibrations sonores dans l'air atmosphérique ; elles pénètrent dans
l'œil et produisent sur la rétine la sensation de lumière. La
rapidité plus ou moins grande des vibrations, c'est-à-dire le
nombre des vibrations que les molécules exécutent dans un
temps donné, caractérise la couleur ; la couleur correspond à ce
qu'on appelle la hauteur du ton en musique. Mais nous ne percevons pas la série entière des vibrations, la note la plus grave que
notre œil puisse percevoir est le *rouge*, la note la plus aiguë le
violet ; entre ces deux notes extrêmes sont comprises toutes les
couleurs de l'arc-en-ciel. Les vibrations lumineuses sont incomparablement plus rapides que les vibrations sonores ; en un millionième de seconde, le nombre des vibrations pour le rouge est
400 millions, pour le violet 800 millions.

La lumière émise par un corps se distingue par des caractères
nettement tranchés, suivant que le corps est à l'état de gaz ou de
vapeur, ou à l'état solide ou liquide. Un gaz ou une vapeur lumi-

neuse n'émet qu'un certain nombre de couleurs particulières, suivant la constitution de ses molécules. On peut comparer les molécules d'un gaz incandescent à de petits instruments de musique rendant des sons déterminés. Au contraire, un corps lumineux solide ou liquide émet toutes les notes, comme un piano formé d'une infinité de cordes vibrant toutes à la fois. Si donc, à l'aide d'un prisme, on analyse la lumière provenant de ces deux sources, on verra, dans le premier cas, une ou plusieurs bandes brillantes ayant chacune une couleur déterminée, dans le second cas, un spectre continu présentant toutes les couleurs de l'arc-en-ciel.

Voici une seconde loi qui complète la première : une vapeur obscure, placée sur le trajet d'un rayon lumineux complexe, comme la lumière blanche, qui est la réunion de toutes les couleurs, absorbe précisément les couleurs qu'elle émettrait si elle était incandescente ; les sons qui conviennent à la constitution des molécules du gaz se communiquent à ces molécules et se trouvent ainsi arrêtés au passage. Par exemple, la vapeur du sodium, ou plus simplement du sel marin, qui est du chlorure de sodium, introduite dans une flamme, émet une lumière simple d'un jaune éclatant ; cette même vapeur, quand elle est obscure, et placée sur le trajet d'un rayon de lumière blanche, absorbe précisément la couleur jaune, de sorte que le spectre présente une raie noire à la place du jaune. Un phénomène analogue, que tout le monde a pu observer, se produit en musique : si dans le voisinage d'un tuyau passe le son qui convient à la longueur du tuyau, le tuyau se mettra à vibrer à l'unisson, et, en approchant l'oreille, on entendra parfaitement la résonnance ; les autres sons ne se communiquent pas.

149. Ceci fait bien comprendre comment l'analyse de la lumière par le prisme nous révèle la composition des astres les plus éloignés. Ainsi la lumière qui nous vient du soleil donne un spectre continu présentant toutes les couleurs, du rouge au violet ; on en conclut que le soleil est un corps incandescent solide ou liquide. En outre, si l'on examine ce spectre avec attention, on le voit

8

sillonné d'un grand nombre de raies noires : on en conclut que le noyau incandescent du soleil est entouré d'une atmosphère contenant des vapeurs de diverses substances; pendant que la lumière blanche émise par le noyau traverse cette atmosphère, les vapeurs absorbent certains rayons déterminés, ce qui produit dans le spectre des raies noires. En étudiant la position de ces raies et les comparant aux raies brillantes produites par les substances que nous connaissons, M. Kirchhoff a reconnu l'existence dans l'atmosphère du soleil, de l'hydrogène, du sodium, du fer, et de plusieurs autres métaux terrestres: on n'a trouvé, ni l'or, ni l'argent.

Quant aux taches que l'on aperçoit sur la surface du soleil, M. Kirchhoff les explique par des amas de nuages superposés, qui arrêtent en partie les rayons lumineux. Si le nuage supérieur est plus étendu que le nuage inférieur, et le déborde de toutes parts, on verra une tache noire entourée d'une pénombre.

LUMIÈRE ZODIACALE

150. Quand le ciel est pur et la nuit sombre, on aperçoit, le soir, après le coucher du soleil, ou le matin, avant son lever, une lueur phosphorescente analogue à celle de la voie lactée ; elle a la forme d'un fuseau étroit vu par la tranche (*fig.* 57); ce fuseau, couché dans le plan de l'équateur solaire, s'étend à une distance du soleil d'environ 60 degrés. Cette lueur est connue sous le nom de *lumière zodiacale*. On croit généralement qu'elle est due à une sorte d'atmosphère phosphorescente très-étendue, entourant le soleil et aplatie dans le plan de l'équateur

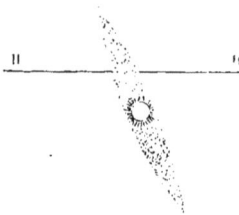
Fig. 57.

de cet astre, plan qui coïncide à peu près avec le plan de l'écliptique. L'observateur, étant situé dans le plan même de la nébulosité, la voit se dessiner sur le ciel sous la forme d'un fuseau

allongé. Le soir, elle suit le crépuscule. Quand le soleil s'est
abaissé suffisamment au-dessous de l'horizon, et que le crépuscule a disparu en grande partie, on voit la lumière zodiacale
sortir du crépuscule à l'ouest; elle s'enfonce ensuite peu à peu
au-dessous de l'horizon. Le matin, au contraire, elle précède le
crépuscule à l'est; on voit la pointe du fuseau s'élever peu à peu
au-dessus de l'horizon, jusqu'à ce qu'elle se perde dans la lumière du crépuscule.

La lumière zodiacale n'est pas visible également à toutes les époques de l'année; les époques les plus favorables sont le soir, vers
l'équinoxe du printemps, et le matin vers l'équinoxe d'automne.

151. Il est facile d'en comprendre la raison : l'inclinaison du
plan de l'écliptique sur l'horizon, au lever et au coucher du soleil,
est variable. Quand, le soir, l'écliptique fait un petit angle avec
l'horizon, la lumière zodiacale, qui est située à peu près dans
l'écliptique, est comme parallèle à l'horizon et se couche presque
en même temps que le soleil ; il est impossible de la voir. Quand,
au contraire, l'angle est grand, le fuseau, étant presque perpendiculaire à l'horizon, dresse verticalement sa pointe, qui reste
visible longtemps après le coucher du soleil.

Soient PP' l'axe du monde, OZ la verticale, HH' l'horizon, EE'
l'équateur; chaque jour, en vertu du mouvemement diurne de la
sphère céleste, l'axe OQ de l'écliptique paraît décrire autour de
l'axe du monde OP un cône cir-
culaire QQ', dont l'angle est de
25° 28'; l'inclinaison de l'écliptique sur l'horizon est mesurée à
chaque instant par l'angle que
fait l'axe de l'écliptique avec la
verticale OZ. Cet angle acquiert
sa plus grande ou sa plus petite
valeur quand l'axe de l'écliptique
passe dans le plan méridien ; le

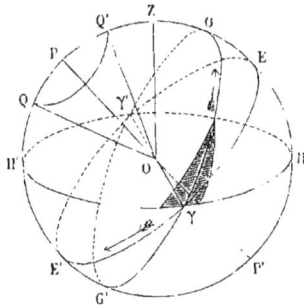

Fig. 58.

maximum est l'angle ZOQ, le minimum l'angle ZOQ'. Suppo-

sons que cet axe occupe la position OQ, dans laquelle l'angle est
maximum; en ce moment, le plan de l'écliptique GG', étant perpendiculaire au plan méridien, passe par la droite est-ouest, trace
de l'équateur sur l'horizon; cette droite γ'γ est donc la ligne des
équinoxes. Le mouvement diurne de la sphère céleste s'effectuant
dans le sens γE', le mouvement propre du soleil sur l'écliptique
dans le sens γG, le point γ est l'équinoxe du printemps, le point
γ' l'équinoxe d'automne. Si, à l'instant que nous considérons, le
soleil est à l'horizon, c'est-à-dire s'il se couche en γ, ou s'il se
lève en γ', comme l'angle de l'écliptique avec l'horizon est a[
plus grand possible, on verra la lumière zodiacale. Ainsi les
époques les plus favorables sont, le soir à l'équinoxe du printemps, ou le matin à l'équinoxe d'automne. Les époques les plus
défavorables, au contraire, sont le matin à l'équinoxe du printemps, et le soir à l'équinoxe d'automne; car, en ces moments-
là, l'axe de l'écliptique occupant la position OQ', l'angle de l'é-
cliptique avec l'horizon est minimum.

LIVRE IV

LA LUNE.

—

CHAPITRE PREMIER

MOUVEMENT DE LA LUNE

Mouvement circulaire. — Phases. — Mouvement elliptique. — Distance de
la lune à la terre. — Grandeur de la lune.

——

MOUVEMENT CIRCULAIRE

152. Mouvement propre de la lune. — Comme le soleil, la
lune a un mouvement propre sur la sphère céleste, mais beaucoup plus rapide que celui du soleil. Si l'on compare sa position à
celle des étoiles voisines, on voit qu'elle se meut de l'ouest à l'est,
dans le même sens que le soleil, à peu près dans le plan de l'é-
cliptique, accomplissant sa révolution sidérale en $27^j 7^h 43^m 11^s, 5$.
Elle parcourt à peu près 13 degrés par jour, tandis que le soleil
en parcourt à peine 1. Nous bornant à ce premier aperçu, nous
admettrons, pour le moment, que la lune décrit uniformément
autour de la terre un cercle dans le plan de l'écliptique.

153. Définitions. — Lorsque les longitudes du soleil et de la
lune sont égales, on dit que les deux astres sont en *conjonction*.
Le soleil et la lune sont à peu près en ligne droite avec la terre,
et d'un même côté de la terre.

Lorsque les longitudes diffèrent de 180 degrés, on dit que les
deux astres sont en *opposition*. Le soleil et la lune sont à peu

près en ligne droite avec la terre, l'un d'un côté, l'autre de l'autre.

Ces deux situations respectives, la conjonction et l'opposition, portent le nom commun de *syzygies*.

Quand la longitude de la lune surpasse celle du soleil d'un quadrant ou de trois quadrants, on dit que la lune est en *quadrature*. Les rayons menés du centre de la terre aux centres des deux axes font entre eux un angle droit.

154. Révolution synodique de la lune. — On appelle ainsi le temps qui s'écoule entre deux conjonctions successives de la lune et du soleil. La révolution synodique de la lune est plus grande que sa révolution sidérale.

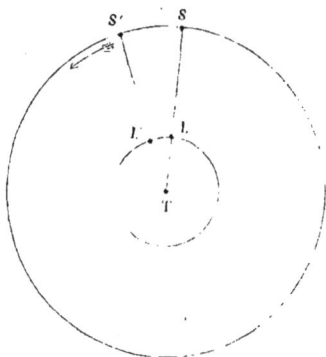

Fig. 59.

Soit S la position du soleil, L celle de la lune en conjonction; les deux astres se meuvent dans le même sens. Après 27^j7^h, la lune, ayant accompli sa révolution sidérale, est revenue en L; mais pendant ce temps, le soleil a marché vers l'est de 27 degrés environ; pour revenir en conjonction, il faut donc que la lune rejoigne le soleil, ce qui a lieu 2^j5^h après, quand le soleil est en S′, la lune en L′.

On trouve ainsi, par un calcul très-simple, que la durée de la révolution synodique de la lune est de $29^j12^h44^m2^s,9$. C'est le *mois lunaire* ou la *lunaison*.

L'année contient douze mois lunaires et une fraction. Les anciens, cherchant un rapport entre le mois lunaire et l'année, ont trouvé que 255 lunaisons font à peu près 19 années tropiques. Cette période, après laquelle la concordance des mois et des années se rétablit, est le *cycle lunaire* ou le *nombre d'or* des anciens.

PHASES DE LA LUNE

155. La lune se présente à nous sous différents aspects, que l'on nomme *phases*. Au moment de la conjonction, le disque de la lune est entièrement obscur : c'est la nouvelle lune. La lune s'éloigne ensuite du soleil vers l'est, et elle nous apparaît sous la forme d'un croissant dont la convexité est tournée vers le soleil. Ce croissant, d'abord très-délié, grandit peu à peu. Sept jours après la conjonction, la lune est en quadrature ; la moitié du disque est éclairée : c'est le premier quartier. La partie lumineuse continue à grandir et la lune de s'arrondir jusqu'au moment de l'opposition ; alors elle nous présente un disque brillant parfaitement circulaire : c'est la pleine lune.

Les mêmes phénomènes se produisent ensuite en sens inverse ; la partie lumineuse diminue peu à peu ; à la seconde quadrature, une moitié seulement du disque est éclairée, c'est le second quartier. Le croissant, dont la convexité est toujours tournée vers le soleil, devient de plus en plus délié jusqu'à la nouvelle conjonction.

156. **Explication des phases.** — Il est facile d'expliquer les phases de la lune. La lune n'est pas un astre lumineux par lui-même comme le soleil : c'est un globe opaque, obscur, éclairé par le soleil comme la terre : la lune nous présente tantôt son hémisphère éclairé, tantôt son hémisphère obscur ; de là le phénomène des phases.

Supposons le soleil fixe et très-loin vers la droite de la figure (fig. 60). Quand la lune est en L, en conjonction, elle tourne vers la terre son hémisphère obscur *abc* : c'est la nouvelle lune. Quelques jours après, la lune est en L' : de l'hémisphère *abc*, tourné vers la terre, une petite partie seulement *ab* est éclairée, l'autre partie *bc* est obscure. Nous voyons un croissant dont la convexité est tournée du côté du soleil.

Quand la lune est en quadrature en L_1, une moitié *ab* de l'hémisphère tourné vers la terre est éclairée ; l'autre moitié *bc* est

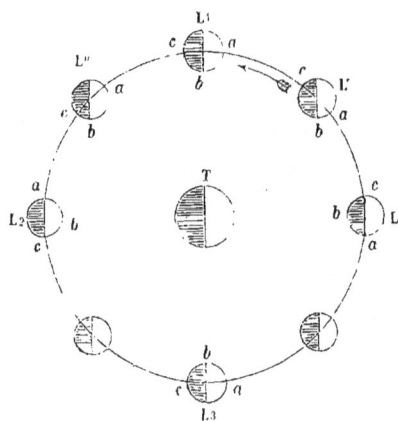

obscure : c'est le premier
quartier. La lune vient, en
L″: la plus grande partie *ab*
de l'hémisphère tourné vers
la terre est éclairée : la lune
s'arrondit.

Quand la lune est en op-
position en L_2, elle tourne
vers la terre son hémisphère
éclairé *abc*: la lune est pleine.
Les mêmes phénomènes ont
lieu en ordre inverse dans
la seconde moitié du mois.

Fig. 60.

157. Lever et coucher de la lune. — La lune éclaire la terre,
tantôt le soir, tantôt le matin. Après la conjonction, la lune apparaît à l'ouest, au coucher du soleil, sous la forme d'un croissant
délié, à une petite hauteur au-dessus de l'horizon ; elle s'incline
ensuite vers l'horizon et se couche peu de temps après le soleil. Au premier quartier, la lune apparaît dans le plan méridien
au coucher du soleil; elle s'incline ensuite vers l'horizon, et se
couche à minuit, après avoir éclairé la terre pendant la première
moitié de la nuit.

Quand la lune est pleine, elle se lève à l'est, au moment où le
soleil se couche à l'ouest ; elle monte dans le ciel, passe au méridien à minuit, et se couche à l'ouest, au moment où le soleil se
lève à l'est. Elle éclaire ainsi la terre pendant toute la nuit.

Au second quartier, la lune se lève à l'est à minuit; elle monte
et disparaît au milieu du ciel dans la lumière du jour, après avoir
éclairé la terre pendant la seconde partie de la nuit. L'heure du
lever retarde de plus en plus, jusqu'au moment de la conjonction,
où la lune se lève en même temps que le soleil.

Ainsi, dans la première moitié de la lunaison, nous voyons la lune apparaître le soir au milieu du ciel, puis se coucher à l'ouest. Dans la seconde moitié, nous la voyons se lever à l'est pendant la nuit, puis disparaître le matin au milieu du ciel. Il est clair que c'est la lumière diffuse, répandue dans l'atmosphère par les rayons du soleil, qui fait disparaître ainsi la lune au milieu du ciel.

158. Phases de la terre vues de la lune — Transportons-nous par la pensée à la surface de la lune : nous verrons la terre comme un disque treize fois plus grand que celui de la lune; nous la verrons tourner sur elle-même; les continents et les mers passeront successivement sous nos yeux dans l'intervalle de vingt-quatre heures. Elle présentera aussi des phases analogues à celles de la lune. Quand la lune sera en L (*fig.* 60), la terre, tournant vers la lune son hémisphère éclairé, apparaîtra pleine. Quand la lune sera en L_1, de l'hémisphère de la terre tourné vers la lune une moitié seulement étant éclairée, la terre présentera la forme d'un quartier. Quand la lune sera en L_2, la terre, tournant vers la lune son hémisphère obscur, sera invisible.

159. Lumière cendrée. — Ceci nous explique le phénomène connu sous le nom de lumière cendrée. Quand la lune est dans le voisinage de la conjonction et qu'elle nous présente un croissant lumineux très-délié, le reste du disque de la lune n'est pas entièrement obscur; on le voit éclairé d'une faible lueur, que l'on nomme lumière cendrée. Cette lueur n'est pas due à une lumière propre de la lune; elle provient de ce que la terre éclaire alors la lune par réflexion.

En effet, lorsque la lune est près de la conjonction, la terre, tournant vers la lune son hémisphère éclairé directement par les rayons du soleil, renvoie à la lune une partie des rayons qui se réfléchissent à sa surface, et éclaire ainsi faiblement l'hémisphère obscur de la lune. La lumière cendrée provient donc de rayons solaires qui ont éprouvé deux réflexions, une première à la surface de la terre, une seconde à la surface de la lune, et qui nous reviennent après avoir parcouru deux fois l'espace compris entre la terre et la lune.

Le disque de la lune éclairé de la lueur cendrée paraît avoir un rayon un peu plus petit que le croissant lumineux : ceci est un phénomène d'optique. Quand nous regardons deux disques égaux, l'un blanc sur fond noir, l'autre noir sur fond blanc, le premier nous semble un peu plus grand que le second. Nous voyons les objets par les images qui se forment au fond de l'œil sur la rétine : l'éclat de la lumière agrandit un peu les images : c'est ce qu'on appelle l'*irradiation* de la lumière.

MOUVEMENT ELLIPTIQUE

160. Étudions maintenant le mouvement de la lune avec précision, à l'aide des instruments modernes. La lune ayant un diamètre apparent assez grand, il faut rapporter les observations au centre de l'astre ; quand la lune est voisine de l'opposition et à peu près ronde, on observe les deux bords opposés, comme nous avons fait pour le soleil, et l'on prend la moyenne des deux observations.

Pour trouver la déclinaison du centre de la lune, on observe la distance zénithale du bord lumineux au moment de son passage au méridien, et on l'augmente ou on la diminue du demi-diamètre apparent.

Pour trouver l'ascension droite du centre de la lune, on observe l'instant du passage du bord lumineux, et l'on ajoute ou l'on retranche le temps employé par le demi-diamètre apparent pour traverser le méridien ; dans le calcul de ce temps, il faut tenir compte de la déclinaison.

Quand on a ainsi déterminé par l'observation les deux coordonnées, ascension droite et déclinaison du centre de la lune, on en déduit par le calcul les deux coordonnées nouvelles, longitude et latitude (n° 98), plus commodes pour la recherche des lois du mouvement.

161. **Nœuds.** — La courbe que la lune décrit autour de la

terre, perce le plan de l'écliptique GG' en deux points N, N', que l'on nomme les *nœuds*; l'un est le nœud ascendant, celui où la lune passe de l'hémisphère austral dans l'hémisphère boréal; l'autre est le nœud descendant. L'angle γTN est la longitude du nœud.

Il est facile de déterminer les nœuds; car, en ces points, la latitude de la lune est nulle. Si les observations à ·deux pas-

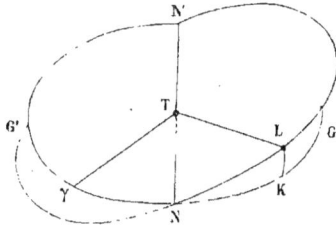

Fig. 61.

sages consécutifs de la lune au méridien donnent deux latitudes de signes contraires, il est certain que, dans l'intervalle, la lune a passé au nœud. On trouvera la position et le moment du nœud par une proportion, comme nous avons fait pour les points équinoxiaux (n° 96).

162. L'orbite est sensiblement plane. — Soit L une position quelconque de la lune (*fig.* 61). Du point L abaissons un arc de grand cercle LK, perpendiculaire à l'écliptique : cet arc LK est la latitude de la lune; l'arc d'écliptique γK en est la longitude. On connaît ces deux coordonnées; on connaît aussi l'arc NK, différence entre la longitude de la lune et celle du nœud; on peut donc, dans le triangle sphérique LNK, calculer l'angle N. Si l'on répète le même calcul dans chacune des positions de la lune, on trouve pour l'angle N une valeur à peu près constante. On en conclut que la courbe décrite par la lune autour de la terre est sensiblement plane. L'angle constant N mesure l'*inclinaison* de l'orbite lunaire sur le plan de l'écliptique; l'inclinaison est très-petite; elle est de 5° 9'.

La lune ne s'écarte jamais beaucoup de l'écliptique; sa plus grande latitude boréale ou australe ne· dépasse pas 5°20'.

163. L'orbite est une ellipse. — Dans le triangle sphérique LNK, pour chacune des positions de la lune, calculons de même le côté NL, c'est-à-dire l'angle que fait, avec la ligne du nœud ascendant TN, le rayon vecteur TL, mené du centre de la terre au centre de la lune. Prenons ensuite des longueurs inversement proportionnelles aux valeurs du diamètre apparent : nous pourrons construire, comme nous l'avons fait pour le soleil (n° 126), la courbe décrite par la lune dans le plan de son orbite. Cette courbe est une ellipse dont la terre occupe l'un des foyers. L'excentricité de l'ellipse est un dix-huitième.

Le mouvement de la lune sur l'ellipse s'effectue suivant la loi des aires; le rayon vecteur, mené du centre de la terre au centre de la lune, décrit des aires proportionnelles aux temps.

164. **Rétrogradation des nœuds**. — Le mouvement elliptique ne représente qu'imparfaitement le mouvement de la lune; en réalité, la courbe décrite par la lune n'est ni une ellipse, ni même une courbe plane; elle est extrêmement compliquée. Cependant on conserve le mouvement elliptique : mais, afin d'atteindre à une plus grande approximation, on fait varier les dimensions de l'ellipse et sa position dans l'espace.

On a reconnu par l'observation que les nœuds ne sont pas fixes sur l'écliptique; la ligne des nœuds XX' rétrograde et fait le tour de l'écliptique en dix-huit ans et deux tiers, d'orient en occident.

Ce mouvement de la ligne des nœuds accuse un déplacement du plan de l'orbite lunaire, dont elle est la trace sur le plan de l'écliptique. Concevons que l'axe de l'orbite lunaire, c'est-à-dire une perpendiculaire au plan de cette orbite, décrive autour de l'axe de l'écliptique, en dix-huit ans et deux tiers, une cône circulaire, dont l'angle est de 5° 9'; le plan de l'orbite, en se déplaçant, fera rétrograder la ligne des nœuds.

165. On appelle *révolution synodique du nœud* le temps qui s'écoule entre deux passages successifs du soleil au même nœud, par exemple au nœud ascendant. Cette révolution synodique du nœud est de 346ʲ,619. Elle est plus courte que la révolution sidérale du soleil : car, pendant que le soleil décrit l'écliptique de l'ouest à l'est, le nœud, se déplaçant en sens inverse, va en quelque

sorte au-devant du soleil, qui atteint ainsi le nœud dix-neuf jours environ avant d'avoir accompli sa révolution sidérale.

Les anciens ont trouvé que 225 lunaisons forment à peu près 19 révolutions synodiques du nœud.

Le grand axe de l'ellipse lunaire tourne aussi dans le plan de l'orbite; il accomplit une révolution sidérale de l'est à l'ouest, en neuf ans environ. Ainsi, pour se figurer le mouvement de la lune, on imaginera que, tandis que la lune décrit son ellipse, cette ellipse tourne dans son plan, et que ce plan lui-même se déplace dans l'espace.

Il y a dans le mouvement de la lune en longitude trois inégalités principales, que les astronomes ont nommées *érection*, *variation*, *équation annuelle*. La première se manifeste surtout aux quadratures, la seconde aux octants; la troisième a pour période l'année.

DISTANCE DE LA LUNE A LA TERRE

166. Parallaxe de la lune. — Le procédé général par lequel on détermine les parallaxes est analogue à celui par lequel on mesure la distance d'un point à un point inaccessible à la surface de la terre. Deux observateurs sont placés en deux points très-éloignés A et A', sur un même méridien; ils observent la lune, au moment de son passage au méridien, et mesurent chacun la distance du centre de l'astre au zénith, au moment du passage. Soit L la position du centre

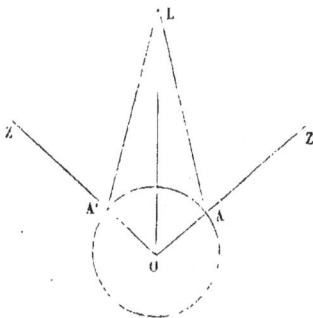

Fig. 62.

de la lune à son passage au méridien; les deux observateurs ont mesuré les angles LAZ, LA'Z'; on connaît d'ailleurs l'angle AOA' des verticales, angle égal à la somme des latitudes des deux lieux, si les deux lieux sont de part et d'autre de l'équateur. L'angle

ZAL, extérieur au triangle OAL, est égal à la somme des deux angles extérieurs AOL, ALO, non adjacents; de même l'angle Z'A'L, extérieur au triangle OA'L, est égal à la somme des deux angles intérieurs A'OL, A'LO, non adjacents; on a donc

$$ZAL = AOL + ALO,$$
$$Z'A'L = A'OL + A'LO.$$

Si l'on ajoute ces deux égalités membre à membre, il vient

$$ZAL + Z'A'L = AOA' + ALA';$$

d'où

$$ALA' = ZAL + Z'A'L - AOA'.$$

On connaît de cette manière l'angle ALA' qui a son sommet au centre de la lune, angle sous lequel de la lune on voit la corde qui soustend l'arc de méridien AA': on en déduit facilement l'angle sous lequel de la lune on voit le rayon de la terre, c'est-à-dire la parallaxe de la lune [1].

Les observations ont été faites en 1752 par Lalande et Lacaille, placés, le premier à Berlin, le second au cap de Bonne-Espérance. Ces deux lieux ne sont pas situés tout à fait sur le même méridien; mais ceci ne présente aucun inconvénient. On considère le point où le méridien de Berlin est coupé par le parallèle du Cap, et il suffit d'ajouter à la distance zénithale observée au Cap la petite variation de la lune en déclinaison pendant le temps qui sépare les deux observations. L'arc de méridien AA' est ici de 80° environ.

---

[1] Soient Z et Z' les distances zénithales observées ZAL, Z'A'L, p la parallaxe horizontale de la lune, p' et p'' les parallaxes de hauteur correspondantes ALO, A'LO; on a

$$p' + p'' = Z + Z' - AOA'.$$

Mais (n° 91)

$$p' = p \sin Z,$$
$$p'' = p \sin Z';$$

d'où

$$p' + p'' = p (\sin Z + \sin Z').$$

On déduit de là

$$p = \frac{Z + Z' - AOA'}{\sin Z + \sin Z'}.$$

On a trouvé ainsi pour la parallaxe de la lune une valeur moyenne de 57′, presque un degré; son maximum est 61′24″, son minimum 53′54″.

L'arc de 57′ ayant une longueur égale à $\frac{1}{60}$ dans le cercle dont le rayon est pris pour unité, on en conclut que la distance moyenne du centre de la lune au centre de la terre est de 60 rayons terrestres environ. Le grand axe de l'orbite lunaire est 400 fois plus petit que celui de l'orbite terrestre.

GRANDEUR DE LA LUNE

167. Le diamètre apparent de la lune, vue du centre de la terre, est en moyenne 32′. Le diamètre apparent de la terre, vue du centre de la lune, ou le double de la parallaxe de la lune, est 114′. Mais nous savons que, quand deux astres sont vus à la même distance, leurs diamètres vrais sont sensiblement proportionnels à leurs diamètres apparents : donc le diamètre de la lune est à celui de la terre comme 32 est à 114, plus simplement comme 3 est à 11. Ainsi, le diamètre de la lune est à peu près les trois onzièmes de celui de la terre. Son volume est à peu près le cinquantième de celui de la terre.

La masse de la lune est 77 fois moindre que celle de la terre. Il en résulte que sa densité est les six dixièmes de celle de la terre.

168. Nous avons étudié le mouvement de la lune autour de la terre; celle-ci, dans son mouvement autour du soleil, emporte avec elle l'orbite lunaire parallèlement

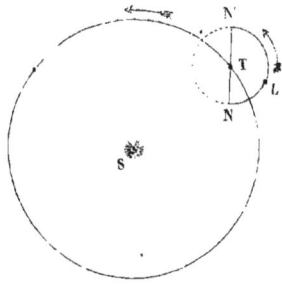

Fig. 65.

à elle-même; le mouvement de la lune autour du soleil est la combinaison de ces deux mouvements, qui s'effectuent dans le même sens, de l'ouest à l'est (fig. 63).

CHAPITRE II

DES ÉCLIPSES

Éclipses de lune. — Éclipses de soleil. — Calcul des éclipses.

ÉCLIPSES DE LUNE

169. Le globe terrestre, éclairé par le soleil, projette derrière lui un cône d'ombre. Quand la lune pénètre dans ce cône d'ombre, son disque, n'étant plus éclairé par les rayons du soleil, s'obscurcit. L'éclipse est partielle ou totale, suivant que la lune pénètre dans le cône d'ombre en partie ou en totalité. Les éclipses de lune ont lieu quand la lune est à l'opposé du soleil, c'est-à-dire au moment de l'opposition ou de la pleine lune.

Dans les éclipses de lune, on voit en quelque sorte la silhouette de la terre se dessinant sur la lune; la forme circulaire de l'ombre prouve ainsi la rondeur de la terre.

170. **Longueur du cône d'ombre.** — Considérons un cône cir-

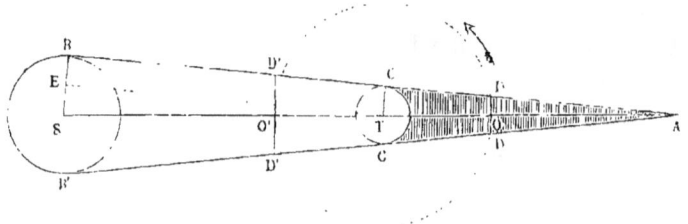

Fig. 64.

conscrit au soleil et à la terre; la partie de ce cône située derrière la terre est le cône d'ombre.

Appelons R le rayon du soleil, r celui de la terre, r' celui de la lune, D la distance de la terre au soleil, D' celle de la lune à la terre, l la longueur TA du cône d'ombre; du centre de la terre T, menons une parallèle TE à la tangente AB; les triangles semblables ATC, TSE donnent la proportion

$$\frac{TA}{ST} = \frac{TC}{SE},$$

ou

$$\frac{l}{D} = \frac{r}{R - r};$$

d'où l'on déduit

$$l = \frac{D \times r}{R - r}.$$

La distance du soleil à la terre égale 23300 rayons terrestres, le rayon du soleil égale 109 rayons terrestres; donc la longueur du cône d'ombre égale 216 rayons terrestres environ : elle varie entre 212 et 220.

Puisque le rayon de l'orbite lunaire n'est que de 60 rayons terrestres, la lune, dans son mouvement, pourra rencontrer le cône d'ombre, et alors il y aura éclipse.

171. Section du cône d'ombre. — Non-seulement la lune peut rencontrer le cône d'ombre, mais encore elle peut s'y plonger tout entière. Imaginons que l'on coupe le cône d'ombre par un plan perpendiculaire à son axe, à la distance de la lune, et calculons le rayon OD de la section. Les triangles semblables ATC, AOD donnent

$$\frac{OD}{CT} = \frac{AO}{AT},$$

d'où

$$OD = \frac{AO \times TC}{AT} = \frac{(l - D') \times r}{l}.$$

La longueur AT du cône d'ombre étant de 216 rayons terrestres, la longueur AO égale 216 moins 60, ou 156 rayons terrestres; donc $OD = \frac{156}{216}$ à peu près les huit onzièmes du rayon

9

terrestre. Or, le rayon de la lune n'est que les trois onzièmes de celui de la terre. Ainsi la section du cône d'ombre est beaucoup plus grande que le disque de la lune ; donc la lune pourra pénétrer dans le cône d'ombre en totalité ; alors il y aura éclipse totale.

172. Pourquoi il n'y a pas éclipse à chaque opposition. — Si le plan de l'orbite lunaire coïncidait avec celui de l'écliptique, il y aurait éclipse de lune chaque mois, au moment de l'opposition ; mais il n'en est pas ainsi : le plan de l'orbite lunaire faisant avec l'écliptique un angle de $5°9'$, la lune s'écarte de l'écliptique de $5°9'$ de part et d'autre ; il arrivera donc souvent que la lune passera d'un côté ou de l'autre du cône d'ombre sans le rencontrer. Pour qu'elle le rencontre, il faut qu'au moment de l'opposition sa latitude soit très-petite, et par conséquent que la ligne des nœuds soit très-rapprochée de l'axe du cône d'ombre. On a trouvé que si la distance du soleil au nœud est moindre que $7°47'$, il y a sûrement éclipse de lune, et que si cette distance est plus grande que $15°21'$, l'éclipse est impossible ; entre ces deux limites, il y a incertitude.

Ainsi, l'éclipse dépend de la position du soleil et de la lune, relativement à la ligne des nœuds. Après 223 lunaisons ou 19 révolutions synodiques du nœud (n° 165), le soleil et la lune revenant à la même position, relativement à la ligne des nœuds, les éclipses se reproduisent à peu près dans le même ordre. Aussi les anciens se servaient de ce cycle de 223 lunaisons pour prédire les éclipses, non pas avec une grande précision, mais d'une manière générale et avec une certaine probabilité.

173. Condition d'éclipse. — Considérons le point de l'orbite lunaire le plus rapproché de l'axe du cône d'ombre, et imaginons que le cône d'ombre soit coupé par un plan mené de ce point perpendiculairement à l'axe ; si la distance de ce point à l'axe, c'est-à-dire la plus courte distance OI (fig. 65) entre l'orbite lunaire et l'axe du cône d'ombre est moindre que le rayon de la section du cône d'ombre, plus le rayon de la lune, la lune rencontrera évidemment le cône d'ombre, et il y aura éclipse. L'éclipse commence quand le bord oriental de la lune touche le cône d'ombre ; elle est à son maximum ou à son milieu, quand le centre de la lune arrive au point 1 de l'orbite le plus rapproché de l'axe ; elle diminue ensuite et finit quand le bord occidental de la lune sort du cône d'ombre.

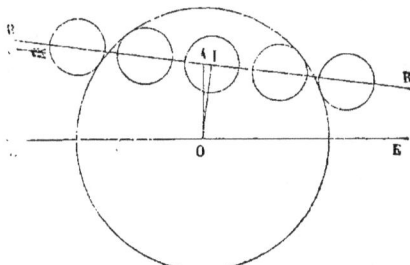

Fig. 65.

Si la plus courte distance de l'orbite lunaire à l'axe du cône d'ombre est plus petite que le rayon de la section de ce cône, moins le rayon de la lune, la lune pénétrera tout entière dans le cône d'ombre, et l'éclipse sera complète. L'éclipse totale commence ou finit lorsque la lune est tangente intérieurement au cône d'ombre.

Les astronomes ont coutume de diviser le diamètre de la lune en douze parties égales, qu'ils nomment *doigts ;* ils indiquent la quantité d'éclipse partielle par le nombre de doigts éclipsés.

174. Cône de pénombre. — Considérons le cône circonscrit intérieurement au soleil et à la terre : la portion indéfinie FGF'G'

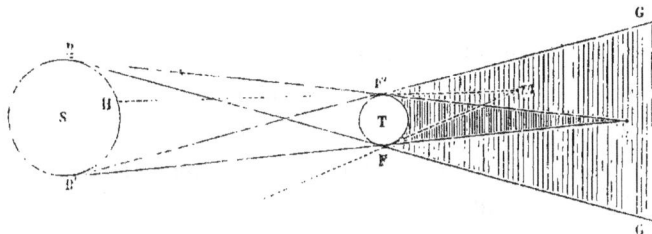

Fig. 66.

de ce cône situé derrière la terre et extérieure au cône d'ombre est le cône de *pénombre.* Le point *m,* situé dans ce cône, n'est éclairé que par une portion BH du disque solaire ; car la terre

cache au point m la partie B'H du soleil comprise dans le cône circonscrit à la terre et ayant pour sommet le point m. L'éclaire-
ment est très-faible dans le voisinage du cône d'ombre; il augmente à mesure qu'on s'en éloigne, et devient complet quand on
sort de la pénombre.

Avant que la lune pénètre dans le cône d'ombre, elle entre
dans la pénombre, et l'on voit son éclat diminuer graduellement.
De même, quand elle sort du cône d'ombre, elle ne recouvre tout
son éclat que lorsqu'elle est hors de la pénombre. D'après cela, il
est très-difficile d'observer l'instant précis du commencement ou
de la fin de l'éclipse, et les éclipses de lune ne peuvent servir à
déterminer exactement les longitudes (n° 60).

175. Lorsque la lune est entrée dans le cône d'ombre, elle ne
devient pas complétement invisible: on la voit encore éclairée
d'une lumière rougeâtre, comme les nuages au soleil couchant.
Cette lumière provient des rayons solaires qui, traversant l'atmosphère sont réfractés et infléchis derrière la terre; ces rayons
infléchis diminuent notablement la longueur et l'obscurité du
cône d'ombre.

ÉCLIPSES DE SOLEIL

176. Quand la lune, dans son mouvement autour de la terre,
vient se placer entre le soleil et la terre, elle nous cache le soleil
en partie ou en totalité: alors il y a éclipse de soleil partielle ou
totale. Le bord oriental de la lune vient d'abord toucher le soleil
et produit une échancrure circulaire qui s'agrandit graduellement,
pour diminuer ensuite. Les éclipses de soleil ont lieu au moment
de la conjonction ou de la nouvelle lune.

Considérons le cône circonscrit au soleil et à la terre (*fig.* 64):
tous les rayons lumineux envoyés par le soleil à la terre sont compris dans la partie BCB'C' de ce cône; si donc la lune rencontre
ce cône, elle interceptera une partie des rayons lumineux envoyés

par le soleil à la terre, et, par conséquent, il y aura éclipse de
soleil.

Si l'orbite de la lune coïncidait avec le plan de l'écliptique, il
y aurait éclipse de soleil à chaque conjonction ; mais, à cause de
l'inclinaison du plan de l'orbite lunaire sur le plan de l'écliptique,
la lune peut passer d'un côté ou de l'autre du cône sans le rencontrer ; pour qu'elle le rencontre, il faut que la latitude de la
lune au moment de la conjonction soit très-petite, par conséquent
que la ligne des nœuds soit très-voisine de l'axe du cône. Les
éclipses du soleil, comme les éclipses de lune, se reproduisent à
peu près dans le même ordre après la période de 223 lunaisons.
Quand la distance du soleil au nœud est moindre que $15^a 33'$, il
y a sûrement éclipse de soleil ; si cette distance surpasse $19° 44'$,
l'éclipse est impossible.

177. **Condition d'éclipse.** — Considérons dans le voisinage de
la conjonction le point de l'orbite lunaire le plus rapproché de
l'axe du cône, et imaginons la section du cône par un plan mené
de ce point perpendiculairement à l'axe (*fig.* 65) ; il y aura éclipse
de soleil si la plus courte distance OI de l'orbite lunaire à l'axe du
cône est moindre que le rayon de la section, plus le rayon de la
lune.

178. **Longueur du cône d'ombre projeté par la lune.** —
Nous avons étudié les éclipses de soleil dans leur ensemble ; nous
allons en examiner maintenant les principales circonstances.

La lune, éclairée par le soleil, projette derrière elle un cône
d'ombre. Considérons le cône circonscrit au soleil et à la lune ; la
portion de ce cône située derrière la lune est le cône d'ombre ;
en appelant l' la longueur de ce cône d'ombre, on trouve, par
des calculs analogues à ceux du nᵒ 170,

$$l' = \frac{(D - D') \times r'}{R - r'}.$$

La longueur l' du cône d'ombre, au moment de la conjonction,
n'est pas toujours la même ; elle est d'autant plus grande que la

distance D — D' de la lune au soleil est plus grande. Ainsi, la
longueur du cône d'ombre est maximum quand le soleil est à l'a-
pogée, la lune au périgée; minimum quand le soleil est au périgée, la lune à l'apogée. On trouve ainsi que la longueur du cône
d'ombre projeté par la lune, au moment de la conjonction, varie
entre 57,6 et 59,6 rayons terrestres. Comme la distance du
centre de la lune à la surface de la terre égale en moyenne 59
rayons terrestres, le cône d'ombre tantôt atteindra la terre, tantôt n'ira pas jusque-là. De là résultent, dans les éclipses de soleil,
des variétés que nous allons examiner.

179. Éclipses totales. — Lorsque le cône d'ombre rencontre la
terre, la lune projette sur ce globe une tache obscure *ab*. En
chacun des points de cette tache, il y a évidemment éclipse totale
de soleil, puisque aucun rayon lumineux n'arrive en ces points.

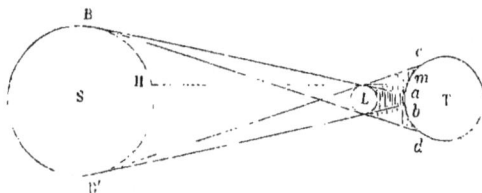

Fig. 67.

Considérons le cône circonscrit intérieurement au soleil et à
la lune; ce cône détache sur la surface de la terre une tache demi-
obscure ou pénombre *cd*. En chacun des points *m* de la pénombre,
il y a éclipse partielle du soleil; car la lune cache à l'observateur
placé en *m* la partie B'H du soleil comprise dans le cône circonscrit à la lune, et ayant pour sommet le point *m*: l'autre partie BH
est visible. Pour les points voisins de l'ombre *ab*, l'éclipse est
presque totale; plus le point *m* est éloigné de l'ombre, plus grande
est la partie visible du disque solaire. Il n'y a pas du tout éclipse
pour la partie de la surface de la terre extérieure à la pénombre *cd*, au moment que l'on considère.

180. Éclipses annulaires. — Lorsque la terre n'est pas ren-
contrée par le cône d'ombre projeté par la lune, mais seulement

par le cône de pénombre, il y a éclipse partielle de soleil pour tous les points situés dans la pénombre. L'éclipse n'est totale pour aucun point de la terre.

Il peut arriver, dans ce cas, que le prolongement du cône d'ombre au delà du sommet rencontre la terre suivant un petit cercle *ab* (fig. 68) ; soit *m* un point situé dans ce petit cercle ; le cône circonscrit à la lune, et ayant le point *m* pour sommet, cache sur le disque solaire un cercle intérieur HH'; du point *m* on verra donc un anneau lumineux entourant un cercle noir; l'éclipse est dite *annulaire*. Au centre du cercle *ab* l'éclipse annulaire est *centrale*.

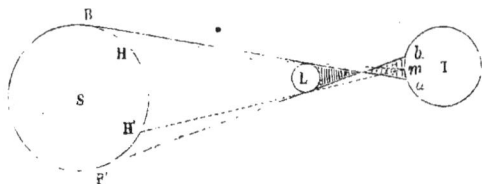

Fig. 68.

181. L'éclipse de soleil se déplace à la surface de la terre.— Comme, dans une plaine, on voit se mouvoir l'ombre projetée sur le sol par un nuage qu'emporte le vent, ainsi, à cause du mouvement de la lune, la tache, ombre ou pénombre, que la lune projette sur le globe terrestre, se déplace, et l'éclipse de soleil passe d'un lieu à un autre. Le mouvement propre de la lune étant plus rapide que celui du soleil, la tache se meut de l'ouest à l'est. A la vérité, la rotation de la terre tend à produire un effet contraire : si le soleil et la lune et, par suite, le cône d'ombre étaient fixes, la tache se déplacerait relativement de l'est à l'ouest; mais la première vitesse, étant beaucoup plus grande que la seconde, l'emporte sur celle-ci, et la tache marche, comme nous l'avons dit, de l'ouest à l'est.

182. Remarques.—En résumant ce qui précède, on remarque une différence caractéristique entre les éclipses de lune et celles de soleil. Les premières sont indépendantes de la position de l'observateur à la surface de la terre : une éclipse de lune est la même pour tous les habitants du globe qui peuvent l'apercevoir ; elle commence et finit au même instant. Les secondes, au contraire, varient selon le lieu occupé par l'observateur : il y a éclipse en tel lieu, pas en tel autre.

Aussi le calcul des éclipses de soleil est-il beaucoup plus compliqué que celui des éclipses de lune. Il faut déterminer nonseulement les conditions générales de l'éclipse, mais encore la route que suivra la tache et les phases de l'éclipse pour quelques lieux principaux situés sur le chemin de la tache.

Nous avons dit qu'il y a éclipse de lune toutes les fois que la lune rencontre la section DD du cône circonscrit au soleil et à la terre (*fig.* 64), et qu'il y a éclipse de soleil toutes les fois que la lune rencontre la section D'D' du même cône : la seconde section étant plus grande que la première, les éclipses de soleil sont plus fréquentes que celles de lune, quand on considère le phénomène dans son ensemble. La période de 19 révolutions synodiques du nœud ou de 223 lunaisons, qui était connue des Chaldéens sous le nom de *Saros*, contient en général 41 éclipses de soleil et 29 de lune. Mais, en un lieu déterminé, c'est le contraire qui arrive ; les éclipses de lune sont beaucoup plus fréquentes que celles de soleil, parce que les éclipses de lune sont visibles au même instant de tous les habitants d'une moitié de la terre, tandis que celles de soleil n'ont lieu que pour une petite partie de la surface de la terre. Ainsi, dans le dix-neuvième siècle, il n'y a que 39 éclipses de soleil visibles à Paris, tandis qu'il y en a 75 de lune.

Les éclipses totales de soleil sont accompagnées d'une obscurité profonde ; la voûte céleste devient sombre et les étoiles brillent dans tout leur éclat. L'obscurité peut durer six minutes dans les circonstances les plus favorables.

185. Quand on veut calculer une éclipse de lune, on détermine d'abord, à l'aide des tables du soleil et de la lune, l'instant de l'opposition, puis la latitude de la lune en ce moment. On calcule ensuite la grandeur apparente de la section du cône d'ombre, c'est-à-dire l'angle sous lequel, du centre de la terre, on voit cette section. Nous avons trouvé (n° 171) :

$$OD = \frac{(l - D') \times r}{l} = r - \frac{D' \times r}{l}.$$

On en déduit

$$\frac{OD}{OT} = \frac{r}{D'} - \frac{r}{l}.$$

Mais la proportion établie au n° 170 donne

$$\frac{r}{l} = \frac{R - r}{D} = \frac{R}{D} - \frac{r}{D};$$

on a donc

$$\frac{OD}{OT} = \frac{r}{D'} + \frac{r}{D} - \frac{R}{D}.$$

Le rapport $\frac{OD}{OT}$ est le rayon apparent de la section du cône d'ombre, le rapport $\frac{r}{D}$ est le parallaxe p du soleil, le rapport $\frac{r}{D'}$ la parallaxe p' de la lune, le rapport $\frac{R}{D}$ le demi-diamètre apparent du soleil (on représente ordinairement le diamètre apparent du soleil par le signe ☉, celui de la lune par ☾). Ainsi, le rayon apparent de la section du cône d'ombre est donné par la formule.

$$p + p' - \frac{1}{2}\ ☉.$$

Convenons de représenter l'angle apparent d'une minute par une certaine longueur, un millimètre par exemple; décrivons un cercle (fig. 69) qui représente la section du cône d'ombre; soit

EE la trace de l'écliptique sur le plan de la figure, plan perpendiculaire à l'axe du cône d'ombre. Portons sur une perpendiculaire à EE, au point O, une longueur OA égale à la latitude de

la lune au moment de
l'opposition. Le point A
sera la position du cen-
tre de la lune au mo-
ment de l'opposition.
L'axe du cône d'ombre
a un mouvement de
l'ouest à l'est, par suite
du mouvement de la
terre autour du soleil;

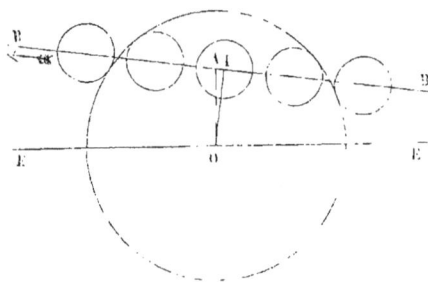

Fig. 69.

la lune se meut dans le même sens avec une vitesse angulaire
plus grande.

Le mouvement relatif de la lune en longitude égale son mouvement propre, moins le mouvement de la terre ou du soleil. On
supposera donc le cône d'ombre fixe et la lune animée de ce mouvement relatif en longitude. Par exemple, si son mouvement
propre en longitude est 51'28" par heure, celui du soleil 2'32"
au moment de l'opposition, le mouvement relatif sera la différence
28'56". On connaît d'ailleurs le mouvement de la lune en latitude.
On peut supposer les mouvements uniformes pendant la durée du
phénomène, ce qui revient à admettre que le centre de la lune
décrit sensiblement une ligne droite BB, dont on calculera aisément l'inclinaison sur EE.

Désignons par d la distance du centre de la lune au centre O
de l'ombre à un moment quelconque. La plus courte distance est
la perpendiculaire OI, abaissée du point O sur la trajectoire BB de
la lune. Appelons δ cette plus courte distance, la condition d'é-
clipse est donnée par la formule

$$\delta < p + p' - \frac{1}{2} \odot + \frac{1}{2} \mathbb{C}.$$

Le milieu de l'éclipse a lieu quand le centre de la lune est au point I, le commencement et la fin, quand le disque lunaire est tangent au cône d'ombre.

Il y a éclipse totale quand la plus courte distance OI est plus petite que le rayon du cône d'ombre diminué du rayon de la lune, c'est-à-dire quand on a

$$\delta < p + p' - \frac{1}{2} \odot - \frac{1}{2} \ (\!\!(.$$

Quand il s'agit des éclipses de soleil, le rayon apparent $\frac{O'D'}{O'T}$ (fig. 64) de la section du cône est donné par la formule

$$p' - p + \frac{1}{2} \odot .$$

La condition d'éclipse est donc

$$\delta < p' - p + \frac{1}{2} \odot + \frac{1}{2} \ (\!\!(.$$

CHAPITRE III

CONSTITUTION PHYSIQUE DE LA LUNE

Rotation de la lune. — Libration. — Montagnes de la lune.

——

184. **Rotation de la lune.** — Le disque de la lune n'a pas un éclat uniforme; on remarque à sa surface de grandes taches grises qui dessinent une sorte de figure. Ces taches sont toujours les mêmes; la lune nous présente constamment la même face. On en conclut que la lune est douée d'un mouvement de rotation sur elle-même, et qu'elle accomplit sa rotation dans le même temps que sa translation autour de la terre.

En effet, nous bornant à la première approximation, regardons d'abord l'orbite de la lune comme circulaire et couchée dans le plan de l'écliptique. Soit L la position de la lune à un certain moment; considérons une tache m située sur le rayon vecteur, qui va du centre de la terre au centre de la lune, tache qui se projette au centre même du disque lunaire. Après un certain temps, la lune est venue en L'. Si la lune n'avait pas de mouvement de rotation, le rayon Lm, restant parallèle à lui-même, occuperait la position L'n et la tache serait en n. Mais nous voyons toujours la tache en m' au centre du disque; donc la

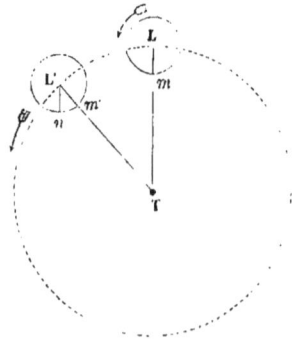

Fig. 70.

lune a tourné de l'angle nLm', égal à l'angle LTL', autour d'une
axe perpendiculaire à l'écliptique. Ainsi la lune accomplit sa rotation sur elle-même exactement dans le même temps que sa révolution sidérale autour de la terre ; ce mouvement de rotation
s'effectue dans le même sens que le mouvement de translation
autour de la terre.

LIBRATION

185. Libration en longitude. — La lune ne nous présente pas
toujours rigoureusement le même hémisphère ; une observation
plus attentive nous fait découvrir de légères inégalités. Nous
voyons des taches voisines des bords paraître et disparaître alternativement ; la lune semble douée d'un petit mouvement d'oscillation ou de balancement sur elle-même ; tel est le phénomène
connu sous le nom de *libration* de la lune. On distingue trois
sortes de librations : libration en longitude, libration en latitude,
libration diurne.

La libration en longitude consiste en une variation périodique
de la longitude des taches, relativement au centre de la lune ; on
voit les taches voisines du bord oriental et du bord occidental
paraître et disparaître alternativement ; la lune semble se balancer
autour d'un axe perpendiculaire à l'écliptique. Cette libration
n'est qu'une apparence
provenant de ce que la
rotation de la lune est
uniforme, tandis que son
mouvement de translation
autour de la terre est soumis à diverses inégalités.
En effet, regardons main-
tenant l'orbite de la lune

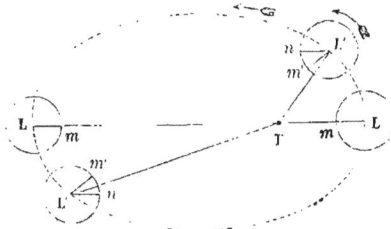

Fig. 71.

comme elliptique et couchée dans le plan de l'écliptique. Le
mouvement angulaire de la lune autour de la terre est variable,

maximum au périgée, minimum à l'apogée; le mouvement de rotation est uniforme et égal au mouvement moyen de translation. Au périgée, l'angle de translation LTL', ou son égal TL'n, surpasse l'angle de rotation nL'm'; donc la tache m, située primitivement au centre du disque, vient en m' à l'est du centre. A l'apogée, l'angle de translation est, au contraire, plus petit que l'angle de rotation et la tache m, située primitivement au centre du disque, vient en m', à l'ouest du centre. Ainsi la tache m paraît osciller de part et d'autre du centre. En général, les taches semblent osciller de part et d'autre de leur position moyenne, parallèlement à l'écliptique. Remarquons que la durée de la rotation de la lune est rigoureusement égale à celle de la révolution sidérale ; car, s'il y avait la moindre différence, la tache se déplacerait un peu à chaque révolution, toujours dans le même sens ; et, après un grand nombre de révolutions, la face de la lune, tournée vers nous, aurait complétement changé.

186. **Libration en latitude**. — La libration en latitude consiste en une variation périodique de la latitude des taches, relativement au centre de la lune; on voit les taches voisines des pôles de la lune paraître et disparaître alternativement; la lune semble se balancer autour d'un axe parallèle à l'écliptique. Cette libration n'est qu'une apparence due à ce que l'axe de rotation de la lune n'est pas perpendiculaire au plan de son orbite. Supposons l'orbite circulaire : si l'axe était perpendiculaire à l'orbite, une tache placée au centre du disque resterait au centre (n° 184); le cercle qui limite l'hémisphère visible de la lune serait un méridien lunaire, toujours le même. Mais le plan de l'orbite fait avec l'écliptique un angle de 5° 9′; l'axe de la lune, qui est à peu près perpendiculaire sur l'écliptique, est incliné sur l'orbite. De là résulte la libration en latitude.

En effet, lorsque la lune est à ses nœuds, on voit deux pôles de la lune au bord même du disque. Lorsque la lune est à sa plus grande latitude boréale en L (fig. 72), bc étant le cercle qui limite l'hémisphère visible, le pôle boréal P est invisible, tandis que le pôle aus-

tral est visible. C'est le contraire qui a lieu, lorsque la lune est en P', à sa plus grande latitude australe. Ainsi, les taches voisines des pôles paraissent et disparaissent alternativement.

L'axe de la lune n'est pas exactement perpendiculaire sur l'écliptique, il fait avec l'axe de l'écliptique un angle de 1°30'.

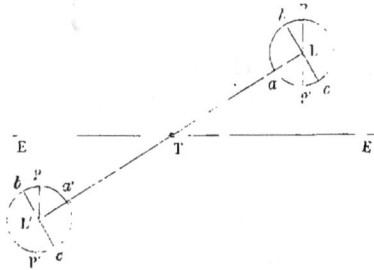

187. Libration diurne.
— Enfin, l'observateur n'est

Fig. 72.

pas placé au centre de la terre, mais à sa surface, et sa position dans l'espace change en vertu de la rotation diurne du globe terrestre. Le centre apparent du disque lunaire, c'est-à-dire le point où le rayon vecteur allant de l'observateur au centre de la lune perce la surface de la lune, change par cela même; il en résulte une troisième libration, que l'on nomme libration diurne.

188. Aspect du ciel vu de la lune. — Il est facile de se représenter quel serait l'aspect du ciel pour les habitants de la lune, si la lune avait des habitants. La lune tournant sur elle-même en vingt-sept jours sept heures, les jours et les nuits lunaires sont vingt-sept fois plus longs que les nôtres; de là résulte une grande variation dans la température, échauffement considérable pendant le jour, refroidissement pendant la nuit par le rayonnement.

L'axe de la lune étant à peu près perpendiculaire à l'orbite, les saisons sont peu marquées; les jours sont à peu près constamment égaux aux nuits; la température diurne varie peu en un même lieu, mais elle diminue quand on s'éloigne de l'équateur.

La terre éclaire la lune par réflexion pendant les longues nuits. Comme la lune tourne constamment vers la terre le même hémisphère, la terre ne serait visible que pour les habitants de cet hémisphère; et, chose remarquable, elle leur paraîtrait immobile dans le ciel, au zénith pour les uns, à une certaine hauteur au-dessus de l'horizon pour les autres, à l'horizon même pour ceux qui sont placés à la limite de l'hémisphère. Cet astre immense, dont le disque est treize fois plus grand que celui de la lune, leur présenterait des phases analogues à celles de la lune, mais sur une plus grande échelle, tantôt éclairé en totalité, tantôt sous forme de croissant (n° 158) ; ils le verraient tourner sur lui-même sans changer de position dans l'espace, les continents et les mers passant successivement sous leurs yeux. Les habitants de l'hémisphère opposé de la lune ne verraient jamais la terre ; mais, lorsqu'ils se transporteraient à la limite de l'hémisphère, ils l'apercevraient immédiatement à l'horizon.

189. **Absence d'atmosphère.** — La lune paraît dépourvue d'atmosphère. Et, d'abord, la ligne intérieure du croissant de la lune est nettement tranchée ; une atmosphère entourant la lune produirait nécessairement le long de cette ligne un crépuscule ou une dégradation de lumière d'une certaine largeur (n° 86).

L'occultation des étoiles démontre encore d'une manière plus précise l'absence d'atmosphère. Quand la lune passe devant une étoile, elle nous cache l'étoile pendant un certain temps. Si la lune est dépourvue d'atmosphère, l'occultation commence ou finit exactement au moment où le disque de la lune touche la droite qui va de l'œil de l'observateur à l'étoile : on peut calculer la durée de l'occultation, connaissant le mouvement de la lune. Mais si la lune était entourée d'une atmosphère, les rayons lumineux qui, venant de l'étoile, rasent le bord du disque lunaire, seraient infléchis ou réfractés par cette atmosphère, et parviendraient à l'œil de l'observateur quelque temps après que l'occultation théorique aurait commencé ; par la même raison, on reverrait l'étoile avant la fin de l'occultation théorique ; ainsi l'existence d'une atmosphère autour de la lune diminuerait la durée de l'occultation. Or, des observations faites avec le plus grand soin montrent que la durée de l'occultation observée est exactement égale à la durée de l'occultation théorique. Ainsi la lune est entièrement dépourvue d'atmosphère, ou, du moins, si elle en a une, elle est si peu dense qu'elle ne réfracte pas sensiblement la lumière; on peut l'assimiler au vide produit par les meilleures machines pneumatiques.

190. Puisque la lune est dépourvue d'atmosphère, il ne peut exister à sa surface ni mers, ni masses liquides quelconques; car on sait que les liquides se vaporisent instantanément dans le vide, et que c'est la pression de l'atmosphère qui retient les eaux à la surface de la terre et les empêche de se vaporiser. S'il y a des eaux à la surface de la lune, une partie se vaporiserait immédiatement pour former une atmosphère autour de cet astre.

S'il n'y a ni liquide ni gaz à la surface de la lune, il est difficile d'y concevoir l'existence de végétaux ou d'animaux d'aucune sorte; la condition nécessaire de la vie nous paraît être une circulation de fluides. Ainsi, il est probable que la lune est dépourvue d'habitants.

Il paraît bien certain que la lune n'est pas entourée d'une atmosphère; mais il ne serait pas impossible qu'il existât encore des gaz dans les excavations profondes si nombreuses à la surface de la lune.

MONTAGNES DE LA LUNE

191. La surface de la lune est hérissée de montagnes très-élevées. Quand la lune a la forme d'un croissant, et si on la regarde avec une lunette, on voit que la ligne intérieure du croissant, au lieu d'être unie comme le bord extérieur, présente des dentelures nombreuses qui accusent les inégalités du sol (*fig.* 75). On aperçoit même dans la partie obscure, à une petite distance de la ligne d'illumination, des points brillants isolés; ce sont des sommets de montagnes encore éclairés par le soleil, tandis que la plaine environnante est dans l'ombre. Galilée, qui le premier a reconnu et mesuré les montagnes de la lune, estimait que la distance des points brillants isolés à la ligne d'illumination au moment de la

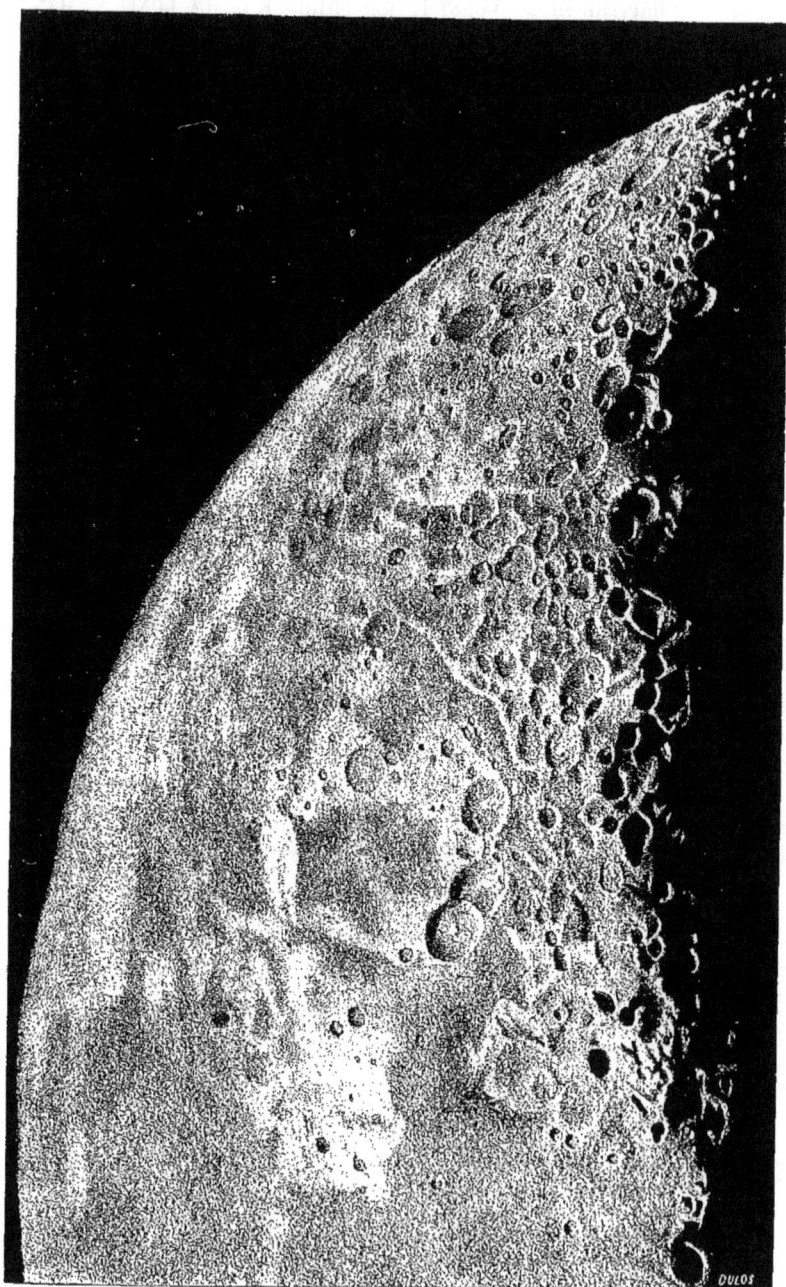

Fig. 75. — Figure d'une partie de la lune, d'après une photographie de Bond, aux États-Unis.

quadrature peut égaler le $\frac{1}{20}$ du diamètre de la lune, ce qui donne pour la hauteur des montagnes de la lune $\frac{1}{400}$ du diamètre de la lune, soit 8000 mètres environ. Ainsi les montagnes de la lune sont aussi élevées que celles de la terre ; relativement au rayon de la lune, elles sont quatre fois plus hautes.

Quand on examine avec une lunette la partie éclairée du disque lunaire, on voit distinctement les ombres que projettent les montagnes derrière elles ; ces ombres ont la forme de petites taches noires dirigées à l'opposé du soleil, et d'autant plus allongées que les rayons du soleil tombent plus obliquement sur la lune. C'est de la longueur des ombres mesurées avec le réticule micromètre (n° 41), que l'on déduit, en général, la hauteur des montagnes de la lune.

192. Volcans lunaires.—Les montagnes de la lune sont très-nombreuses : les unes forment des chaînes ou s'élèvent en pics élevés. Le pic Leibnitz a plus de 8000 mètres d'élévation ; le pic Dörfel a 8000 mètres. Mais la plupart des montagnes de la lune présentent le caractère volcanique et ressemblent au Vésuve ou aux volcans éteints de l'Auvergne (*fig.* 74) ; ce sont des montagnes coniques, au centre desquelles s'ouvrent des cratères larges et profonds ; dans le cratère, on voit l'ombre projetée par le rebord du côté du soleil, ce qui prouve l'existence d'une excavation. Le fond du cratère est ordinairement plus bas que le niveau général de la surface de la lune ; on remarque aussi que l'anneau qui enveloppe le cratère a une masse d'autant plus grande que l'excavation est plus grande, ce qui fait penser que cet anneau a été formé par les laves vomies par le cratère. Du fond des cratères les plus larges s'élève ordinairement une petite montagne conique qui a surgi au centre du volcan primitif. Les volcans lunaires sont, en général, beaucoup plus considérables que les volcans terrestres. Le cratère Bernouilli a 25900 mètres d'ouverture et 5800 mètres de profondeur ; les cratères Eudoxus et Pythéas ont 31000 mètres d'ouverture et 3600 de profondeur ; tandis que notre Etna n'a que 3500 mètres de diamètre. Je citerai encore le cratère Tycho, dont le cratère a

85000 mètres de diamètre, 5000 mètres de profondeur, et au centre duquel s'élève un cône de 1500 mètres.

Les volcans nombreux qui existent à la surface de la lune paraissent aujourd'hui complétement éteints, car on n'aperçoit aucune lueur dans la partie non éclairée de la lune, pendant les éclipses de lune. A la vérité, William Herschel dit avoir aperçu, le

Fig. 74. — Cratère de la lune, d'après une photographie de Bond.

19 avril 1787, trois volcans en ignition; il prétend même que les objets voisins des cratères étaient faiblement éclairés par la lueur des volcans. Shröter, en 1788, crut voir près du grand cratère Hévélius un nouveau cratère de 9000 mètres d'ouverture. Mais il est probable que ces deux célèbres astronomes ont été trompés

par des jeux de lumière ou par quelque illusion d'optique; la force intérieure qui a produit, à une époque reculée, les énormes éruptions volcaniques dont la lune porte les traces, paraît aujourd'hui complétement éteinte. La lune, dans son ensemble, offre l'aspect d'une pierre calcinée.

193. Outre les montagnes et les nombreux cratères, on voit encore à la surface de la lune de grandes taches grises que l'on avait prises autrefois pour des mers; ce ne sont pas véritablement des mers, puisque, comme nous l'avons dit, les eaux ne peuvent subsister à la surface de la lune; ce sont de vastes plaines auxquelles la nature du sol donne une teinte grise permanente. Herschel a cru même y reconnaître les indices des terrains d'alluvion, ce qui prouverait qu'il y a eu des mers à des époques reculées.

La lune, étant l'astre le plus voisin de nous, est celui dont nous connaissons le mieux la constitution géologique. Herschel, avec son grand télescope, voyait la lune à moins de quinze lieues. On a dressé des cartes de la lune où toutes les taches, toutes les montagnes, tous les cratères sont marqués. Je citerai l'excellente carte dressée par MM. Beer et Madler, de Berlin, d'après leurs propres observations.

LIVRE V

LES PLANÈTES

CHAPITRE PREMIER

MOUVEMENT DES PLANÈTES

Mouvement apparent. — Mouvement des planètes autour du soleil.
Lois de Képler.

MOUVEMENT APPARENT

194. Les anciens ont nommé *planètes* ou astres errants, des astres qui, semblables à des étoiles de diverses grandeurs, au lieu d'être fixes sur la voûte céleste, ont un mouvement propre sur cette sphère. Les planètes se meuvent dans cette bande circulaire nommée *zodiaque*, que l'écliptique divise en deux parties égales. Leur mouvement général est dirigé de l'ouest à l'est, comme celui du soleil et de la lune. Cependant, quand on les suit avec attention, on les voit, après un mouvement direct de l'ouest à l'est assez long, s'arrêter, puis rétrograder de l'est à l'ouest pendant quelque temps, s'arrêter de nouveau, pour reprendre ensuite la marche directe, etc. Les planètes décrivent ainsi sur la sphère céleste des lignes sinueuses, composées d'arcs directs et d'arcs rétrogrades alternatifs (*fig.* 75).

On appelle *élongation* la distance angulaire d'une planète au soleil, *station* le moment où la planète, changeant le sens de son mouvement, paraît stationnaire ; *rétrogradation* le mouvement de l'est à l'ouest. (On est convenu d'appeler mouvement direct tout mouvement s'accomplissant dans le même sens que le mouvement apparent du soleil, c'est-à-dire de l'ouest à l'est, et mouvement rétrograde tout mouvement en sens contraire.)

Fig. 75.

Les anciens ne connaissaient que cinq planètes : Mercure, Vénus, Mars, Jupiter et Saturne. Ils appelaient les deux premières, planètes inférieures, les trois autres, planètes supérieures.

195. Planètes inférieures. — Les planètes inférieures ne s'éloignent jamais du soleil au delà d'une certaine limite, d'un côté ou de l'autre; elles semblent osciller autour de lui en l'accompagnant dans sa marche annuelle. Mercure ne s'éloigne pas du soleil au delà de 22 degrés, Vénus au delà de 45 degrés. Quand la planète, dans son mouvement direct, devance le soleil vers l'est, on la voit le soir, après le coucher du soleil, à l'occident. Quand, au contraire, dans son mouvement rétrograde, elle passe à l'ouest du soleil, on la voit le matin, avant son lever, à l'orient. Pendant chaque période, la planète passe deux fois en conjonction ; une première fois à son maximum de vitesse directe, une seconde fois à son maximum de vitesse rétrograde.

196. Planètes supérieures. — Les planètes supérieures s'éloignent du soleil à toutes les distances angulaires ; cependant leur mouvement a une relation intime avec celui du soleil. Le maximum de vitesse directe a lieu quand la planète est en conjonction avec le soleil, le maximum de vitesse rétrograde, quand elle est en opposition : mais la planète va toujours moins vite que le soleil. Par exemple, après la conjonction, la planète Mars reste en arrière du soleil de plus en plus, tout en ayant son mouvement direct le plus rapide ; alors on la voit le matin, à l'est, avant le lever du soleil. Quand sa distance au soleil, ou son élongation, est de 137 degrés, elle paraît stationnaire par rapport aux étoiles. Elle commence alors son mouvement rétrograde, qui atteint sa plus grande rapidité lorsqu'elle est à 180 degrés du soleil, c'est-à-dire en opposition. Quand elle n'est plus qu'à 137 degrés à l'est du soleil, elle paraît de nouveau stationnaire, pour reprendre ensuite son mouvement direct.

197. Variation du diamètre apparent. — On mesure les diamètres apparents des planètes au moyen du micromètre à fils parallèles, que nous avons décrit au n° 41. Le diamètre apparent d'une planète éprouve de grandes variations, ce qui prouve que la distance de la planète à la terre varie beaucoup pendant son mouvement. Quand il s'agit d'une planète supérieure, cette distance est maximum au moment de la conjonction, minimum au moment de l'opposition. Quand il s'agit d'une planète inférieure, qui n'est jamais en opposition, mais qui passe deux fois en conjonction, sa distance à la terre est maximum au moment de la première conjonction, celle qui a lieu au milieu de

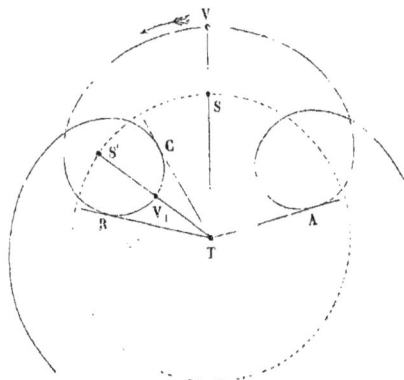

Fig. 76.

l'arc direct et qu'on appelle conjonction supérieure; elle est minimum à l'autre conjonction, qui a lieu au milieu de l'arc rétrograde et qu'on appelle conjonction inférieure. En combinant la variation de la distance avec le mouvement angulaire, on trouve que les planètes décrivent autour de la terre des courbes sinueuses, comme celle représentée par la figure 76. L'œil projette ces courbes sur la voûte céleste, et l'on a ainsi la route apparente des planètes, telle que l'indique la figure 75.

198. Phases de Vénus. — Les planètes inférieures, Mercure et

Vénus, examinées au télescope, présentent des phases analogues à celles de la lune. Ces phases prouvent que ces planètes, non-seulement sont des globes obscurs qui, comme la lune, réfléchissent la lumière du soleil, mais encore qu'elles tournent autour du soleil. La figure suivante représente les phases de Vénus; la planète est nouvelle et obscure à sa conjonction inférieure, en *a*; elle prend ensuite la forme d'un croissant délié, qui s'agrandit graduellement; elle arrive à son premier quartier au moment de sa plus grande élongation, en *b*, lorsque la droite allant de la terre à la planète est tangente à l'orbite; enfin elle devient pleine à sa conjonction supérieure, en *c*. Il résulte de là qu'à sa conjonction inférieure la planète est située entre la terre et le soleil; qu'à sa conjonction supérieure elle est située, au contraire, au delà du soleil, et qu'ainsi elle tourne autour du soleil.

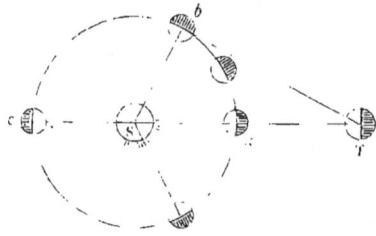

Fig. 77.

MOUVEMENT DES PLANÈTES AUTOUR DU SOLEIL

199. Les planètes inférieures semblent accompagner le soleil dans sa marche annuelle; elles paraissent tourner autour de lui, comme la lune tourne autour de la terre. Il est naturel de penser qu'il en est de même des planètes supérieures. Cette hypothèse rend parfaitement compte des mouvements apparents. En effet, si l'on suppose que les planètes décrivent autour du soleil des cercles situés à peu près dans le plan de l'écliptique, et que le soleil, dans son mouvement annuel, emporte avec lui les orbites de toutes les planètes, il est aisé de voir que ce double mouvement produit les courbes sinueuses, analogues à celle représentée dans la figure 76.

Mais au lieu de supposer que le soleil se meut autour de la

terre, emportant avec lui les orbites des planètes, il est plus simple d'admettre que la terre se meut autour du soleil, comme les planètes. Nous mettons ainsi la terre au nombre des planètes, et le soleil devient le centre commun de tous les mouvements planétaires. Si donc nous nous plaçons par la pensée à la surface du soleil, nous verrons les planètes et la terre tourner autour du soleil dans le même sens, en décrivant des orbites sensiblement circulaires et situées à peu près toutes dans le même plan.

200. L'idée de considérer le soleil comme le centre des mouvements planétaires est très-ancienne : elle a été imaginée pour la première fois par l'illustre Pythagore, grand philosophe et grand mathématicien, qui vivait dans le sixième siècle avant notre ère; oubliée pendant la longue nuit du moyen âge, elle a été remise en lumière par Copernic, dans son immortel ouvrage qui parut en 1540 peu de jours avant sa mort, et fut le point de départ des progrès de l'astronomie et des sciences en général dans les temps modernes.

Dans ce système, les planètes sont des globes obscurs, semblables à la terre; elles sont animées comme elle d'un double mouvement, mouvement de rotation sur elles-mêmes, mouvement de translation autour du soleil, de qui elles reçoivent chaleur et lumière. Les planètes sont disposées dans l'ordre suivant, à partir du soleil : Mercure, Vénus, la terre, le groupe des petites planètes, Jupiter, Saturne, Uranus, Neptune.

Les deux planètes Mercure et Vénus, plus rapprochées du soleil que la terre, sont les planètes inférieures; les autres sont les planètes supérieures.

Certaines planètes sont accompagnées de petites planètes secondaires, que l'on nomme *lunes* ou *satellites*. Les satellites se meuvent autour de la planète à laquelle ils appartiennent dans le sens du mouvement général, décrivant aussi des orbites sensiblement circulaires et à peu près dans le plan de l'écliptique. La terre a un satellite, la lune; Jupiter en a quatre, Saturne huit, Uranus huit, Neptune un : Mercure, Vénus, Mars n'ont pas de satellite.

201. — **Explication des mouvements apparents.** — Nous avons

admis que le mouvement de la terre autour du soleil produit les mêmes apparences que si le soleil tournait autour de la terre, emportant avec lui les orbites des planètes. Il est bon d'entrer à cet égard dans quelques détails.

Considérons d'abord une planète inférieure, Vénus, par exemple. Le soleil est immobile en S, au centre des cercles que décrivent autour de lui Vénus et la terre ; placés sur la terre, nous observons le mouvement de la planète. On voit immédiatement que la planète semble osciller autour du soleil, et que sa plus grande élongation est l'angle STA que fait la droite TS avec la tangente TA, menée de la terre au cercle décrit par Vénus. Soit T la position

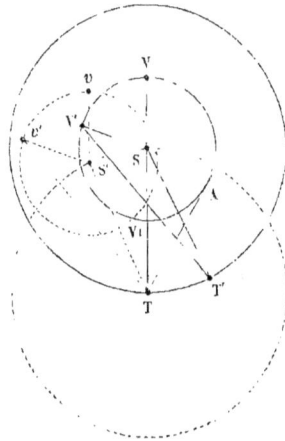

de la terre, V celle de Vénus, en conjonction supérieure ; l'observateur placé sur la terre voit la planète dans la direction TV ; après un certain temps, la terre est venue en T', Vénus en V' ; l'observateur voit la planète dans la direction T'V'. Supposons maintenant que la terre reste fixe en T et que le soleil se meuve autour d'elle, emportant l'orbite de Vénus. Le soleil, décrivant l'arc SS' égal à TT', viendra en S' ; si Vénus n'avait pas de mouvement propre sur son orbite, elle serait en v, sur un rayon S'v parallèle à SV ; mais,

Fig. 78.

en vertu de son mouvement propre, elle décrit l'arc vv' égal à VV' ; de la terre on voit donc Vénus dans la direction Tv'. Or, les deux droites TS' et T'S étant égales et parallèles, de même que les deux droites S'v' et SV', les deux droites Tv' et T'V' sont aussi égales et parallèles. Ainsi, dans les deux hypothèses, on voit au même instant la planète dans la même direction, et par conséquent au même point du ciel, de plus à la même distance : le mouvement apparent est donc exactement le même.

D'après cela, le mouvement apparent de Vénus autour de la
terre est un mouvement sur un épicycle, c'est-à-dire que la planète semble se mouvoir sur un cercle dont le centre décrit un second cercle autour de la terre. Cet épicycle produit dans l'espace
une courbe sinueuse, comme celle qui est tracée dans la figure 76 :
l'œil projette cette courbe sur la voûte céleste, et l'on a ainsi la
route apparente suivie par la planète dans le ciel (*fig.* 75). A l'arc
direct AVB (*fig.* 76) succède l'arc rétrograde plus petit BV_1C, qui
est suivi d'un nouvel arc direct, et ainsi de suite. Les stations ont
lieu aux points A, B, C, sur les tangentes menées de la terre à la
courbe sinueuse ; c'est en ces points que change le sens du mouvement apparent.

Quand Vénus est en conjonction supérieure, en V (*fig.* 78), sa vitesse apparente autour de la terre est la somme de deux vitesses :
sa vitesse propre sur l'épicycle, et la vitesse du soleil qui transporte
l'épicycle ; ces deux vitesses s'ajoutent, et donnent le maximum de
vitesse directe. Quand Vénus est en conjonction inférieure, en V_1, sa
vitesse relative est la différence de sa vitesse propre, qui est ici
rétrograde, et de la vitesse du soleil, qui entraîne l'épicycle en
sens contraire ; comme la vitesse du soleil, ou celle de la terre,
est supposée moindre que celle de Vénus, cette dernière l'emporte, et la vitesse relative est
rétrograde : c'est le maximum
de vitesse rétrograde.

202. Les mêmes raisonne-
ments s'appliquent aux planètes supérieures ; seulement
ici l'épicycle est plus grand
que le cercle décrit par le soleil, centre de l'épicycle. Voyez
à cet égard la figure 79, qui
se rapporte à la planète Mars.

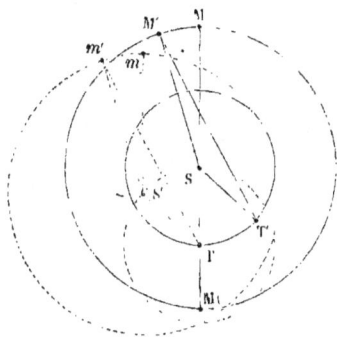

Fig. 79.

Quand Mars est en conjonction en M, sa vitesse relative est la
somme de deux vitesses directes : elle est maximum. Mais, quand

il est en opposition en M_1, sa vitesse relative est la différence entre la vitesse de l'épicycle, qui entraine ici la planète en sens retrograde, et la vitesse propre, qui est directe. Remarquons que le diamètre apparent est maximum à l'opposition, minimum à la conjonction.

Nous retrouvons de cette manière les épicycles imaginés par les anciens, avec cette seule différence que le soleil occupe le centre de tous les épicycles, tandis que les anciens laissaient indéterminé le cercle décrit par le centre de chaque épicycle.

LOIS DE KÉPLER

203. Nous avons admis que les planètes décrivent autour du soleil des cercles situés dans le plan de l'écliptique. Mais ce n'est là qu'une première approximation; nous allons étudier le mouvement des planètes avec plus d'exactitude.

L'observation donne l'ascension droite et la déclinaison d'un astre; on en déduit par le calcul la longitude et la latitude *géocentriques*, c'est-à-dire relatives au centre de la terre (n° 98).

Pour étudier le mouvement des planètes, on se sert de coordonnées relatives au centre du soleil, et que l'on nomme pour cette raison coordonnées *héliocentriques*. La latitude héliocentrique d'un astre est l'angle que fait le rayon vecteur allant du centre du soleil au centre de l'astre avec sa projection sur le plan de l'écliptique; la longitude héliocentrique est l'angle que fait cette projection avec la ligne de l'équinoxe du printemps. Soit S le soleil, T la terre, P la planète, Tγ la ligne de l'équinoxe du printemps, Sγ_1 une parallèle à cette droite menée par le soleil (*fig.* 80); du point P abaissons la perpendiculaire Pp sur le plan de l'écliptique. L'angle PTp est la latitude géocentrique de la planète: l'angle γTp est la longitude géocentrique. L'angle PSp est la latitude héliocentrique; l'angle γ_1Sp la longitude héliocentrique.

204. Nœuds. L'orbite d'une planète perce l'écliptique en deux points N, N', que l'on nomme les *nœuds*. Le point où la planète perce l'écliptique, pour passer de l'hémisphère austral dans l'hémisphère boréal, est le nœud ascendant; l'autre est le nœud descendant. On reconnaît que la planète passe au nœud, lorsque sa latitude géocentrique est nulle; en comparant plusieurs observations du nœud, on trouve par le calcul que l'angle $\gamma_1 SN$ est constant. Ainsi la ligne du nœud SN est fixe dans le plan de l'é-

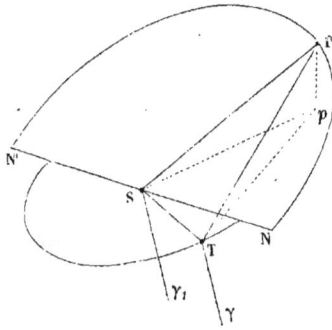

Fig. 80.

cliptique; la position de cette droite est déterminée par l'angle $\gamma_1 SN$, que l'on nomme longitude (héliocentrique) du nœud ascendant.

On évite les calculs en faisant une observation du nœud au moment de l'opposition, le soleil, la terre et la planète étant en ligne droite; car, à l'opposition, la planète étant vue du soleil et de la terre dans la même direction, sa longitude héliocentrique égale sa longitude géocentrique; comme on connaît la longitude géocentrique de la planète, on a immédiatement la longitude du nœud.

En notant les moments des passages de la planète au nœud ascendant, on trouve que l'intervalle du temps entre deux passages consécutifs est constant; ce temps est la durée de la révolution sidérale de la planète.

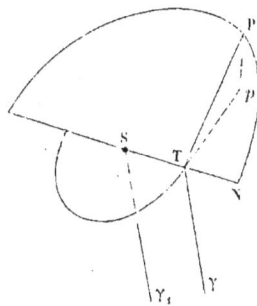

Fig. 81.

205. **Inclinaison**. — On appelle inclinaison l'angle que fait le plan de l'orbite de la planète avec le plan de l'é- cliptique. Pour déterminer l'inclinaison, on choisit le moment où la terre passe sur la ligne des nœuds (*fig.* 81), et on observe la planète à cet instant; un calcul trigonométrique donne l'inclinai-

son. L'inclinaison, déduite ainsi d'un grand nombre d'observations semblables, est la même; comme la planète occupe des positions différentes sur son orbite, on en conclut que cette orbite est une courbe plane.

Ces deux angles, la longitude du nœud et l'inclinaison, déterminent la position du plan de l'orbite dans l'espace.

206. **Lois de Képler.** — Quand on connaît la longitude du nœud et l'inclinaison, on peut calculer à chaque instant, au moyen de la longitude et de la latitude géocentriques, déduites de l'observation, la longueur SP du rayon vecteur qui va du soleil à la planète, et l'angle PSN que fait ce rayon vecteur avec la ligne du nœud ascendant. A l'aide de ces deux coordonnées, on peut tracer la courbe décrite par la planète, comme nous l'avons fait pour le soleil et la lune (n° 126); on obtient ainsi les deux lois suivantes, qui ont été découvertes par l'illustre Képler : 1° *Les aires décrites par le rayon vecteur allant du centre du soleil au centre de chaque planète sont proportionnelles au temps;* 2° *les courbes décrites par les planètes sont des ellipses dont le soleil occupe un foyer.* Ce sont les deux lois que nous avons déjà trouvées pour le mouvement de la terre autour du soleil, et de la lune autour de la terre [1].

---

[1] C'est en étudiant le mouvement de la planète Mars, à l'aide des observations faites par Tycho-Brahé pendant une longue suite d'années, que Képler a trouvé les deux premières lois du mouvement elliptique. Pour éviter la difficulté que présente la transformation des coordonnées géocentriques en coordonnées héliocentriques, il a procédé de la manière suivante : lorsque Mars est en opposition, la position apparente de Mars vu du soleil est la même que vu de la terre ; réunissant les observations faites aux oppositions successives, et retranchant les nombres entiers de révolutions, Képler a trouvé la loi qui existe entre le temps et le mouvement angulaire héliocentrique de Mars. Les observations de Mars, faites dans le voisinage de ses quadratures, lui ont donné la loi du rayon vecteur. En effet, que l'on conçoive le triangle ayant pour sommets le soleil, la terre et Mars, l'observation directe donne l'angle à la terre, angle voisin de 90 degrés ; la loi du mouvement angulaire héliocentrique de Mars donne l'angle au soleil. On en déduit aisément le rapport de la longueur du rayon vecteur allant du soleil à Mars à celle du rayon vecteur allant du soleil à la terre : comme on connaît la longueur de ce dernier par rapport au demi-grand axe de l'orbite terrestre pris pour unité, on connaît le premier. Ces deux lois déterminent le mouvement de la planète.

207. Éléments elliptiques. — On nomme éléments elliptiques
les constantes nécessaires à la détermination du mouvement elliptique d'une planète. Elles sont au nombre de sept : 1° la longitude du nœud ascendant; 2° l'inclinaison : ces deux éléments
fixent la position du plan de l'orbite dans l'espace; 3° la longitude du périhélie : cette constante détermine la direction du
grand axe ; 4° le demi-grand axe de l'ellipse, ou la distance
moyenne au soleil; 5° l'excentricité : ces deux éléments donnent
les dimensions de l'ellipse ; 6° la longitude moyenne de l'époque,
c'est-à-dire la longitude moyenne de la planète au moment à partir duquel on compte le temps : cette constante donne la position
de la planète à cet instant; 7° enfin, la durée de la révolution
sidérale.

Il y a deux manières d'obtenir les valeurs de ces éléments. On
peut les déterminer les uns après les autres; d'abord la longitude
du nœud et l'inclinaison, comme nous l'avons expliqué précédemment, puis les cinq autres par l'étude du mouvement de la planète dans le plan de son orbite. On peut aussi calculer tous les
éléments à la fois, comme nous le dirons plus tard. Le tableau
suivant contient quelques-uns des éléments des principales planètes; on a pris pour unité de la longueur le demi-grand axe de
l'orbite terrestre.

| | TEMPS DES RÉVOLUTIONS | | DEMI-GRANDS AXES | EXCENTRI-CITÉS | INCLINAISONS |
	EN JOURS MOYENS	EN ANNÉES SIDÉRALES			
Mercure.	87,969	0.582	0,38710	0,205605	7° 0′ 8″
Vénus.	224,701	0,615	0,72333	0,006843	5 23 35
La Terre.. . . .	365,256	1	1	0,016770	0
Mars.	686,980	1,881	1,52369	0,093261	1 51 2
Jupiter.	4332,585	11,862	5,20280	0,048259	1 18 40
Saturne.	10759,220	29,457	9,53885	0,055996	2 29 28
Uranus..	30686,821	84,015	19,18264	0,046578	0 46 30
Neptune.	60126,72	164,616	30,03697	0,008719	1 46 59

208. Troisième loi de Képler. — Au premier coup d'œil jeté
sur ce tableau, on voit que le temps de la révolution est d'autant

plus grand que la planète est plus éloignée du soleil ; on voit aussi que ce temps augmente plus rapidement que la distance ; il en résulte que la vitesse de la planète est d'autant moindre que la planète est plus éloignée du soleil. Comparant les temps des révolutions et les distances, Képler a trouvé cette troisième loi :

Les carrés des temps des révolutions des planètes sont proportionnels aux cubes des demi-grands axes de leurs orbites.

Pour plus de précision, comparons à la terre les diverses planètes ; si l'on prend pour unité de temps le temps de la révolution de la terre, c'est-à-dire l'année sidérale, et pour unité de longueur le demi-grand axe de l'orbite terrestre, on peut énoncer la troisième loi de Képler en disant que le carré du temps de la révolution d'une planète quelconque est égal au cube du demi-grand axe de son orbite.

Cette relation réduit à six le nombre des éléments elliptiques de chaque planète ; car si l'on connaît le temps de la révolution d'une planète, on en déduira la longueur du demi-grand axe ; ou, inversement, du demi-grand axe on déduira le temps de la révolution.

Trois observations d'une planète suffisent pour calculer à la fois les six éléments elliptiques. En effet, puisque la connaissance des six éléments détermine complétement le mouvement de la planète, on conçoit que l'on puisse exprimer par des formules la longitude et la latitude géocentriques de la planète, au moyen de ces six éléments et du temps. Si, dans ces deux équations, on substitue la longitude et la latitude, déduites de l'ascension droite et de la déclinaison observées, ainsi que le temps de l'observation, on aura deux relations entre les six éléments inconnus ; une seconde observation donnera de même deux nouvelles relations ; une troisième encore deux autres, et l'on aura ainsi six relations suffisantes pour la détermination des six inconnues.

209. Loi de Bode. — Les distances des planètes au soleil sont entre elles à peu près comme les nombres

4, 7, 10, 16, 28, 52, 100, 196, 388.

On obtient cette série en ajoutant le nombre 4 aux termes de la progression géométrique

$$0, 3, 6, 12, 24, 48, 96, 192, 384.$$

dont chaque terme est double du précédent, et devant laquelle on a mis le terme 0.

Cette loi empirique a été trouvée par le professeur Bode, de Berlin, vers la fin du siècle dernier. A cette époque, entre Mars et Jupiter, dont les distances au soleil sont représentées par les nombres 16 et 52, il y avait une lacune, qui fut comblée bientôt par la découverte de quatre petites planètes : Cérès, Pallas, Junon, Vesta, situées à peu près à la même distance 28 du soleil. Depuis on en a découvert un grand nombre d'autres dans le même intervalle, et il est probable qu'on en découvrira encore de nouvelles.

Parmi les planètes connues des anciens, Saturne était la plus éloignée du soleil. William Herschel découvrit, en 1781, au delà de Saturne, la planète Uranus. En 1846, M. Le Verrier, par de savants calculs, détermina les éléments de la planète Neptune, dont on soupçonnait déjà l'existence; elle fut reconnue par M. Galle, de Berlin, à la place assignée par M. Le Verrier.

PLANÈTES TÉLESCOPIQUES ENTRE MARS ET JUPITER

	TEMPS DES RÉVOLUTIONS EN JOURS MOYENS	DEMI-GRANDS AXES	EXCEN-TRICITÉS	INCLINAI-SONS	AUTEURS ET DATES DE LA DÉCOUVERTE
Flore.	1193,281	2,20172	0,157	5° 55'	Hind. 1847
Ariane.	1194,998	2,20584	0,168	5 28	Pogson. . . . 1857
Feronia. . .	1245,976	2,26608	0,120	5 24	Peters et Saffort 1862
Harmonia . . .	1247,353	2,26772	0,046	4 16	Goldschmidt. . 1856
Melpomène. . .	1270,432	2,29564	0,218	10 9	Hind. 1852
Sapho.	1271,641	2,29709	0,200	8 36	Pogson.. . . . 1864
Victoria. . . .	1301,419	2,33281	0,219	8 23	Hind. 1850
Euterpe. . . .	1313,566	2,34730	0,173	1 36	Hind. 1853
Clio.	1334,237	2,36000	0,235	9 24	Luther.. . . . 1865

	TEMPS DES RÉVOLUTIONS EN JOURS MOYENS	DEMI-GRANDS AXES	EXCEN-TRICITÉS	INCLINAI-SONS		AUTEURS ET DATES DE LA DÉCOUVERTE	
Vesta. . . .	1324,767	2,36065	0,090	7°	8'	Olbers. . . .	1807
Uranie. . . .	1528,945	2,36559	0,126	2	6	Hind.	1858
Nemausa. . . .	1529,667	2,36645	0,066	2	57	Laurent. . . .	1858
Iris.	1346,371	2,38622	0,231	5	28	Hind. . . .	1847
Métis. . . .	1346,727	2,38665	0,123	5	36	Graham. . . .	1848
Echo.	1352,006	2,39288	0,185	5	34	Fergusson. . .	1860
Ausonia. . . .	1355,639	2,39716	0,127	5	45	De Gasparis. .	1861
Phocea. . . .	1558,948	2,40106	0,255	21	56	Chacornac. . .	1853
Nassalia. . . .	1565,949	2,40950	0,144	0	41	De Gasparis. .	1852
Aria.	1375,825	2,42090	0,184	6	0	Pogson.	1861
Nysa.	1377,979	2,42543	0,150	5	42	Goldschmidt. .	1857
Hébé.	1379,655	2,42557	0,202	14	47	Henche. . . .	1847
Béatrix. . . .	1382,525	2,42877	0,084	5	2	De Gasparis. .	1865
Lutetia. . . .	1388,236	2,43544	0,162	5	5	Goldschmidt. .	1852
Isis.	1592,157	2,44000	0,209	8	34	Pogson. . . .	1856
Fortuna. . . .	1593,501	2,44136	0,158	1	52	Hind.	1852
Eurynome. . .	1594,852	2,44317	0,195	4	57	Watson. . . .	1863
Parthénope. . .	1402,106	2,45165	0,100	4	37	De Gasparis. .	1850
Thétis.	1420,130	2,47260	0,127	5	35	Luther. . . .	1852
Hestia.	1470,461	2,55055	0,166	2	18	Pogson. . . .	1857
Amphitrite. . .	1491,591	2,55487	0,072	6	8	Marth. . . .	1854
Égérie. . . .	1510,893	2,57686	0,089	16	52	De Gasparis. .	1850
Astrée. . . .	1511,569	2,57740	0,189	5	19	Hencke. . . .	1845
Irène.	1518,287	2,58527	0,169	9	7	Hind.	1851
Pomone. . . .	1519,645	2,58680	0,082	5	29	Goldschmidt. .	1854
Melete. . . .	1529,217	2,59765	0,257	8	2	Goldschmidt. .	1857
Calypso. . . .	1548,852	2,61982	0,202	5	7	Luther. . . .	1858
Diane.	1552,224	2,62564	0,204	8	58	Luther. . . .	1863
Thalie.	1555,467	2,62729	0,232	10	13	Hind.	1852
Panope. . . .	1547,085	2,62911	0,195	11	52	Goldschmidt. .	1861
Fides.	1568,875	2,64257	0,175	5	7	Luther. . . .	1855
Eunomia. . . .	1570,042	2,64568	0,187	11	44	De Gasparis. .	1851
Virginia. . . .	1576,562	2,65099	0,287	2	48	Luther. . . .	1857
Maïa.	1576,791	2,65125	0,158	5	4	Tuttle. . . .	1861
Proserpine. .	1581,095	2,65607	0,087	5	56	Luther. . . .	1855
Clytie.	1590,487	2,66658	0,045	2	25	Tuttle.	1862
Junon.	1592,504	2,66864	0,257	15	5	Harding. . . .	1804
Eurydice. . . .	1594,295	2,67085	0,307	5	0	Peters. . . .	1862
Frigga. . . .	1595,269	2,67192	0,156	2	28	Peters.	1862
Angelina. . . .	1602,965	2,68051	0,129	1	20	Tempel. . . .	1861
Circé.	1608,226	2,68657	0,107	5	26	Chacornac. . .	1855
Concordia. . .	1619,865	2,69952	0,042	5	2	Luther.	1860
Alexandra. . .	1628,850	2,70955	0,199	11	47	Goldschmidt. .	1858

	TEMPS DES RÉVOLUTIONS EN JOURS MOYENS	DEMI-GRANDS AXES	EXCEN-TRICITÉS	INCLINAI-SONS	AUTEURS ET DATES DE LA DÉCOUVERTE
Olympia. . . .	1655,270	2,71419	0,117	8° 38′	Chacornac. . . 1860
Eugenia. . . .	1658,986	2,72052	0,082	6 35	Goldschmidt. . 1857
Léda..	1656,604	2,73998	0,156	6 58	Chacornac. . . 1856
Atalante. . . .	1661,586	2,74547	0,301	18 42	Goldschmidt. . 1856
Alcmène.. . .	1669,977	2,75471	0,225	2 51	Luther.. . . . 1864
Niobé.. . . .	1671,299	2,75616	0,174	25 18	Luther.. . . . 1861
Pandore.. . .	1675,945	2,75907	0,145	7 14	Pearle.. . . 1858
Cérès.. . . .	1680,751	2,76654	0,080	10 36	Piazzi.. . . . 1801
Daphné. . . .	1681,555	2,76740	0,270	16 6	Goldschmidt. . 1856
Pallas.. . . .	1683,523	2,76958	0,239	34 45	Olbers 1802
Lætitia.. . . .	1684,447	2,77059	0,111	10 21	Chacornac. . . 1856
Bellone. . . .	1688,546	2,77509	0,155	9 25	Luther.. . . . 1854
Galatée. . . .	1691,676	2,77852	0,238	5 58	Tempel 1862
Leto..	1695,400	2,78040	0,188	7 58	Luther.. . . . 1861
Terpsichore . .	1757,775	2,85043	0,210	7 55	Tempel. . . . 1864
Polymnie.. . .	1770,623	2,86430	0,339	1 56	Chacornac. . . 1864
Aglaé. . . .	1788,579	2,88542	0,151	5 0	Luther.. . . . 1857
Calliope. . . .	1812,275	2,90905	0,104	15 44	Hind.. 1852
Psyché..	1825,975	2,92569	0,155	3 4	De Gasparis.. . 1852
Hesperia.. . .	1871,126	2,97119	0,174	8 28	Schiaparelli.. . 1861
Danaé.. . . .	1883,495	2,98546	0,162	18 15	Goldschmidt. . 1860
Leucothée. . .	1906,287	3,00880	0,215	8 11	Luther.. . . . 1855
Palès.	1976,746	3,08249	0,257	5 9	Goldschmidt. . 1857
Europe.. . . .	1995,498	3,09988	0,101	7 25	Goldschmidt. . 1858
Doris.	2002,686	3,10940	0,077	6 29	Goldschmidt. . 1857
Erato. . . .	2025,443	3,13085	0,171	2 12	Forster et Lesser 1860
Thémis.. . . .	2055,859	3,14156	0,125	0 49	De Gasparis.. . 1855
Hygie.	2043,586	5 15159	0,101	5 47	De Gasparis.. . 1849
Euphrosine.. .	2044,675	5,15271	0,220	26 27	Fergusson.. . 1854
Mnémosyne.. .	2049,128	5,15729	0,104	15 8	Luther.. . . . 1859
Freia.	2249,128	5.58642	0,187	2 2	Darrest. . . . 1862
Maximiliana. .	2309,978	5,41985	0,120	3 28	Tempel.. . . 1861

210. Variations des éléments elliptiques. — Quand on connaît les éléments elliptiques des planètes, on peut trouver d'avance par le calcul, au moyen des lois de Képler, les positions qu'elles occuperont dans le ciel à un instant quelconque, et construire ainsi ce qu'on appelle les tables des planètes. En comparant les positions calculées et les positions observées, on aperçoit

des différences, légères à la vérité, mais cependant trop grandes
pour pouvoir être attribuées aux erreurs des observations. On en
conclut que le mouvement elliptique ne représente pas exactement le mouvement des planètes. On conserve cependant le mouvement elliptique : mais, afin d'obtenir une plus grande approximation, on fait subir aux six éléments de petites variations ou
inégalités. Ces variations sont de deux sortes : les unes, tantôt
positives, tantôt négatives, reprennent périodiquement la même
valeur ; on les nomme pour cette raison *périodiques* ; la valeur de
l'élément semble osciller de part et d'autre d'une valeur moyenne.
Les autres, que l'on nomme *séculaires*, agissent toujours dans le
même sens, ou du moins pendant une longue période de temps,
et finissent par altérer les éléments d'une manière notable. Il est
clair que les variations dont il faut surtout tenir compte sont les
variations séculaires.

Si, par l'observation, on détermine les lignes des nœuds des
diverses planètes, à des époques éloignées, on reçonnaît que
toutes ces lignes ont un mouvement rétrograde sur le plan de
l'écliptique. On n'a pas observé de variation séculaire sensible
dans la durée des révolutions, ni, par conséquent, dans la longueur des grands axes.

CHAPITRE II

CONSTITUTION PHYSIQUE DES PLANÈTES

Mercure. — Vénus. — Parallaxe du soleil. — Mars. — Les petites planètes. — Jupiter. — Vitesse de la lumière. — Saturne. — Anneau de Saturne. — Uranus. — Neptune.

MERCURE

211. Grandeur. — La planète Mercure, ne s'éloignant pas du soleil au delà de 29 degrés, est presque toujours plongée dans le crépuscule, aussi est-il assez difficile de l'apercevoir à l'œil nu. Vue dans une forte lunette, elle présente des phases analogues à celles de Vénus, quoique beaucoup moins apparentes, ce qui prouve sa révolution autour du soleil.

Le diamètre apparent de Mercure est très-petit; il est en moyenne de 7″; il varie de 5″ à 12″. Son diamètre est à peu près le tiers de celui de la terre, son volume le vingtième, sa masse le douzième, mais sa densité est une fois et demie celle de la terre. La quantité de chaleur et de lumière que Mercure reçoit du soleil est de six à sept fois plus grande que celle reçue par la terre à égale surface.

212. Rotation. — On sait peu de chose sur la constitution physique de la planète Mercure. Sa petitesse et sa proximité du soleil empêchent de l'étudier convenablement. Son disque brille d'un éclat uniforme; on n'aperçoit aucune tache sensible à sa surface. C'est par l'observation suivie des variations des cornes que l'on a reconnu que Mercure tourne sur son axe, à peu près dans le même temps que la terre. L'année de Mercure n'étant que de 88 jours, les saisons s'y renouvellent fréquemment.

On croit que Mercure est entouré d'une atmosphère très-dense et chargée de nuages épais, qui nous cachent le corps de la planète et qui y modèrent l'ardeur du soleil; cependant la chaleur doit y être fort intense, et il est probable qu'un grand nombre de substances, qui existeraient à l'état solide à une température moins élevée, flottent en vapeurs dans l'atmosphère. L'état de Mercure, sous ce rapport, est analogue à celui où était la terre dans ses premiers âges, alors que son atmosphère contenait en vapeurs une grande quantité de matières, qui se sont déposées depuis, soit par le refroidissement, soit par les actions chimiques ou le travail incessant des végétaux pendant une longue suite de siècles.

213. **Passages.** — On voit quelquefois, au moment de la conjonction inférieure, Mercure passer sur le disque du soleil, comme une petite tache noire, de l'est à l'ouest. Si le plan de l'orbite coïncidait avec le plan de l'écliptique, ce phénomène se produirait à chaque révolution synodique; mais comme l'orbite est inclinée de 7 degrés, il ne se produit que rarement. Des passages ont eu lieu le 8 mai 1845, le 9 novembre 1848, le 12 novembre 1861; il y en aura un le 5 novembre 1868, etc. Le phénomène arrive toujours dans le mois de mai ou dans le mois de novembre, parce qu'à cette époque la ligne des nœuds de l'orbite de Mercure est voisine de la terre.

VÉNUS

214. La planète Vénus brille d'un éclat extraordinaire; sa blancheur est éclatante. On la voit, tantôt le soir, à l'ouest, après le coucher du soleil : c'est l'étoile du soir, *Vesper*, ou l'étoile du berger; tantôt le matin, à l'est, avant son lever : c'est l'étoile du matin, *Lucifer*. L'éclat de Vénus est tel qu'on l'aperçoit quelquefois au milieu du ciel en plein midi. Sa plus grande élongation ne dépasse pas 48 degrés.

Le diamètre apparent de Vénus est en moyenne de 16″,9; il varie de 9″,36 à 61″,32. Vénus est un peu plus petite que la terre; elle a à peu près la même densité. La quantité de chaleur et de lumière qu'elle reçoit du soleil est double de celle que reçoit la terre.

Examinée au télescope, Vénus présente des phases très-nettes et semblables à celles de la lune; Galilée, qui les a observées le premier, en a conclu le mouvement de la planète autour du soleil (n° 198).

On remarque sur le bord intérieur du croissant une dégradation de lumière, qui prouve l'existence d'une atmosphère autour de Vénus, conclusion confirmée d'ailleurs par les occultations d'étoiles. On pense que cette atmosphère a à peu près la même densité et la même étendue que celle de la terre.

Nous n'apercevons pas à la surface de Vénus de taches permanentes comme celles de la lune, mais seulement quelquefois des portions un peu plus ou un peu moins brillantes. Il est probable que nous ne voyons pas le corps même de la planète et que sa blancheur éclatante provient d'une couche de nuages qui l'enveloppe et qui réfléchit les rayons du soleil.

Le mouvement de certaines taches avait fait reconnaître à Dominique Cassini la rotation de Vénus. Schröter, par l'observation de truncatures périodiques aux extrémités du croissant, a confirmé ce résultat, et a trouvé que la rotation de Vénus s'accomplit en 23ʰ 21ᵐ, à peu près en un jour. L'équateur fait un angle de 72 degrés avec l'orbite.

La ligne intérieure du croissant est dentelée comme celle de la lune. On aperçoit même dans la partie non éclairé, à une petite distance du croissant, des points lumineux isolés; ce sont, ou des nuages isolés flottant à la partie supérieure de l'atmosphère, ou des sommets de montagnes très-élevées.

Vénus, avons-nous dit, ressemble à la terre sous plusieurs rapports; elle a à peu près la même grandeur et la même densité; le jour y est à peu près de la même durée; mais les inégalités des saisons y sont excessives, à cause de la grande inclinaison de l'équateur sur le plan de l'orbite; la zone torride empiétant sur les zones glaciales, les zones tempérées n'existent pas. Chaque hémisphère est tourné presque directement vers le soleil pendant une moitié de l'année, et à l'opposé pendant l'autre moitié.

215. Passages de Vénus. — Les passages de Vénus sur le disque du soleil sont beaucoup moins fréquents que ceux de Mercure; après s'être succédé à un intervalle de huit ans, ils ne se reproduisent qu'après plus d'un siècle. Les derniers passages ont eu lieu le 5 juin 1761 et le 5 juin 1769; les prochains auront lieu le 8 décembre 1874 et le 6 décembre 1882. Il est facile de s'en rendre compte.

Supposons que Vénus soit en conjonction inférieure en V, la terre étant en T (*fig.* 82); un calcul facile montre que cette planète reviendra en conjonction inférieure après 584 jours, ou un an et 219 jours. Pendant ce temps, la terre a décrit un tour entier, plus 216 degrés; elle sera alors en T' sur son orbite, et Vénus en V'. En comparant cette période à l'année, on trouve que 584 × 5 est égal à 365 × 8; ainsi il y a 5 conjonctions inférieures en 8 ans; après

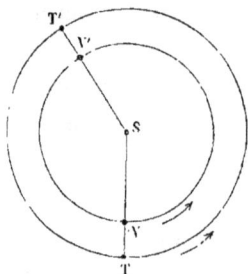

Fig. 82.

ce temps, la droite SVT, suivant laquelle a lieu la conjonction, reprend sa position primitive, et par conséquent, après une période de 8 ans, les conjonctions se reproduisent aux mêmes jours et aux mêmes points du ciel.

Si, au moment de la conjonction, la droite ST coïncide avec la ligne des nœuds, on verra du centre de la terre une petite tache ronde et noire, d'une minute de diamètre apparent, décrire un diamètre sur le disque du soleil de l'est à l'ouest; la durée du passage est de 7ʰ 52ᵐ à 7ʰ 54ᵐ. Pour qu'il y ait passage, il faut que la latitude géocentrique de Vénus, au moment de la conjonction, soit moindre que 15 à 16 minutes, à peu près le demi-diamètre apparent du soleil. Ainsi, soit BST (*fig.* 83) un plan perpendiculaire au plan de l'écliptique; si la latitude de Vénus est nulle, la tache décrira le diamètre *ab*; si cette latitude géocentrique est STV', on verra la tache décrire la corde *a' b'*.

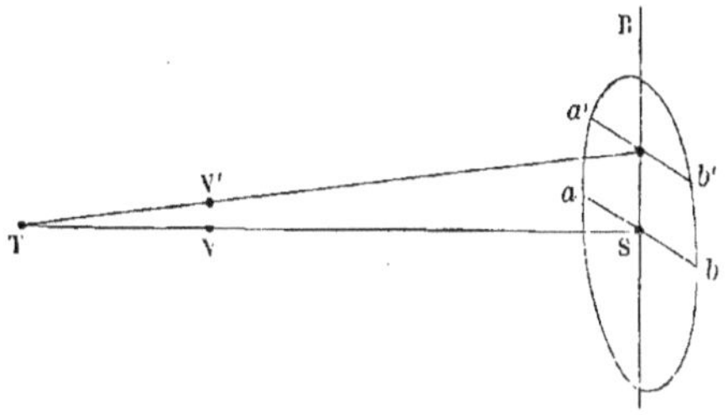

Fig. 83.

Si le rapport des périodes trouvé précédemment était exact, on verrait un passage tous les huit ans, de cinq en cinq révolutions synodiques, puisque, après ce temps, il y aurait une nouvelle conjonction inférieure sur la ligne des nœuds. Mais cinq révolutions synodiques font un peu moins que huit années (la différence est de deux jours et demi), de sorte que si une conjonction arrive sur la ligne des nœuds SN (*fig.* 84), la cinquième après celle-là se produira sur une ligne SV_1T_1 qui précède un peu la ligne des nœuds; la latitude géocentrique de Vénus, qui était nulle sur SN, acquiert une valeur de 20 à 24 minutes sur ST_1. Ainsi, après la période de cinq révolutions synodiques, la latitude géo-

Fig. 84.

centrique de Vénus éprouve une variation d'au moins 20 minutes; mais, comme nous l'avons dit, il y a passage quand la latitude géocentrique de Vénus est comprise entre 16' de latitude australe et 16' de latitude boréale, ce qui fait un intervalle de 32'; on peut donc avoir deux passages à huit ans l'un de l'autre, mais non pas trois, la latitude de Vénus devenant alors trop grande.

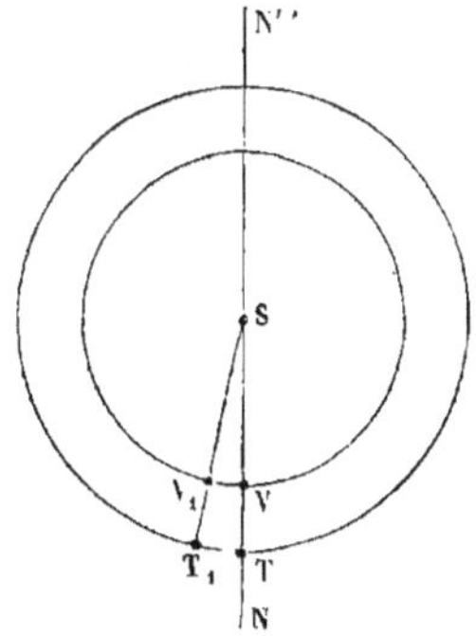

On remarque aussi que 152 révolutions synodiques de Vénus font à très-peu près 243 années sidérales (la différence n'est que d'un jour); après ce temps, l'accord se rétablira sur le même nœud SN. Mais cette période se subdivise en deux parties : 71 révolutions synodiques font à peu près 115 années sidérales et une demi-année, et 81 révolutions synodiques 129 années et demi. Après l'une ou l'autre de ces périodes, la conjonction, qui arrivait dans le voisinage de l'un des nœuds SN (*fig.* 85), se reproduit dans le voisinage de l'autre nœud SN', et on a de nouveau deux passages à huit ans d'intervalle.

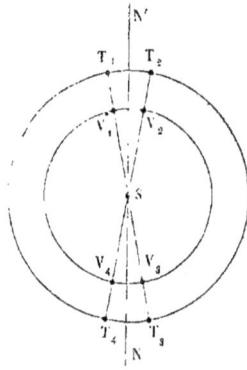

Fig. 85.

Les deux passages du 5 juin 1761 et du 3 juin 1769 ont eu lieu près du nœud descendant SN', suivant les lignes SV_1T_1, SV_2T_2 ; ceux du 8 décembre 1874 et du 6 décembre 1882 auront lieu près du nœud ascendant SN, suivant les lignes SV_3T_3, SV_4T_4.

PARALLAXE DU SOLEIL

216. Quand nous avons expliqué la manière dont on a trouvé les lois du mouvement des planètes autour du soleil, nous avons dit que les dimensions de toutes les orbites ont été exprimées à l'aide d'une même unité qui est le demi-grand axe de l'orbite terrestre, ou la distance moyenne de la terre au soleil; il est donc très-important d'évaluer cette longueur. Mais le procédé qui a servi à déterminer la parallaxe de la lune (n° 166) est insuffisant pour le soleil, à cause de la petitesse de sa parallaxe. On a cherché à évaluer une distance plus petite, dont on puisse déduire la première. Or les plus petites distances sont celles où se touvent Vénus au moment de sa conjonction inférieure et Mars au moment de son opposition. Le rayon de l'orbite de Vénus (pour simplifier le raisonnement, nous supposons les orbites circulaires) étant à peu près les $\frac{7}{10}$ de celui de l'orbite terrestre, la distance de Vénus à la terre au moment de sa conjonction inférieure, n'est que les $\frac{3}{10}$ de la distance du soleil à la terre ; la parallaxe de Vénus à ce moment sera donc les $\frac{10}{3}$ de celle du soleil. De même le rayon de l'orbite de Mars étant les $\frac{3}{2}$ de celui de l'orbite terrestre, la distance de Mars à la terre, au moment de l'opposition, sera la moitié de celle du soleil à la terre, et par conséquent sa parallaxe sera double de celle du soleil.

La méthode employée pour la lune a été appliquée à Mars, mais avec un perfectionnement important. Deux observateurs, placés en A et B (*fig.* 86) sur un même méridien, observent Mars à son passage au méridien, et comparent cette planète à une même étoile fixe E très-voisine, et située sur le même cercle horaire ; au lieu des distances zénithales, qu'il faudrait corriger de la réfraction, ce qui laisse toujours quelque incertitude, ils mesurent les angles très-petits MAE, MBE, qui ne sont pas altérés sensiblement par la réfraction.

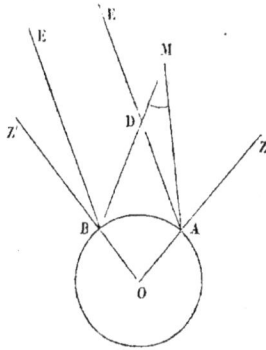

Fig. 86.

Les droites AE et BE étant parallèles, l'angle MBE est égal à l'angle MDE, et par suite à la somme des deux angles AMB et MAE ; donc l'angle AMB est égal à la différence des deux angles MBE et MAE. On connaît ainsi l'angle sous lequel du point M on voit la corde qui soutend l'arc de méridien AB ; on en déduit aisément l'angle sous lequel on voit le rayon de la terre, c'est-à-dire la parallaxe de Mars [1]. En multipliant cette parallaxe par un rapport

---

[1] Si l'on appelle p la parallaxe de Mars, Z et Z' les distances zénithales ZAM, Z'BM, on a, d'après la formule établie au n° 166,

$$p = \frac{AMB}{\sin Z + \sin Z'}.$$

L'exactitude du résultat dépend surtout de celle de l'angle AMB, il n'est pas nécessaire d'avoir les distances zénithales avec une grande approximation.

connu, par exemple en en prenant la moitié, on a la parallaxe
du soleil. Il n'est pas nécessaire que les deux observateurs soient
placés sur un même méridien; mais alors il faut tenir compte du
petit mouvement de Mars. Il est clair que les oppositions les plus
favorables sont celles où Mars est voisin du périhélie et la terre
de l'aphélie, parce qu'alors la distance de Mars à la terre est la
plus petite possible.

Ce procédé a été appliqué pour la première fois en 1672. La
comparaison des observations faites par Cassini, à Paris, et par
Richer, à Cayenne, a donné pour la corde un angle de 15″, ce qui
fait 25″,5 pour le rayon. La distance de Mars à la terre était à ce
moment les $\frac{3}{8}$ de la distance moyenne du soleil à la terre; on en
conclut que la parallaxe du soleil est les $\frac{3}{8}$ de 25″,5, soit 9″,5,
nombre un peu trop grand.

De nouvelles observations furent faites, lors de l'opposition
très-favorable de 1862. En comparant les observations faites simultanément à Greenwich, en Angleterre, et à Williamstown, en
Australie, M. Stone a trouvé 8″,93 pour la parallaxe moyenne du
soleil. De son côté, M. Winnecke, par la comparaison des observations faites à Poulkowa, en Russie, et au cap de Bonne-Espérance,
a trouvé 8″,96.

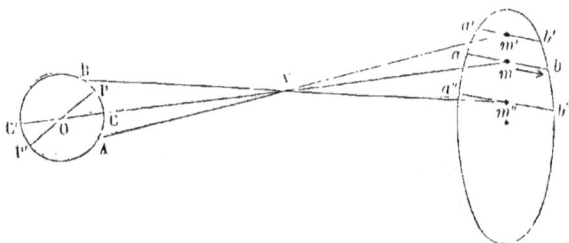

Fig. 87.

217. Le procédé dont nous venons de parler, ne peut pas être
employé pour Vénus à cause de l'éclat du soleil qui nous empêche
d'apercevoir les étoiles voisines. Mais les passages de Vénus sur le
disque du soleil nous fournissent le moyen le plus parfait de déterminer la parallaxe du soleil. On peut, à l'aide des tables du

soleil et de Vénus, calculer le passage ab (*fig.* 87), tel qu'il serait
vu du centre O de la terre ; le calcul est le même que celui des
éclipses de lune. La situation de l'observateur à la surface de la
terre change la direction des rayons visuels allant au soleil et à
Vénus ; le phénomène dépendant de la position de Vénus par rapport au disque du soleil, il suffira de considérer la parallaxe relative, c'est-à-dire la différence entre la parallaxe de Vénus et celle
du soleil ; d'après ce que nous avons dit plus haut, la parallaxe de
Vénus étant à peu près les $\frac{10}{3}$ de celle du soleil, la parallaxe relative est les $\frac{7}{3}$ de la parallaxe du soleil. Si la parallaxe relative éloigne
la tache du centre du soleil, comme cela a lieu pour l'observateur
placé en A, la tache paraîtra décrire une corde plus petite $a'\,b'$, et
la durée du passage sera diminuée. Si, au contraire, la parallaxe relative rapproche la tache du centre, comme cela a lieu pour l'observateur placé en B, la tache paraîtra décrire une corde plus grande
$a''b''$, et la durée du passage sera augmentée. On conçoit que,
de la différence des durées des passages observées en A et en B,
on puisse par le calcul déduire la valeur de la parallaxe relative ; en
multipliant cette dernière par un nombre connu, par exemple $\frac{3}{7}$,
on aura la parallaxe du soleil. Il y a avantage évidemment à ce
que cette différence soit la plus grande possible.

La durée du passage dépend, non-seulement de la longueur de la
corde décrite par la tache sur le disque du soleil, mais encore de
la vitesse apparente de la tache ; or cette vitesse est modifiée par
le mouvement même de l'observateur, provenant de la rotation
de la terre. Soit C le point qui a le soleil à son zénith à l'instant
du milieu du passage, PP' l'axe de la terre ; pour tous les points
du demi-méridien PCP' il est midi à cet instant ; pour tous les
points du demi-méridien PC'P', il est minuit.

La disposition de la figure 87 se rapporte au passage du 3 juin
1769 ; à l'instant du milieu du passage, le soleil était au zénith
des îles Sandwich, dont la latitude nord est de 22 degrés, et la
longitude occidentale de 160 degrés environ. Le soleil étant alors
voisin du solstice d'été, l'angle POC est aigu ; d'autre part la con-

jonction ayant lieu suivant la ligne SV_2T_2 projetée sur l'écliptique (*fig.* 85), Vénus a une latitude boréale et la tache se projette dans la moitié boréale du disque du soleil. On voit que la rotation de la terre imprime au point A une vitesse de sens contraire à celle du mouvement de Vénus vue de la terre ; cette vitesse du point A augmente la vitesse apparente de la tache et diminue par conséquent la durée du passage. Au contraire, la vitesse du point B, situé de l'autre côté du pôle et dans son voisinage, de manière à ce que le soleil soit visible à minuit, diminue la vitesse apparente et augmente la durée du passage. L'effet de la rotation de la terre s'ajoute donc à celui de la parallaxe, et l'on se trouve dans les meilleures conditions, pour la détermination de la parallaxe.

Dans le passage du 5 juin 1761, l'angle POC est encore aigu ; mais la conjonction ayant lieu suivant la ligne SV_1T_1 (*fig.* 85), et Vénus ayant une latitude australe, la tache se projetait sur la moitié australe du disque du soleil. La parallaxe en A rapproche la tache du centre et augmente la corde, elle l'éloigne, au contraire, en B et diminue la corde ; l'effet de la rotation de la terre se retranchait donc de celui de la parallaxe, et l'on se trouvait dans des conditions beaucoup moins favorables qu'en 1769.

Le passage de 1769 fut observé, au sud, dans l'île de Taïti, en Océanie, par Green et le capitaine Cook ; au nord, à Wardus et à Kola, en Laponie, de l'autre côté du pôle boréal. La durée du passage fut de $5^h 30^m 8^s$ à Taïti, et de $5^h 55^m 18^s$ à Kola, ce qui fait une différence de plus de 25^m. La moyenne des observations a donné pour la parallaxe du soleil $8'',56$.

On a déterminé encore la parallaxe du soleil par d'autres procédés indirects. Le soleil produit dans le mouvement de la lune autour de la terre des perturbations qui dépendent de la distance du soleil à la terre, et par conséquent de sa parallaxe. M. Hansen, par la comparaison de sa théorie de la lune avec les observations, pense qu'il faudrait adopter $8'',92$ pour cette parallaxe. De même la lune produit dans le mouvement de la terre autour du soleil des perturbations qui dépendent aussi de la distance du soleil à la terre; en comparant la théorie aux observations du soleil, M. Le Verrier a trouvé 8″,95 pour la parallaxe du soleil.

Il y a quelques années, M. Foucault, est parvenu à mesurer directement la vitesse de la lumière, à la surface de la terre; il a trouvé que cette vitesse est de 75 000 lieues par seconde. On sait d'autre part, ainsi que nous l'expliquerons bientôt, que la lumière met 8ᵐ 18ˢ, ou 498 secondes pour venir du soleil à la terre. On en conclut que la distance moyenne du soleil à la terre est égale à 498 fois 75 000 lieues, c'est-à-dire à 37 millions de lieues, distance qui correspond à une parallaxe de 8″,86.

Comme on le voit, il reste encore beaucoup d'incertitude dans la connaissance de la parallaxe du soleil, et par conséquent dans celle de la distance du soleil à la terre. Aussi sera-t-il très-intéressant d'observer les passages de 1874 et de 1882, pour lever tous les doutes à cet égard. Le passage de 1874 ne se fera pas dans des conditions aussi favorables que celui de 1882; le soleil étant voisin du solstice d'hiver, l'angle POC (*fig.* 87) sera obtus; on choisira une station A au nord du point C, et une autre B au sud, entre le point C et le pôle austral. La conjonction s'effectuant suivant la ligne SV_5T_5 (*fig.* 85), Vénus aura une latitude boréale, et la tache se projettera sur la moitié boréale du disque du soleil. La parallaxe relative rapprochera la tache du centre pour l'observateur placé en A, l'éloignera pour celui qui est placé en B; la rotation de la terre diminuera un peu la durée du passage pour chacune de ces stations. D'après les calculs de M. Puiseux, la durée du passage, vu du centre de la terre, sera de 4ʰ 14ᵐ 4ˢ et le soleil, à l'instant du milieu du passage, traversera le méridien qui est à 117° 18′ à l'est du méridien de Paris. Pour avoir la plus grande durée du passage, il faudra s'avancer le plus possible au nord sur ce méridien; mais on pourra difficilement dépasser la latitude de 60° nord, à cause de la brièveté des jours qui empêcherait de voir le passage entier. La station la plus favorable est en Sibérie, à quelque distance au nord-est du lac Baïkal. Pour avoir la plus courte durée du passage, il faudra au contraire s'avancer le

plus possible vers le pôle sud ; mais ici on a sur chaque parallèle une grande étendue, à cause de la longueur des jours. Les
stations les plus favorables sont l'île de Diémen, l'île de Kerguélen
et plus au sud la terre Adélie ou la terre Sabrine, qui bordent le
cercle polaire antarctique. La différence des durées du passage
observé en Sibérie et à l'île Diémen sera de 25 minutes environ, et,
si l'on parvient à faire l'observation à l'île de Kerguélen ou à la terre
Sabrine, cette différence pourra s'élever à 28 ou 29 minutes.

Le passage de 1882 présentera une plus grande différence. La
conjonction s'effectuant suivant la ligne SV_4T_4 (fig. 85), Vénus
aura une latitude australe et la tache se projettera sur la moitié
australe du disque du soleil. Le soleil était voisin du solstice d'hiver, l'angle POC sera encore obtus ; à l'instant du milieu du passage, le soleil traversera le milieu du méridien situé à 75 degrés
à l'ouest du méridien de Paris. Il faudra choisir sur ce méridien
une station A au nord, et une station B au sud, de l'autre côté
du pôle austral. Pour le point A, la parallaxe, éloignant la tache
du centre du soleil, diminuera la durée du passage ; la rotation
de la terre augmentant la vitesse apparente de la tache, diminuera
encore cette durée. Pour le point B, la parallaxe, rapprochant la
tache du centre, augmentera la durée du passage : si le point B est
situé, comme nous l'avons dit, de l'autre côté du pôle, la rotation de la terre, diminuant la vitesse apparente de la tache, augmentera encore cette durée, et l'on sera dans les meilleures
conditions. L'observateur placé en A verra le passage entier ;
l'observateur placé en B, si le soleil se couche en ce lieu, verra
le commencement et la fin, mais pas le milieu, ce qui suffit pour
l'observation de la durée du passage. Les stations les plus favorables sont, au nord, tous les États-Unis de l'Amérique ; au sud,
une partie de la terre antarctique découverte par le lieutenant
Wilkes, de la marine des États-Unis, sur une étendue de 400 milles, entre la terre de Sabrine et la baie Repulse[1].

[1] Voici sur cette question importante l'excellente notice publiée par M. De-
launay, dans l'*Annuaire du Bureau des longitudes* de 1866.

MARS

218. Le diamètre apparent de Mars varie de 4″ à 27″. Quand Mars est en opposition, sa distance à la terre n'est guère que la moitié de la distance du soleil à la terre ; en conjonction, la distance est cinq fois plus grande ; les excentricités augmentent encore ces différences. Le diamètre de Mars est à peu près la moitié de celui de la terre, son volume le $\frac{1}{7}$ sa masse le $\frac{1}{8}$; sa densité est un peu plus faible que celle de la terre.

Mars présente des phases sensibles, mais il n'a jamais la forme d'un croissant ; la partie éclairée surpasse toujours les sept huitièmes du disque entier. Son disque est plein aux conjonctions et aux oppositions ; il devient ovale vers les quadratures, comme celui de la lune entre le premier quartier et la pleine lune. Cet effet s'explique aisément par cette considération que l'orbite de Mars est plus grande que celle de la terre. C'est au moment où la terre, vue de Mars, est à sa plus grande élongation, que la portion éclairée du disque de Mars, vu de la terre, est la plus petite (fig. 88).

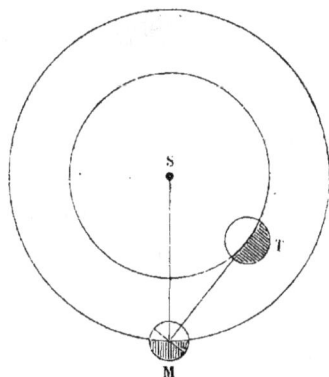

Fig. 88.

A l'œil nu, Mars a une teinte rouge sombre très-prononcée. Quand on l'examine avec de bonnes lunettes, on distingue nettement à sa surface des taches permanentes bien dessinées sur leurs contours ; les unes, que l'on peut regarder comme des continents, ont une couleur rougeâtre, analogue à celle des terrains ocreux ; les autres, que l'on a assimilées à des mers, ont une teinte verdâtre, augmentée sans doute par un effet de contraste (*fig.* 89). Le mouvement des taches indique que la rotation de Mars s'effectue en $24^h 37^m$. Le globe de Mars est légèrement aplati vers les pôles. D'après les mesures d'Arago, cet aplatissement est de $\frac{1}{38}$.

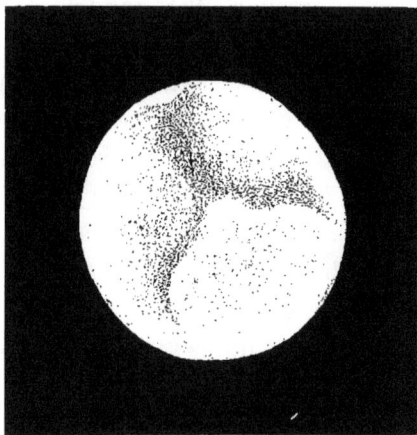

Fig. 89. — Figure de Mars le 16 août 1850, d'après sir John Herschel.

Outre ces taches fixes, Schröter a remarqué à la surface de Mars des taches changeantes et mobiles, semblables à des nuages ; il estime leur vitesse de 20 à 50 mètres par seconde, vitesse double de nos plus fortes tempêtes ; ainsi Mars est entouré d'une atmosphère agitée par des vents violents. L'occultation des étoiles prouve d'ailleurs l'existence de cette atmosphère.

On voit aussi autour des pôles de Mars deux taches blanches très-remarquables : chacune d'elles brille du plus grand éclat, quand, sortant des mois d'hiver, elle commence à être éclairée par le soleil ; elle s'étend alors à 8 degrés du pôle, degrés comptés sur un grand cercle de la planète ; on la voit ensuite diminuer graduellement sur les bords pendant les mois d'été. On pense que ces taches blanches sont dues à d'énormes masses de glace qui se forment autour des pôles pendant l'hiver, comme cela a lieu autour des pôles de la terre. L'accumulation des glaces est si grande qu'elles font saillie sur le bord du disque comme de hautes montagnes. De l'observation de ces taches, on conclut que l'équateur de Mars est incliné de 28° 42′ sur le plan de son orbite.

Les saisons, sur Mars, sont à peu près les mêmes que sur la terre, et les climats disposés de la même manière; seulement, l'intensité de la chaleur et de la lumière est deux fois moins grande.

LES PETITES PLANÈTES

219. Il existe un grand nombre de petites planètes entre Mars et Jupiter, et situées à peu près à la même distance du soleil. Ces petites planètes, seulement visibles au télescope et nommées pour cette raison planètes *télescopiques*, n'étaient pas connues des anciens; leur existence fut soupçonnée par Bode, qui, voyant dans sa loi des distances (n° 209) une lacune entre Mars et Jupiter, annonça comme extrêmement probable que l'on découvrirait une planète dans cet intervalle. Au lieu d'une, on en a trouvé un grand nombre, petites à la vérité. Cérès fut aperçue par Piazzi, à Palerme, le 1er janvier 1801; Pallas, par Olbers, en 1802; Junon, par Harding, en 1804; Vesta, par Olbers, en 1807. Dans ces dernières années, on en a découvert encore un grand nombre d'autres, et il est probable que l'on en découvrira encore de nouvelles.

Les grosses planètes décrivent des orbites sensiblement circulaires, et situées à peu près dans le plan de l'écliptique; leurs excentricités sont très-petites, ainsi que leurs inclinaisons. Déjà la planète Mercure commence à s'écarter de cette loi : son excentricité est $\frac{1}{5}$, son inclinaison 7 degrés. Mais les petites planètes s'en écartent bien davantage; l'excentricité de Polymnie est de $\frac{1}{3}$; l'inclinaison de Pallas, qui a une excentricité un peu moindre, dépasse 34 degrés.

220. *Cérès* a un éclat très-variable. Tantôt elle paraît rouge et brillante, de sorte qu'on peut la voir à l'œil nu, tantôt elle n'a

qu'une faible lumière blanche, et il faut de bonnes lunettes pour l'apercevoir.

Junon offre des changements pareils, mais moins considérables.

Vesta brille d'un éclat très-vif, comme les étoiles ; elle est visible à l'œil nu, comme une étoile de sixième grandeur.

Quelques astronomes ont pensé que ces petites planètes sont les fragments d'une grosse planète qui existait primitivement entre Mars et Jupiter, et qui a été brisée en morceaux, soit par le choc d'une comète ; soit, ce qui serait plus probable, par une explosion intérieure ; mais cette hypothèse n'est pas suffisamment justifiée.

JUPITER

221. Jupiter est la plus brillante des planètes après Vénus ; son diamètre apparent varie de 50″ à 40″. C'est de beaucoup la plus grosse de toutes les planètes ; son diamètre est 11 fois plus grand que celui de la terre, son volume 1390 fois plus grand, sa masse 337 fois plus grande ; sa densité n'est que le quart de celle de la terre. La quantité de chaleur et de lumière que Jupiter reçoit du soleil est 25 fois plus petite que celle reçue par la terre à surface égale. Il accomplit sa révolution autour du soleil en 12 ans environ.

On remarque que le disque de Jupiter est traversé par des bandes noires parallèles entre elles (*fig.* 90) ; ces zones éprouvent de grandes variations de forme et de position ; elles se déchirent quelquefois dans toute l'étendue du disque, mais très-rarement. Parmi ces zones parallèles, il en est deux, vers le milieu du disque, plus fortes et plus permanentes que les autres. Il existe, en outre, des taches noires plus petites, que l'on voit apparaître et disparaître en quelques heures, s'amonceler comme des colonnes de nuages et se séparer ensuite. L'observation attentive des taches prouve que la planète tourne sur elle-même avec une grande rapidité et accomplit sa rotation en $9^h 55^m$, autour d'un axe à peu près perpendiculaire à l'écliptique. Les zones sont parallèles à l'équateur de Jupiter.

Fig. 90. — Jupiter, le 15 octobre 1856, à 9 h. 50 m., d'après M. Chacornac.

William Herschel attribuait les bandes de Jupiter à des couches régulières de nuages flottant dans son atmosphère : d'après lui, ces couches de nuages, réfléchissant la lumière du soleil, forment les bandes blanches ; le globe de la planète, comparativement plus obscur, apparaissant dans les éclaircies, produit les bandes noires. La grandeur du globe et la rapidité de sa rotation causent des vents réguliers très-intenses, principalement deux grands courants d'air froid et sec, semblables à nos vents alizés, de part et d'autre de l'équateur ; à ces deux grands courants d'air transparent correspondent les deux bandes noires permanentes que l'on voit de part et d'autre de la bande blanche, formée par les nuages qui recouvrent l'équateur. On croit que l'atmosphère de Jupiter est agitée par des vents d'une extrême violence ; certains nuages se meuvent de l'ouest à l'est avec une vitesse de 500 mètres par seconde, vitesse huit fois plus grande que celle de nos plus forts ouragans.

Le disque de Jupiter n'est pas circulaire, mais sensiblement aplati vers les pôles; l'aplatissement est de $\frac{1}{17}$: c'est une conséquence de sa rotation.

Les jours sont très-courts à la surface de Jupiter. L'équateur étant incliné seulement de 5 degrés sur son orbite, les saisons y sont à peine sensibles.

222. **Satellites.** — Autour de Jupiter se meuvent en cercle, et dans le sens général des mouvements planétaires, quatre petites lunes ou satellites. Le premier satellite, situé à une distance du centre de Jupiter égale à six fois le rayon de la planète, accomplit sa révolution en quarante-deux heures; le second en trois jours et demi, etc. Ces satellites sont extrêmement petits et invisibles à l'œil nu.

	DISTANCE MOYENNE LE RAYON DE LA PLANÈTE ÉTANT L'UNITÉ	DURÉE DES RÉVOLUTIONS	MASSE CELLE DE LA PLANÈTE ÉTANT L'UNITÉ.
		Jours.	
1er satellite.	6,049	1,7691	0,000017
2e —	9,623	3,5512	0,000123
5e —	15,350	7,1546	0,000088
4e —	26,998	16,6888	0,000045

Les satellites de Jupiter pénètrent fréquemment dans le vaste cône d'ombre que projette la planète derrière elle, et s'y éclipsent pendant quelque temps. Les trois premiers pénètrent dans le cône d'ombre à chacune de leurs révolutions; mais le quatrième, à cause de son plus grand éloignement, et aussi à cause de la plus grande inclinaison de son orbite, passe quelquefois à côté. Ces éclipses fréquentes sont d'excellents signaux célestes pour la mesure des longitudes; elles servent aussi à déterminer avec exactitude le mouvement des satellites autour de Jupiter. On retrouve encore ici les lois de Képler : 1° le rayon vecteur mené du centre de Jupiter à chaque satellite décrit des aires proportionnelles au temps ; 2° les satellites décrivent des ellipses dont Jupiter occupe un foyer; 3° les carrés des temps des révolutions sont proportionnels aux cubes des grands axes. Ainsi les mêmes lois président au mouvement des planètes autour du soleil et au mouvement des satellites autour de leur planète. En outre, le mouvement des satellites s'effectue dans le même sens que le mouvement des planètes; les ellipses sont arrondies et peu inclinées sur le plan de l'écliptique.

Nous avons vu que la lune tourne sur elle-même dans le même temps qu'elle exécute sa révolution autour de la terre, de manière à présenter constamment à celle-ci la même face. Cette loi paraît être une loi générale des satellites. En observant les taches et les variations d'éclat des satellites de Jupiter, W. Herschel a reconnu que ces satellites tournent sur eux-mêmes dans un temps égal à la durée de leurs révolutions autour de la planète, de manière à lui présenter constamment la même face.

225. Vitesse de la lumière. — C'est par l'observation des éclipses du premier satellite de Jupiter que Rœmer, astronome danois, est parvenu, en 1765, à mesurer la vitesse de la lumière; il a remarqué une avance relative dans les éclipses qui ont lieu lorsque Jupiter est en opposition, un retard dans celles qui ont lieu quand Jupiter est en conjonction; cette inégalité provient de la différence des distances de Jupiter à la terre dans ces deux positions et de la différence des temps nécessaires à la lumière pour les parcourir.

Nous ne voyons pas les phénomènes célestes au moment même où ils se produisent; nous ne les voyons qu'après le temps nécessaire à la lumière pour parvenir jusqu'à nous. Ainsi, quand un satellite de Jupiter sort du cône d'ombre, nous ne l'apercevons pas immédiatement, mais seulement lorsque les premiers rayons lumineux réfléchis par le satellite parviennent à la terre; de même, quand un satellite entre dans l'ombre, nous le voyons encore pendant quelques instants, pendant le temps employé par les derniers rayons réfléchis pour parvenir jusqu'à nous. Les dis-

tances de Jupiter, en opposition ou en conjonction, diffèrent entre
elles du diamètre de l'orbite terrestre; par conséquent, le retard
sera plus grand à la conjonction qu'à l'opposition. Supposons maintenant que l'on ait observé trois immersions du premier satellite
de Jupiter : une première à
l'opposition, quand Jupiter
est en j, la terre en T (fig. 91);
une seconde à la conjonction
suivante, quand Jupiter est
en j', la terre en T'; une troisième à la nouvelle opposition. Ces deux intervalles de
temps, pendant lesquels a eu
lieu un même nombre d'é-
clipses, seraient parfaitement
égaux si la distance restait la
même; mais les intervalles
observés ne sont pas égaux :
le premier intervalle observé

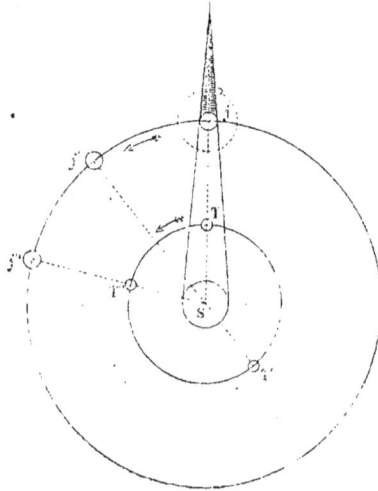

Fig. 91.

surpasse l'intervalle vrai du temps mis par la lumière pour parcourir le diamètre de l'orbite terrestre; le second est inférieur à
l'intervalle vrai de la même quantité; la différence des deux
intervalles de temps observés égale donc deux fois le temps employé par la lumière pour parcourir le diamètre de l'orbite terrestre. On a trouvé, pour cette différence de temps, 33^m 12^s :
ainsi la lumière met 16^m 36^s pour parcourir le diamètre de l'orbite
terrestre, et par conséquent 8^m 18^s, ou 498 secondes, pour venir
du soleil à la terre. En divisant par 498 la distance moyenne du
soleil à la terre 57 millions de lieues, on en déduit la vitesse de la
lumière, qui est de 75 000 lieues par seconde.

Au contraire, si on connaît par des expériences directes la
vitesse de la lumière, on en conclut la distance moyenne du soleil
à la terre (n° 217).

224. Saturne est, après Jupiter, la plus grosse des planètes : son diamètre est 9 fois et demi plus grand que celui de la terre, son volume 865 fois plus grand, sa masse 100 fois plus grande ; sa densité n'est que le huitième de celle de la terre ; elle est à peu près égale à celle du liége. La quantité de chaleur et de lumière qu'elle reçoit du soleil n'est que le centième de celle que reçoit la terre à surface égale. Elle accomplit sa révolution autour du soleil en 30 ans environ.

On remarque sur le disque de Saturne des bandes analogues à celles de Jupiter, mais plus larges et moins foncées ; elles sont dues sans doute à une cause semblable. On remarque aussi des taches blanches aux pôles. L'observation de quelques taches noires accidentelles prouve que la planète tourne sur elle-même en dix heures et demie, et que son équateur fait avec le plan de l'orbite un angle de 28° 40′. On évalue son aplatissement à $\frac{1}{10}$.

225. **Anneau de Saturne.** — Saturne nous offre une particularité très-remarquable : il est entouré d'un anneau circulaire, large et mince, qui environne le globe de la planète sans le toucher (*fig.* 92) ; cet anneau étant parallèle aux bandes noires du disque, on pense qu'il est situé dans le plan de l'équateur. Cet anneau ne se présentant jamais qu'obliquement à la terre, ressemble à une ellipse dont la largeur, au moment où elle est la plus grande, est moitié de la longueur ; alors, à travers l'espace vide entre le globe et l'anneau, on aperçoit le ciel étoilé. A mesure que l'anneau s'incline davantage sur le rayon visuel allant de la terre à Saturne, la largeur de l'ellipse diminue graduellement. Lorsque son plan passe par la terre, l'anneau, vu de champ, cesse d'être visible, à cause de son peu d'épaisseur ; mais, à l'aide de bonnes lunettes, on voit, sous forme d'une bande obscure, l'ombre qu'il projette sur la planète. Un phénomène semblable a lieu quand le plan de

l'anneau passe par le soleil; l'anneau, n'étant éclairé que sur les
bords, ne peut plus être aperçu; cependant William Herschel, avec
son puissant télescope, le voyait encore comme une ligne droite
très-fine, traversant le disque et le dépassant de part et d'autre.
Ce dernier phénomène se reproduit régulièrement tous les quinze
ans; car, dans le mouvement de Saturne autour du soleil, l'anneau est entraîné parallèlement à lui-même; il passe donc par le
soleil deux fois à chaque révolution, c'est-à-dire une fois tous les
quinze ans. Vers chacune de ces époques, le terre, dans son mou-

Fig. 92. — Saturne, en mars 1856, d'après M. Warren de la Rue.

vement rapide, rencontre deux fois le plan de l'anneau, avant que
le mouvement lent de Saturne ait pu le transporter hors de l'orbite
de la terre.

226. L'anneau de Saturne est formé de deux anneaux concentriques, séparés par un certain intervalle, qui se manifeste par
une ligne noire circulaire. Voici les dimensions de ce double
anneau :

Rayon de Saturne. . . . .   62170 kilomètres
Intervalle de la planète à l'anneau extérieur. . . .   29986
Rayon intérieur de l'anneau intérieur.   92156
Largeur du premier anneau.   26984
Rayon extérieur de l'anneau intérieur.   119140
Intervalle des deux anneaux.   2817
Rayon intérieur de l'anneau extérieur.   121957
Largeur du second anneau.   16607
Rayon extérieur de l'anneau extérieur.   138564
Épaisseur des anneaux, au plus.   158

La largeur de l'anneau intérieur est à peu près double de celle de l'anneau extérieur. En 1843, MM. Dawes et Lassel ont reconnu que l'anneau extérieur est formé lui-même de deux anneaux distincts; une ligne noire circulaire le divise en deux parties inégales, la partie intérieure ayant une largeur à peu près double de la partie extérieure. Plus tard, en 1850, Bond, aux États-Unis, et M. Dawes, en Angleterre, signalèrent l'existence d'un nouvel anneau, beaucoup moins brillant que les premiers, situé entre le corps de la planète et l'anneau intérieur. Cet anneau sombre est représenté sur la figure.

Par l'observation de quelques points brillants, W. Herschel a reconnu que les anneaux tournent dans le sens direct, autour d'un axe perpendiculaire à leur plan, en $0^j,438$, temps à peu près égal à la durée de la rotation de la planète.

L'anneau de Saturne, pendant une période de quinze ans, éclaire par réflexion la moitié de la planète tournée vers le soleil, et cache au contraire le soleil à une partie de l'autre hémisphère; il augmente la chaleur pendant l'été et le froid pendant l'hiver. Pendant la période d'été, les habitants de Saturne doivent jouir d'un magnifique spectacle; ils voient l'anneau comme un immense arc lumineux, dont les extrémités semblent reposer sur l'horizon, et qui traverse le ciel, en conservant une position invariable par rapport aux étoiles.

227. Satellites. — Outre son anneau, Saturne est escorté de huit lunes ou satellites.

	DISTANCE MOYENNE LE RAYON DE LA PLANÈTE ÉTANT 1	DURÉE DES RÉVOLUTIONS
		Jours.
1er satellite..	5,55	0,945
2e —	4,30	1,370
3e —	5,28	1,888
4e —	6,82	2,739
5e —	9,52	4,517
6e —	22,08	15,945
7e —	26,78	21,297
8e —	64,36	79,330

Le septième satellite est beaucoup plus gros que les précédents; Herschel comparait son volume à celui de Mars; son orbite est considérablement inclinée sur le plan de l'anneau; il paraît s'écarter ainsi de la disposition générale qui règne dans le système solaire. Quand il est à l'est de Saturne, sa lumière s'affaiblit au point qu'il devient presque invisible : on attribue cet affaiblissement à des taches qui couvrent une partie du satellite; comme ce phénomène se reproduit à chaque révolution, on en conclut que le satellite tourne sur lui-même dans un temps égal à la durée de sa révolution autour de la planète.

Le sixième satellite est assez visible; le troisième, le quatrième et le cinquième sont très-petits et ne peuvent être aperçus qu'avec de bonnes lunettes. Les deux premiers, qui ne font que raser le bord de l'anneau, dans le plan duquel ils se meuvent exactement, ne peuvent être vus qu'avec les plus puissants télescopes. Lorsque l'anneau, nous présentant son bord, disparaît pour les télescopes ordinaires, Herschel les a vus enfiler comme des perles le mince filet lumineux auquel il est alors réduit, et le parcourir rapidement.

Le huitième satellite a été découvert en 1848, presque en même

temps par Bond à Cambridge, aux États-Unis, et par M. Lassel
en Angleterre.

URANUS

'228. Uranus a un diamètre 4 fois plus grand que celui de la
terre ; son volume est 75 fois plus grand, sa masse 13 fois plus
grande ; sa densité n'est pas le quart de celle de la terre. La
quantité de lumière et de chaleur qu'il reçoit du soleil est les trois
millièmes de celle que reçoit la terre à égale surface. Il accomplit
sa révolution autour du soleil en 84 ans. Uranus est entouré de
huit satellites comme Saturne.

	DISTANCE MOYENNE LE RAYON DE LA PLANÈTE ÉTANT 1	DURÉE DES RÉVOLUTIONS
		Jours.
1er satellite..	7,44	2,520
2ᵉ —	10,37	4,144
3ᵉ —	13,12	5,893
4ᵉ —	17,37	8,986
5ᵉ —	19,85	10,961
6ᵉ —	25,18	13,846
7ᵉ —	45,51	38,075
8ᵉ —	91,01	107,694

Le quatrième et le sixième satellite font exception à la disposition générale de notre système solaire ; leurs orbites sont circulaires ; mais, au lieu de faire un petit angle avec le plan de l'écliptique, ils lui sont presque perpendiculaires ; ils font avec ce plan
un angle de 79 degrés environ, et leur mouvement, au lieu d'être
direct, est rétrograde.

NEPTUNE

229. Neptune a un diamètre 4 fois plus grand que celui de la terre, son volume est 85 fois plus grand, sa masse 20 fois plus grande; sa densité est le quart de celle de la terre. La quantité de lumière et de chaleur qu'il reçoit du soleil n'est que le millième de celle que reçoit la terre à surface égale. Il accomplit sa révolution autour du soleil en 165 ans environ.

On a découvert un satellite à Neptune; il est situé à une distance du centre de la planète égale à 13 fois son rayon, et il accomplit sa révolution en six jours environ.

PRINCIPAUX ÉLÉMENTS DU SYSTÈME SOLAIRE

	DIAMÈTRES RÉELS	VOLUMES	MASSES	DENSITÉ	PESANTEUR a la surface	ROTATION		
						j.	h.	m
Mercure..	0,58	0,05	0,08	1,50	0,57	0	24	5
Vénus.	0,95	0,87	0,86	0,99	0,94		25	21
La Terre.	1, »	1, »	1, »	1, »	1. »		25	56
Mars.	0,54	0,16	0,12	0,78	0,42		24	37
Jupiter.	11,16	1390,00	337,17	0,26	2,82		9	55
Saturne..	9,53	864,69	100,81	0,13	1,20		10	30
Uranus.	4,22	75,25	17,21	0,23	0,96	»	»	»
Neptune. . . .	4,41	85,60	20,25	0,24	1,04	»	»	»
Soleil , ...	108,56	1279 267	354 050	0,28	29,98	25	12	0
Lune..	0,27	0,020	0,013	0,65	0,18	27	7	45

CHAPITRE III

LES COMÈTES

Opinions des anciens. — Idées de Newton. — Comètes de Halley, d'Encke, de Biéla. — Comète de Donati.

OPINIONS DES ANCIENS

230. Les comètes ont eu de tout temps le privilége d'attirer vivement l'attention; leurs apparitions subites, leur marche rapide à travers les cieux, la grandeur et l'éclat de leurs queues, qui les font ressembler à des torches ou à des épées flamboyantes, tout en elles devait frapper fortement l'imagination. Il n'y a pas longtemps, les comètes répandaient encore la terreur parmi les hommes; on les regardait comme des signes de la colère divine, elles présageaient les plus grands malheurs. Aujourd'hui que nous connaissons les lois de leurs mouvements, et que nous les observons sans crainte, l'étude de leur constitution physique, la prédiction de leurs retours périodiques à de longs intervalles, les changements qu'elles éprouvent, en font un des objets les plus intéressants de l'astronomie.

Les grandes comètes visibles à l'œil nu, se composent en général d'une masse arrondie de matière nébuleuse, qu'on nomme *tête* de la comète, au centre de laquelle on aperçoit une condensation de matière, ou un *noyau* brillant. La nébulosité qui entoure la tête, ou la *chevelure*, se prolonge en arrière, de manière à former une immense traînée de lumière, que l'on appelle *queue* de la comète. Je citerai comme exemple la grande comète de 1811

13

(*fig.* 93). D'après les mesures d'Herschel, le diamètre de la tête était de 450 000 lieues, ou 120 fois le diamètre de la terre, 4 fois la distance de la lune à la terre. Sa queue avait 40 millions de lieues de longueur et 6 millions de lieues de largeur ; sa longueur était plus grande que la distance du soleil à la terre. Le noyau était d'un rouge pâle, et la nébulosité qui l'entourait avait une teinte verte.

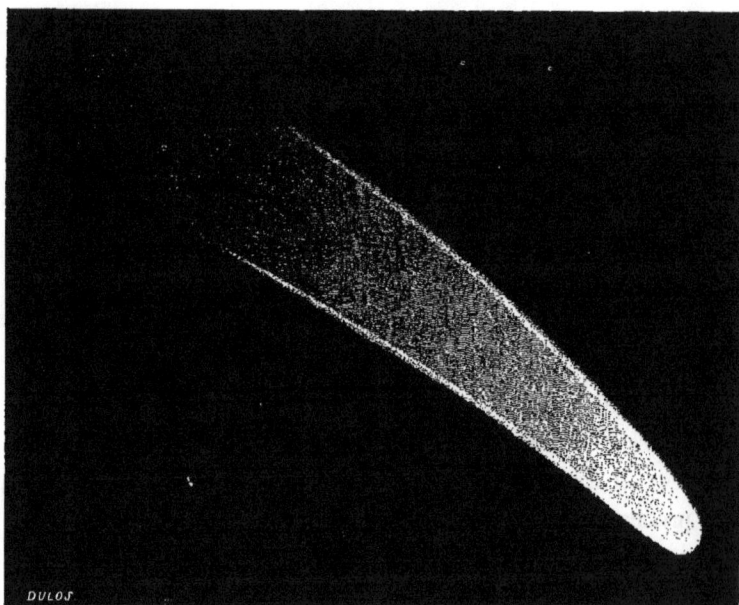

Fig. 95. — Grande comète de 1811, d'après l'amiral Smith.

La grande comète de 1843 avait une queue encore plus longue que celle de 1811 ; au moment de son plus grand développement, elle avait 80 millions de lieues de longueur, le double de la distance du soleil à la terre.

La queue des comètes présente souvent une courbure très-marquée ; la comète de 1858 était remarquable sous ce rapport (*fig.* 105). On aperçoit les plus petites étoiles à travers les queues des comètes, comme à travers un rideau transparent, sans que

leur éclat en soit sensiblement diminué, et même les rayons lumineux qui viennent des étoiles et qui traversent toute l'épaisseur
de la queue, n'éprouvent pas de déviation sensible. Il faut donc
que les comètes soient composées d'une matière extrêmement subtile, d'une ténuité plus grande que les vapeurs les plus légères
qui flottent dans l'atmosphère.

Cet aspect des comètes avait conduit les anciens à les regarder
comme des météores se formant dans la région supérieure de l'air.
Telle était l'opinion d'Aristote : il croyait que les comètes étaient
produites par des exhalaisons qui s'élèvent de la surface de la
terre, et qui montent jusqu'à la limite supérieure de l'air, où elles
s'assemblent en amas sphériques par suite de la rotation de la
voûte céleste ; que là, dans le voisinage de la région du feu et par
l'action du soleil, ces exhalaisons prennent feu ; la flamme produite par cet embrasement est la queue de la comète. Quand la
combustion est opérée, la flamme s'éteint, et la comète cesse
d'exister.

Sénèque avait une opinion plus juste de la nature des comètes ;
d'après une opinion qu'il fait remonter aux anciens Chaldéens, il
regardait les comètes, non comme des météores passagers, mais
comme des astres éternels, semblables aux planètes et aux étoiles :
« Elles nous apparaissent lorsqu'elles descendent vers nous, et
disparaissent lorsqu'elles retournent dans leur propre région, et
se replongent dans le profond abîme de l'éther, comme les poissons au fond de la mer. Cessons donc de nous étonner, ajoute Sénèque, si les lois du mouvement des comètes ne sont point encore
complétement développées ; elles paraissent si rarement et leurs
retours périodiques se font si longtemps attendre. Comment pour-
rions-nous en avoir une parfaite connaissance, nous qui com-
mençons à peine à connaître la cause des éclipses ? Le temps viendra qu'une application assidue nous aura dévoilé ces vérités qui
nous sont maintenant cachées. »

Cependant l'opinion d'Aristote prévalut pendant tout le moyen
âge, et on y ajouta toutes les rêveries de l'astrologie ; puisqu'on

attribuait aux astres une influence directe sur nos destinées et sur
la marche de nos affaires, les comètes, ces astres si étranges, de-
vaient nécessairement jouer un grand rôle; elles produisaient la
sécheresse, la famine, la corruption de l'air, les maladies; elles
annonçaient la mort des princes, le bouleversement des États.

Képler, un des plus grands génies qui aient existé, lui qui a découvert les lois du mouvement des planètes autour du soleil, et
ouvert la voie à Newton, partageait à cet égard les erreurs de son
temps. Ses idées sur la nature des comètes sont encore plus singulières que celles d'Aristote. « Le ciel, dit-il dans un ouvrage sur
les comètes imprimé en 1619, le ciel est plein de comètes comme
la mer de poissons. Elles ne sont point éternelles comme l'a
pensé Sénèque; elles sont formées de la matière céleste. Cette matière n'est pas toujours pure; il s'y assemble souvent comme une
espèce de crasse qui obscurcit l'éclat du soleil et de la lune. Il
faut donc que l'éther se purifie et se décharge de cette espèce
d'excrément; cela se fait par le moyen d'une faculté animale ou
vitale inhérente à la substance même de l'éther. Cette matière
crasse se rassemble sous la figure sphérique; c'est la tête d'une
comète, le soleil la frappe de ses rayons qui pénètrent à travers sa
masse, la transforment en matière subtile, et sortent pour former
au delà cette trace de lumière que nous appelons queue de la comète. Ainsi la comète se consume en expirant pour ainsi dire sa
queue. »

Cependant les idées astrologiques commençaient à être vivement attaquées. « Oui, disait Gassendi, au commencement du
règne de Louis XIV, les comètes sont réellement effrayantes, mais
par notre sottise. Nous nous forgeons gratuitement des objets de
terreur panique, et, non contents de nos maux réels, nous en
accumulons d'imaginaires. »

« Plût à Dieu, disait Éraste un siècle plus tôt, que les guerres
n'eussent d'autre cause que la bile des souverains, échauffée par
quelque comète. Un habile médecin, avec quelque dose de rhubarbe
ou de sirop de rose, ramènerait bientôt les douceurs de la paix ! »

IDÉES DE NEWTON

231. Il était réservé à Newton de débarrasser définitivement l'esprit humain des chimères de l'astrologie, en nous faisant connaître le vrai système du monde, et la nature des comètes. Le livre des *Principes mathématiques de la philosophie naturelle* parut en 1687 ; c'est une date mémorable dans l'histoire de la science ; dans ce livre immortel, le plus beau monument du génie de l'homme, Newton nous révèle la cause intime des phénomènes célestes, le ressort caché qui met en jeu tout le mécanisme, la force qui anime l'univers, y crée et y maintient l'harmonie, l'attraction universelle. Nous avons vu (n° 206), comment Képler a trouvé par l'observation les lois du mouvement des planètres autour du soleil. Newton a déduit des lois de Képler la loi de l'attraction universelle ; il en a conclu que la force qui produit le mouvement des planètes est une force attractive, émanant du soleil et variant en raison inverse du carré des distances, c'est-à-dire que si la distance devient 2, 3, 4, fois plus grande, l'attraction devient 4, 9, 16 fois plus petite. Newton s'est posé ensuite le problème inverse ; il a cherché quelle courbe doit décrire un astre, soumis à l'attraction du soleil, et il a trouvé que cette courbe peut être, non-seulement une ellipse arrondie, comme celles décrites par les planètes, mais encore une ellipse aussi allongée qu'on voudra ; et même la courbe peut être une courbe non fermée, une des deux courbes qu'on appelle *hyperbole* et *parabole*, et qui ont une grande analogie avec l'ellipse.

Dès lors, Newton fut amené à penser que les comètes n'étaient pas des météores passagers, comme le croyaient Aristote et Képler, mais des astres éternels faisant partie de notre système, soumis comme les planètes à l'attraction du soleil, décrivant comme elles des ellipses dont le soleil occupe un foyer commun : seulement, tandis que les planètes décrivent des ellipses très-arrondies, situées toutes à peu près dans le même plan, et dans le même sens, les comètes décrivent des ellipses très-allongées, et situées dans des plans quelconques. Les comètes ne sont pas lumineuses par elles-mêmes; comme les planètes, elles sont éclairées par les rayons du soleil, et quand elles s'éloignent de cet astre, leur éclat diminue très-rapidement. Elles nous apparaissent si rarement, parce que nous ne les voyons que dans la partie de leur orbite la plus voisine du soleil; puis elles s'éloignent de nous, et disparaissent dans l'éloignement, pour ne revenir qu'après plusieurs années et même plusieurs siècles.

Il suffit de trois observations pour déterminer complétement l'orbite d'une planète ou d'une comète (n° 208). Le calcul réussit très-bien, quand il s'agit d'une planète ou d'une comète dont l'ellipse n'est pas très-allongée; mais pour les comètes dont l'ellipse est très-allongée, il se présente une grande difficulté. Nous ne voyons, en effet, que la partie de l'orbite la plus voisine du soleil; on comprend que l'observation d'un arc aussi petit ne permette pas de déterminer avec une précision suffisante la partie très-éloignée de l'orbite; par conséquent, on ne peut pas trouver exactement la longueur du grand axe, et par suite, le temps de la révolution.

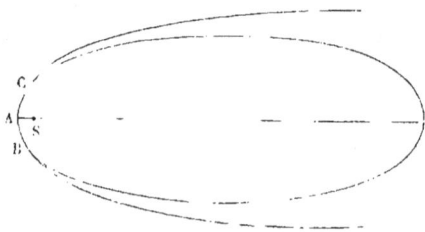

Fig. 94.

L'arc observé BAC (fig. 94) est à peu près le même que si le grand axe était infini, c'est-à-dire que si l'on remplaçait l'ellipse par une parabole; car la parabole est une ellipse dont le grand axe augmente indéfiniment. Newton, pour simplifier le calcul, supposait que l'arc observé appartient à une parabole. C'est ce qu'on appelle calculer l'orbite parabolique d'une comète. Il est clair que la parabole ne représente approximativement la route de la comète que dans le voisinage du soleil. Les éléments paraboliques d'une comète sont au nombre de quatre, savoir : 1° la longitude du nœud ascendant (n° 207); 2° l'inclinaison; 3° la longitude du périhélie; 4° la distance du soleil au périhélie.

Newton trouva bientôt l'occasion d'appliquer sa méthode; en 1680 parut une comète; on la vit pour la première fois le 14 novembre; elle se rapprocha très-rapidement du soleil, et se plongea dans ses rayons le 5 décembre. Dix-sept jours après, le 22 décembre au soir, on vit sortir des rayons du soleil une des plus grandes, des plus magnifiques comètes dont on ait conservé le souvenir. Newton montra que les deux arcs observés, séparés par un intervalle de dix-sept jours, appartiennent sensiblement à la même parabole, c'est-à-dire à la même ellipse extrêmement allongée. Cette comète avait passé très-près du soleil, à une distance de sa surface égale au sixième de diamètre de cet astre. Le mouvement de la comète, dans le voisinage du périhélie, était extrêmement rapide, d'après la loi des aires, à cause de la petitesse du rayon vecteur; il s'accélérait à mesure que la comète se rapprochait du soleil, et se ralentissait au contraire à mesure qu'elle s'en éloignait.

Mais comment déterminer l'ellipse entière, et, par conséquent, prédire le retour de la comète? Il faut, dit Newton, calculer les orbites, ou les portions d'orbites, pour toutes les comètes observées jusqu'à présent; et, quand une comète nouvelle apparaît, calculer son orbite, et la comparer aux orbites déjà calculées. Si l'on voit que la comète nouvelle suit à peu près la même route qu'une des comètes déjà observées, il est probable que c'est la même comète qui est revenue. L'intervalle entre les deux apparitions donne le temps de la révolution; et, d'après la troisième loi de Képler, on pourra en déduire la longueur du grand axe. L'ellipse entière étant ainsi connue, il sera facile de suivre par la pensée la comète sur toute sa route et de prédire son retour.

COMÈTE DE HALLEY

232. Halley, contemporain et ami de Newton, entreprit cette vaste recherche; il appliqua la méthode de Newton à vingt-quatre comètes qui, avant lui, avaient été observées avec assez de soin, et en calcula les orbites paraboliques. Il fut bientôt récompensé de ses peines. En 1682, deux ans après la comète de Newton, parut une belle comète, qui fut observée dans toute l'Europe. Halley calcula aussitôt son orbite; la comparant avec celles qu'il avait calculées précédemment, il vit, avec une joie facile à comprendre, que la comète avait suivi à peu près la même route que la comète de 1607, observée soixante-quinze ans auparavant par Képler, et que celle de 1531, observée soixante-seize ans auparavant par Appian, astronome de l'empereur Charles-Quint. Il en conclut que les trois comètes de 1531, de 1607 et de 1682 étaient des apparitions successives de la même comète, décrivant un orbite elliptique, et accomplissant sa révolution en soixante-seize ans environ. Le temps de la révolution étant connu, il détermina la longueur du grand axe de l'ellipse, à l'aide de la troisième loi de Képler. Le calcul est extrêmement facile; le temps de la révolution est de 76 années; ce nombre 76, élevé au carré, donne 5776; il s'agit de trouver un nombre qui, élevé au cube, donne également 5776; ce nombre est 18. Ainsi, le grand axe de l'ellipse décrite par la comète est 18 fois plus grand que le grand axe de l'orbite terrestre, que nous avons pris pour unité. Halley parvint de cette manière à déterminer l'orbite entière de la comète, à fermer la courbe en quelque sorte. Au périhélie, au point le plus rapproché du soleil, la comète est à une distance du soleil égale à la moitié de la distance du soleil à la terre; elle s'en éloigne ensuite jusqu'à sortir de l'orbite de Neptune; sa distance au soleil est 60 fois plus grande à l'aphélie qu'au périhélie. Les planètes se

meuvent toutes dans le même sens; la comète de Halley se meut en sens contraire.

Après avoir ainsi déterminé l'ellipse entière, Halley n'hésita pas à prédire son retour; elle devait revenir en 1757 ou en 1758; mais Halley, remarquant que la comète devait passer très-près de Saturne et de Jupiter, pensa qu'elle serait troublée dans sa marche par l'attraction de ces deux grosses planètes, et il annonça que le retour au périhélie serait problablement retardé jusqu'au commencement de l'année 1759.

Une telle prédection ne pouvait manquer d'attirer l'attention des astronomes; et, quand l'époque fixée par Halley approcha, il devenait extrêmement intéressant de savoir si la comète serait effectivement troublée dans sa marche par l'attraction de Jupiter et de Saturne, et de calculer l'étendue des perturbations. Le géomètre français Clairaut, entreprit ce travail long et difficile; il publia le 4 novembre 1758 les résultats auxquels il était arrivé; il annonça que la comète serait retardée de 100 jours par l'attraction de Saturne, de 580 jours par celle de Jupiter, ce qui fait en tout un retard de 680 jours; et en conséquence il fixa le retour de la comète au périhélie au 13 avril 1759. Cependant Clairaut ajoutait que, pressé par le temps, il avait négligé de petites quantités qui pourraient produire ensemble une variation de un mois, dans un sens ou dans l'autre. La comète fut aperçue pour la première fois le 25 décembre 1758; elle passa au périhélie le 12 mars 1759, un mois avant l'époque fixée par Clairaut. Une différence d'un mois sur une période de soixante-seize ans est bien peu de chose, et la théorie de Newton recevait ainsi une éclatante confirmation.

La comète devait revenir en 1835; plusieurs mathématiciens se mirent à l'œuvre et calculèrent les perturbations nouvelles éprouvées par la comète pendant sa dernière révolution. M. Damoiseau fixa au 4 novembre le retour de la comète au périhélie. M. Rosenberger au 11, M. de Pontécoulant au 12 novembre. La comète fut aperçue pour la première fois le 5 août; elle suivit presque sans déviation la route qui lui avait été assignée par le calcul, et passa au périhélie le 16 novembre, quatre jours après l'époque fixée par M. de Pontécoulant. Dans l'état actuel de nos connaissances, on ne pouvait espérer un accord plus parfait.

Elle reviendra en 1910; M. de Pontécoulant a déjà calculé les nouvelles perturbations, et a fixé le retour de la comète au périhélie au 18 mai 1910. Mais il vaut mieux attendre, pour faire les calculs, que le moment approche, parce que nous connaîtrons mieux alors les masses des planètes perturbatrices. Il est probable que la différence entre le temps calculé et le temps observé ne sera plus que de quelques heures.

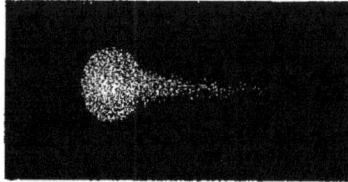

Fig. 95. — Comète de Halley, le 29 septembre 1855, d'après W. Struve.

235. A son apparition en 1835, la comète de Halley a été observée avec beaucoup de soin par plusieurs astronomes, et leurs observations nous ont fourni des indications précieuses sur la constitution physique des comètes. La comète fut aperçue pour la

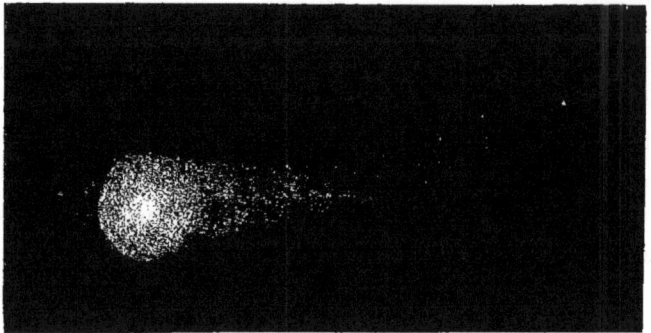

Fig. 96. — Comète de Halley, le 5 octobre 1855, d'après W. Struve.

première fois le 5 août sous le ciel pur de Rome; elle devint visible pour toute l'Europe vers le 20. Après son passage au périhélie le 16 novembre, elle fit route vers le sud, et cessa d'être visible pour l'Europe; mais elle continua d'être observée pendant les premiers mois de 1836 par sir John Herschel, qui était alors installé au cap de Bonne-Espérance, et qui suivit la comète jusqu'au 5 mai, où elle disparut dans l'éloignement.

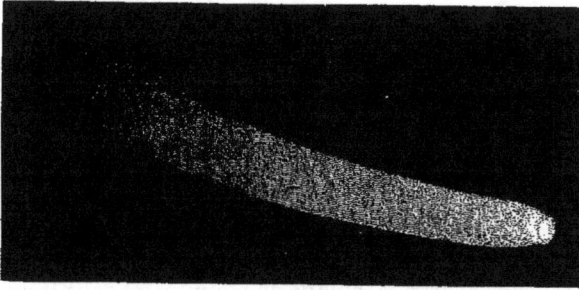

Fig. 97. — Comète de Halley, 29 octobre 1855, d'après W. Struve.

La comète, au commencement de son apparition, présentait une forme arrondie, sans aucune trace de queue ; c'était une nébuleuse

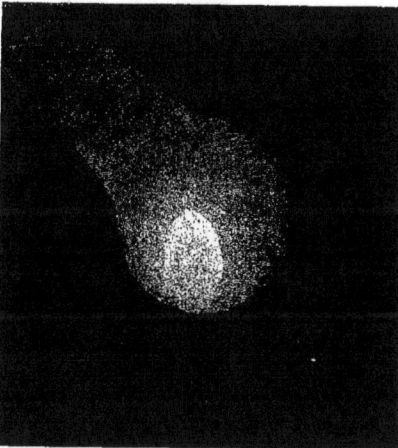

Fig. 98. — Comète de Halley, 8 octobre 1855, d'après W. Struve.

pâle, entourant un noyau plus brillant, placé, non pas exactement au centre, mais un peu du côté du soleil ; tel était encore son aspect le 23 septembre, cinquante jours après sa première apparition. Le 29 septembre, six jours après, on commence à voir une petite queue ; c'est une lueur faible et mal définie sur les bords (*fig.* 95). Le 3 octobre, la queue agrandi (*fig.* 96). Le développement de la queue devient de plus en plus rapide ; elle continue a grandir jusqu'à la fin d'octobre (*fig.* 97), et en même temps la tête diminue ; ceci prouve d'une manière certaine que la queue de la comète se forme aux dépens de la tête. Après le passage au périhélie, un phénomène inverse se produit ; à mesure que la comète s'éloigne du soleil, la tête attire à elle les vapeurs qui forment la queue ; son volume augmente, et elle reprend enfin la forme arrondie qu'elle avait au commencement.

Ces changements s'opèrent dans un temps relativement très-court, à cause de la grande rapidité du mouvement dans le voisinage du périhélie. Une circonstance importante, qui avait déjà été observée depuis longtemps, c'est que la queue est toujours dirigée à l'opposé du soleil, on dirait qu'un souffle, partant du soleil, repousse les vapeurs légères qui forme la chevelure, et les rejette en arrière, du côté opposé au point d'où part ce souffle répulsif, de manière à former cette longue traînée de vapeurs que nous appelons queue de la comète.

Étudions maintenant, à l'aide de puissants grossissements, la constitution de la tête. Je choisirai de préférence les observations faites par l'illustre astronome Guillaume Struve, à Dorpat, avec l'excellente lunette de Frauhenhofer. Le 8 octobre, on aperçoit dans la tête, et partant du noyau, une flamme brillante, qui s'étend en éventail, du côté du soleil (*fig.* 98), cette flamme se développe, et devient de plus en plus vive. Le 12 octobre, quatre jours après, la flamme présentait, dit Struve, un aspect merveilleux (*fig.* 99) ; le noyau avait une forme allongée ; il brillait comme un charbon ardent ; de ce noyau s'élançait un trait de feu du côté du soleil ; un jet beaucoup plus faible sortait du côté opposé. Quelques jours après, le 29 octobre, la tête présentait un aspect tout à fait remarquable (*fig.* 100) ; outre l'aigrette lumineuse, on voit deux longues traînées brillantes qui partent du noyau latéralement

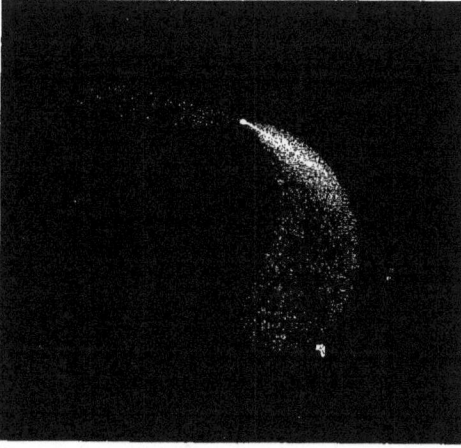

Fig. 99. — Comète de Halley, 12 octobre 1855, d'après W. Struve.

et s'en éloignent, de chaque côté, en s'infléchissant pour se perdre dans la chevelure du côté de la queue. Il semble que l'on assiste ici

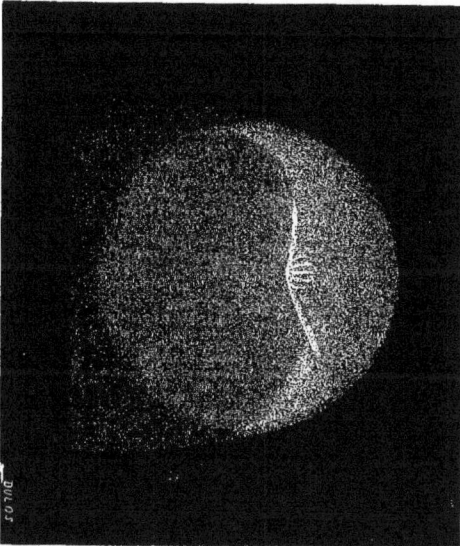

Fig. 100. — Comète de Halley, le 29 octobre 1855, d'après W. Struve.

à un phénomène de la formation de la queue. Remarquons que la

comète à l'aphélie est à une distance du soleil soixante fois plus
grande qu'au périhélie ; par conséquent la quantité de chaleur
qu'elle reçoit du soleil est 3600 fois plus grande au périhélie qu'à
l'aphélie ; on comprend quelle énorme variation de température
doit éprouver la comète ; la variation est surtout très-rapide dans
le voisinage du périhélie, à cause de l'accélération du mouvement. Quand la comète s'approche du soleil, elle s'échauffe fortement ; le noyau, devenu incandescent, lance des jets de vapeur
du côté du soleil, là où il est frappé de ses rayons ; ces jets de
vapeur se mêlent à la chevelure, et toute la nébulosité, rejetée en
arrière par le souffle répulsif partant du soleil, forment la queue,
qui s'allonge de plus en plus.

Après le passage au périhélie, le phénomène inverse a lieu, la
comète s'éloigne du soleil et se refroidit. Voici quel était l'aspect
de la comète le 31 janvier, d'après les observations de sir John Herschel au cap de Bonne-Espérance (fig. 101). Les vapeurs qui composent la queue, se condensent, pour former la ligne brillante que
l'on voit au centre, et reviennent à la tête comme par un canal
intérieur ; la queue se ramasse de plus en plus, et la comète reprend la forme arrondie.

Telle est la célèbre comète de Halley, la première dont nous
ayons reconnu la périodicité, et qui a servi à constituer la théorie
des comètes. La plupart de ses anciennes apparitions sont consi-
gnées dans l'histoire. Elle apparut en 451, l'année où Attila, roi
des Huns, que l'on a surnommé le fléau de Dieu, après avoir
ravagé la Gaule, fut battu dans les plaines de Châlons par le général romain Aétius, aidé des Francs et des Visigoths. Elle parut
en 1066, l'année de la conquête de l'Angleterre par les Normands ;
elle frappa de terreur les habitants de cette île, qui y virent le
présage de leur défaite. Mais la plus célèbre de ses apparitions est
celle de 1456, trois ans après la prise de Constantinople par les
Turcs. L'Europe était encore en proie à l'émotion produite par
cette terrible nouvelle ; on racontait que l'église de Sainte-Sophie
avait été convertie en mosquée, que tout un peuple chrétien avait

été égorgé ou réduit en captivité; on tremblait pour le salut de la chrétienté. La comète parut en juin 1456; elle était grande, terrible, disent les historiens du temps; sa queue recouvrait deux signes célestes, c'est-à-dire 60 degrés; elle avait une brillante couleur d'or, et présentait l'aspect d'une flamme ondoyante. On y vit

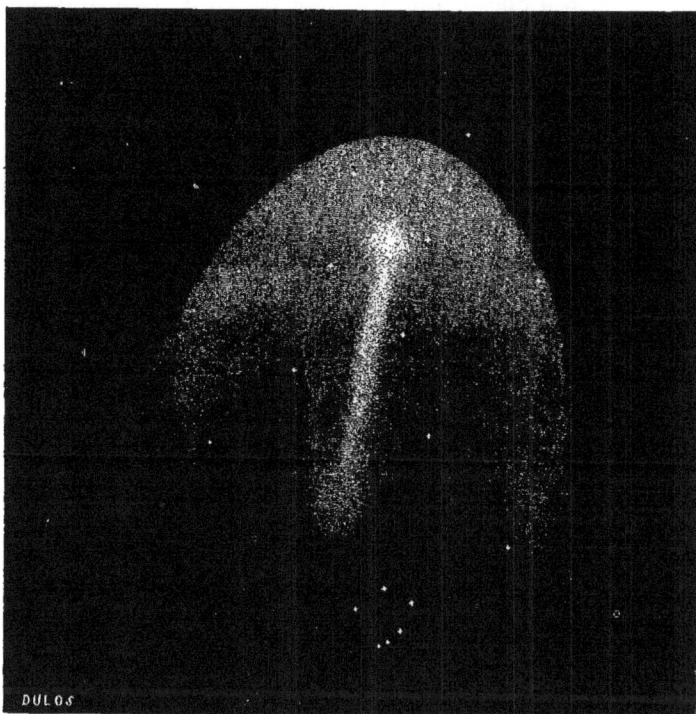

Fig. 101. — Comète de Halley, le 31 janvier 1836, d'après John Herschel.

un signe certain de la colère divine, un présage des malheurs qui menaçaient l'Europe. Dans un si grand danger, le pape Calixte III ordonna que les cloches de toutes les églises fussent sonnées chaque jour à midi, et il invita les fidèles à dire une prière pour conjurer la comète et les Turcs. Cet usage s'est conservé chez tous les peuples catholiques.

COMÈTE D'ENCKE

234. La seconde comète, dont on ait reconnu la périodicité, est la comète d'Encke. Elle fut observée en 1818 par Pons, à Marseille; c'est une comète à courte période; Encke calcula immédiatement l'ellipse entière par cette seule apparition. La période est de trois ans et un quart; l'ellipse est petite et renfermée dans l'orbite de Jupiter. Cette comète avait déjà été observée plusieurs fois, notamment en 1795, par miss Caroline Herschel, sœur de l'illustre William Herschel, et qui, en aidant son frère, était devenue elle-même un très-habile astronome. Elle a été revue bien des fois depuis 1818. C'est une comète télescopique, rarement visible à l'œil nu; on ne voit pas trace de queue, sauf de rares exceptions; elle présente une forme arrondie, semblable à un œuf. Voici quel était l'aspect de la comète le 10 novembre 1838 : (fig. 102) : deux jours après, elle s'était un peu déformée (fig. 103); on voit naître, du côté opposé au soleil, comme un commencement de queue; mais la déformation n'alla pas plus loin.

Cette comète, peu remarquable en elle-même, a révélé un fait d'une importance extrême pour la science. En comparant ses apparitions successives, Encke reconnut une diminution marquée dans le temps de la révolution, et par conséquent, une diminution correspondante dans les dimensions de l'ellipse; il fit voir qu'il est impossible d'expliquer ce rétrécissement progressif, continu, de l'ellipse par les perturbations que la comète éprouve de la part des planètes. A quelle cause l'attribuer? Les physiciens, pour expliquer les phénomènes lumineux, admettent qu'un fluide élastique très-subtil est répandu dans l'espace et pénètre tous les corps; ce fluide, qu'ils nomment éther, sert à propager les vibrations lumineuses. Ce fluide, très-subtil, n'oppose pas de résistance sensible au mouvement des planètes qui ont de grosses masses;

mais son action sur les vapeurs légères qui forment les comètes peut devenir appréciable. On comprend que la résistance d'un milieu ait pour effet de diminuer graduellement les dimensions de

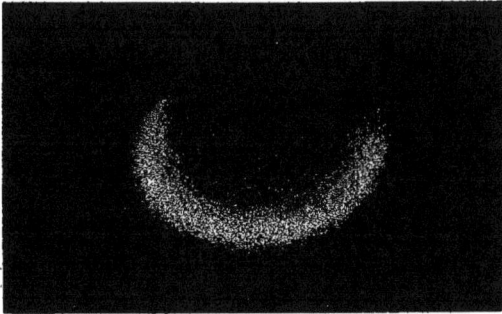

Fig. 102. — Comète d'Encke, le 10 novembre 1838, d'après M. Schwabe.

la courbe, et par conséquent, d'après la troisième loi de Képler, le temps de la révolution. C'est ainsi que Encke a expliqué la diminution progressive de l'ellipse décrite par sa comète, et cette

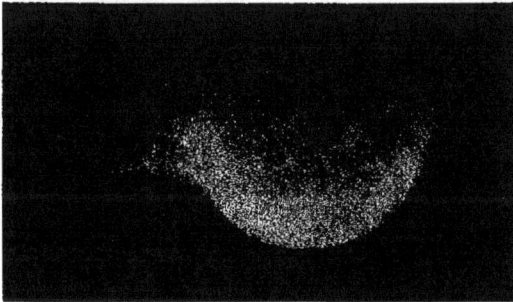

Fig. 103. — Comète d'Encke, 12 novembre 1838, d'après M. Schwabe.

explication a été admise généralement. Mais si cet effet se continue indéfiniment, si l'ellipse se rétrécit de plus en plus, on arrive à cette conséquence inévitable, c'est que, après un nombre de ré- volutions suffisant, la comète finira par tomber sur le soleil.

14

COMÈTE DE BIÉLA

255. La troisième comète dont on ait reconnu la périodicité est celle de Biéla, elle fut observée en 1826, à quelques jours d'intervalle, par Biéla en Bohême, et par Gambart à Marseille ; on calcula immédiatement, par cette seule apparition, son orbite elliptique et le temps de sa révolution, qui est de six ans trois quarts. Olbers, calculant son retour pour 1832, remarqua que la comète devait percer le plan de l'orbite terrestre en un point très-voisin de l'ellipse elle-même, assez voisin pour que la nébulosité de la comète atteigne la courbe décrite par la terre. Dès lors, il y avait possibilité de rencontre entre la comète et la terre ; toute la question était de savoir si les deux astres passeraient en même temps au point critique, c'est-à-dire au point de croisement de leurs orbites. Or, d'après les calculs d'Olbers, la comète devait passer en ce point le 29 octobre, et la terre n'y arrivait que le 30 novembre au soir. C'était un intervalle d'un mois, plus qu'il ne faut pour éviter toute collision. Mais, les esprits n'étaient pas très-rassurés ; on n'avait pas une confiance absolue dans les calculs des astronomes ; ils pouvaient bien, disait-on, se tromper d'un mois, et Dieu sait quel bouleversement en résulterait ! Heureusement, la comète suivit fidèlement la route qui lui avait été assignée, et tout se passa sans encombre.

La comète de Biéla ne fut pas aperçue en 1839 ; mais, à son retour en 1845, elle présenta un phénomène très-singulier, et dont on n'avait pas encore d'exemple, son dédoublement en deux astres distincts. Jusqu'alors elle s'était montrée simple, sous la forme d'une nébulosité arrondie, semblable à la comète d'Encke. A son retour, en 1845, elle reparut simple ; elle était encore telle le 19 décembre, seulement elle s'était allongée en forme de poire, mais on ne fit pas attention à cette déformation, assez commune chez les comètes télescopiques. Le 29 décembre, dix jours après, on fut très-étonné de la voir double; dans l'intervalle du 19 au 29 décembre, elle s'était séparée en deux parties de grandeur inégale, ayant chacune une petite queue dans la direction ordinaire, c'est-à-dire du côté opposée au soleil (*fig.* 104). La comète principale, et sa compagne plus petite, marchèrent ainsi côte à côte, jusqu'au moment où elles cessèrent d'être visibles. A l'apparition suivante, en 1852, on revit la comète double; seulement les deux parties avaient pris chacune la forme arrondie. On ne l'a pas revue en 1859. On l'attendait avec impatience au commencement de 1866; elle devait passer au périhélie le 29 janvier; il a été impossible de l'apercevoir, malgré les nombreuses et puissantes lunettes occupées à sa recherche.

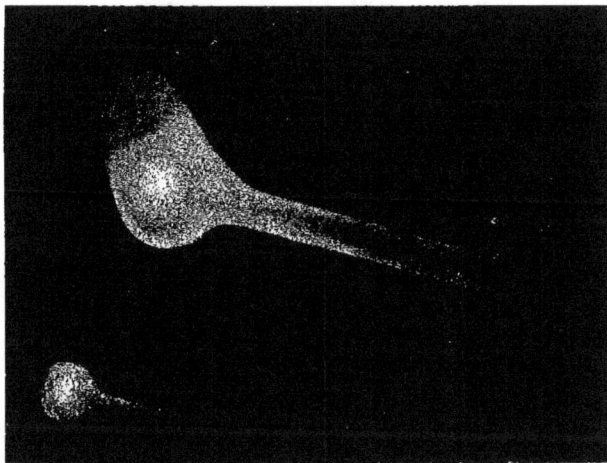

Fig. 104. — Comète de Biéla.

On connaît encore quelques autres comètes périodiques : la comète de Faye, dont la période est de sept ans et demi; elle a été découverte par M. Faye, en 1843, et revue en 1851, en 1858 et en 1866; la comète de Brorsen, dont la période est de treize ans et demi; la comète de d'Arrest, dont l'orbite a été calculée par M. Yvon-Villarceau, et dont la période est de six ans et demi.

256. Le nombre des comètes est très-considérable; il s'élève

certainement à plusieurs milliers; on a calculé les orbites, ou plutôt les portions d'orbites de deux cents d'entre elles. La plupart,
sans doute, sont périodiques; pour les unes, la période est de
quelques années, pour d'autres, d'un siècle. On estime la période
de la comète de Newton à 575 ans. Mais il peut arriver qu'une
comète périodique, passant dans le voisinage des grosses planètes
— et Jupiter, comme l'a remarqué Herschel, semble placé là tout
exprès pour troubler les comètes dans leur marche et les déranger
de leur route, — il peut arriver qu'une comète éprouve une per-
turbation telle que son orbite en devienne méconnaissable; il
peut arriver même que l'ellipse soit changée en une courbe non
fermée, en une parabole ou en une hyperbole; dans ce cas, la comète s'éloigne indéfiniment du soleil, pour se perdre dans l'espace, ou aller tourner autour d'un autre soleil.

COMÈTE DE DONATI

237. Parmi les comètes qui ont paru dans ces derniers temps,
la plus remarquable est celle de 1858, qu'on appelle aussi comète
de Donati, parce qu'elle fut observée pour la première fois par
Donati, à Florence. L'observation attentive de cette comète a confirmé les indications qu'avait fournies la comète de Halley, à son
passage en 1835, relativement à la constitution physique des comètes. Elle était visible à l'œil nu le 19 août. Elle se montra d'a-
bord sous la forme d'une nébulosité arrondie. Un mois après, le
18 septembre, la queue commence à paraître (*fig.* 105); on aperçoit une seconde queue plus petite sortant latéralement de la
queue principale. Dix jours après, le 30 septembre, la queue a
beaucoup grandi; à l'extrémité de la petite queue latérale se trouve
une brillante étoile; c'est un hasard de position; cette étoile évidemment n'appartient pas à la comète. Le 9 octobre, la queue

a pris tout son développement, et la queue secondaire s'est fondue dans la grande.

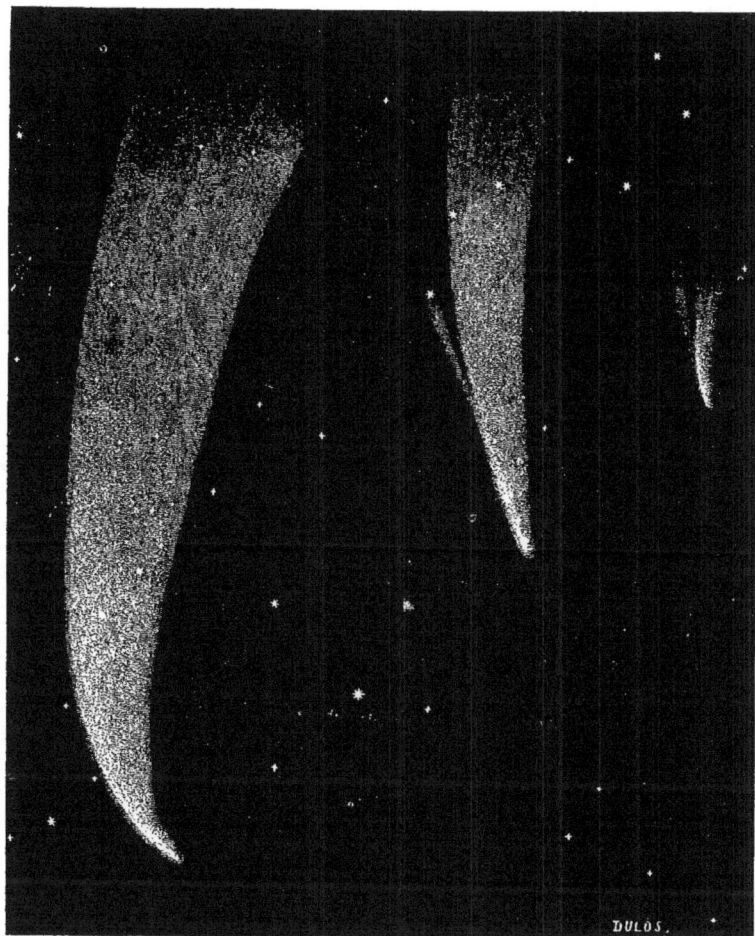

9 octobre.   30 sept.   18 sept. 1858.

Fig. 105. — Comète de Donati, d'après O. Struve et Winnecke.

En examinant la tête avec de puissants grossissements, on a observé quelques particularités remarquables. Le 5 octobre, on voit près du noyau, et du côté du soleil, une masse brillante, séparée du noyau par un intervalle obscur (*fig.* 106); on dirait une couche de nuages produits par l'évaporation du noyau, et du côté où l'évaporation s'opère, c'est-à-dire du côté du soleil. Au delà, et séparée de la première par un intervalle obscur plus grand, on voit une seconde couche brillante beaucoup plus étendue, entourant le tout comme un immense demi-cercle et se prolongeant en arrière pour former la queue. Deux jours après, le 7 octobre, la tête de la comète a éprouvé des changements notables (*fig.* 107); la couche intérieure s'est divisée en deux, et l'on voit sortir du noyau une aigrette longue et brillante, qui s'élance du côté du soleil, à travers les trois couches successives, et s'étend jusqu'au bord extérieur de la chevelure.

238. Il résulte de tout ce qui précède que notre système se compose du soleil, des planètes et d'un nombre considérable de comètes. Le soleil est le centre du système, et, par son attraction puissante, il force les planètes et les comètes à décrire autour de lui des orbites elliptiques. Certaines planètes, à leur tour, comme Jupiter, Saturne, Uranus, sont les centres de systèmes secondaires, formés chacun d'une planète et des satellites qui gravitent autour d'elles. Le soleil envoie à tous ces astres la lumière et la chaleur ; les planètes semblent destinées, comme la terre, à servir de séjour à des êtres vivants ; mais les comètes, qui se composent d'amas changeants de vapeurs légères, ne paraissent pas propres à remplir cette fonction. Quel est donc le rôle des comètes dans l'économie générale de notre système? Sont-elles destinées, comme le croyait Newton, à tomber sur le soleil, et à lui servir d'aliment?

Le soleil envoie sans cesse autour de lui une immense quantité de chaleur et de lumière. Quelle que soit l'idée que l'on se fasse de la lumière ou de la chaleur, et les deux choses n'en font qu'une, soit qu'elle consiste, comme le croyait Newton, en une multitude de petits corpuscules lancés par le soleil dans toutes les directions, avec une énorme vitesse, soit qu'elle consiste, comme l'admettent les physiciens modernes, en un mouvement vibratoire

qui se propage dans l'éther, dans tous les cas, le soleil s'appau-
vrit; il perd, dans le premier cas, de sa substance, dans le second
cas, de son mouvement. Cet appauvrissement du soleil, le refroidissement qui en résulte, inquiétait beaucoup Newton. Il crut
trouver un remède à ce mal dans la comète de 1680 ; il remarqua

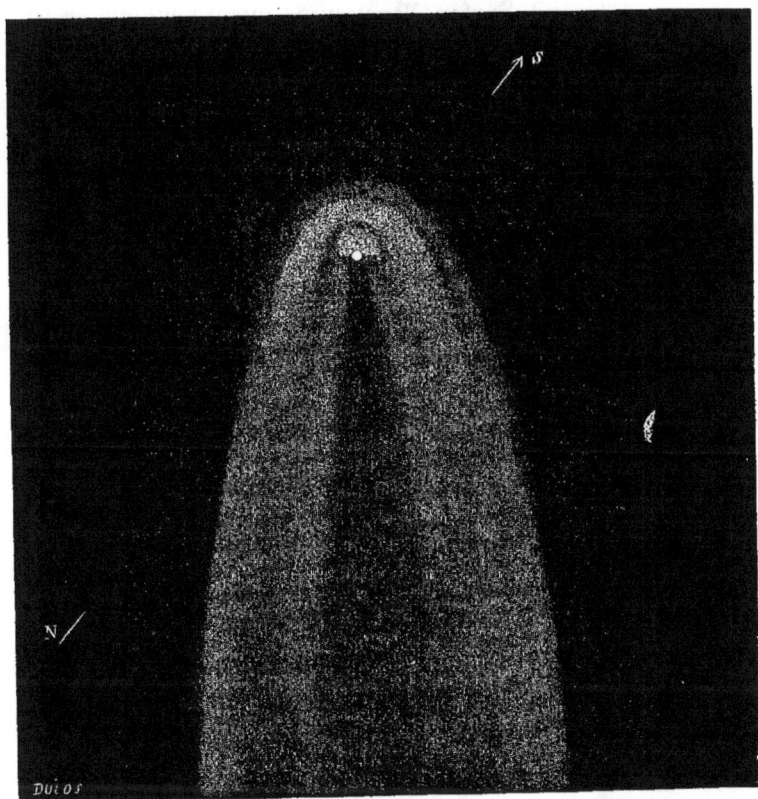

Fig. 106. — Comète de Donati, le 5 octobre 1858, d'après O. Struve et Winnecke.

qu'elle avait passé très-près du soleil, qu'elle avait, en quelque
sorte, effleuré sa surface ; il pensa que cette distance diminuerait
encore par suite de quelque résistance, et qu'après cinq ou six
révolutions la comète tomberait sur le soleil. Mais alors ses craintes
changèrent de nature ; après avoir eu peur du froid, il eut peur

du chaud. Il y a des exemples d'embrasements subits d'étoiles, Newton les expliquait par la chute de quelque comète. Si les choses se passent ainsi sur notre soleil, disait Newton, la comète sera comme un immense fagot jeté dans un brasier ; elle produira un tel développement de chaleur que la terre sera brûlée et que tous les animaux périront. Le danger n'est probablement pas aussi grand que le croyait Newton. Nous savons aujourd'hui que les comètes ont des masses extrêmement petites ; et puis il est très-possible qu'elles tombent sur le soleil par parcelles, de manière à alimenter le foyer central sans accroître son intensité d'une manière excessive.

La comète de 1843 passa encore plus près du soleil que celle de 1680. D'ailleurs l'effet, manifesté par la comète d'Encke, de la résistance d'un milieu qui diminue graduellement les orbites, semble confirmer les idées de Newton, et montrer que toutes les comètes tomberont sur le soleil à des époques plus ou moins éloignées.

239. Il est une autre question qui ne nous intéresse pas moins que la précédente. Parmi les nombreuses comètes qui sillonnent notre système dans tous les sens, il est certain que plusieurs ont passé très-près de la terre. Une comète peut donc rencontrer la terre ; quelles en seraient les conséquences ? Plusieurs géologues ont voulu expliquer les révolutions du globe terrestre par des chocs de comètes. Par suite de la rotation de la terre sur elle-même, la terre est aplatie aux pôles et renflée à l'équateur ; le renflement forme autour de l'équateur comme un immense bourrelet de cinq lieues d'épaisseur. Or, supposez qu'une comète vienne choquer la terre et déplace l'axe de rotation, et, par suite, le plan de l'équateur qui lui est perpendiculaire ; immédiatement, les eaux accumulées autour de l'équateur actuel se précipiteront vers le nouvel équateur ; les terres seront submergées et les mers mises à sec. Mais, ce n'est pas tout ; le noyau intérieur, qui est liquide et en fusion, à cause de sa haute température, devra prendre lui-même la nouvelle forme d'équilibre ; il exercera un effort

puissant contre la croûte solide très-mince qui le recouvre et sur laquelle nous sommes placés; cette croûte sera brisée en plusieurs endroits, et il en résultera le plus épouvantable cataclysme. Mais nous n'avons rien de pareil à redouter. Les comètes ont des masses extrêmement faibles; elles n'ont pas produit de perturba-

Fig. 107. — Comète de Donati, le 7 octobre 1858, d'après O. Struve et Winnecke.

tion appréciable dans le mouvement des planètes et des satellites, quoique certaines d'entre elles aient passé à une très-petite distance. Il est donc impossible à une comète, tellement sa masse est petite, de déplacer par son choc, d'une manière sensible, l'axe de la terre.

Mais il y a un autre danger. Les queues des comètes ont un immense développement; il doit arriver souvent, quand une comèt passe dans le voisinage de la terre, que nous soyons frappés par sa queue, ou même sans cela, que les vapeurs qui forment l'extrémité de la queue, étant retenues faiblement par le noyau et attirées fortement par la terre, entrent dans l'atmosphère et se mêlent à l'air que nous respirons. Si ces vapeurs étaient délétères, nuisibles, il en résulterait pour nous de très-graves inconvénients. Képler qui, nous l'avons vu, n'avait pas bonne opinion des comètes et les regardait comme formées des impuretés de l'éther, n'augurait rien de bon d'un tel mélange. Il devait produire, disait-il, une peste universelle. Mais jusqu'à présent on n'a rien observé de pareil, et il est probable que nous traversons les queues des comètes sans même nous en apercevoir.

CHAPITRE IV

LES ÉTOILES FILANTES

Étoiles filantes. — Apparitions périodiques. — Aérolithes.

———

ÉTOILES FILANTES

240. Pendant la nuit, quand l'atmosphère est pure, on observe fréquemment le curieux météore auquel on a donné le nom d'*étoile filante*. Dans une partie du ciel, un point lumineux se montre tout à coup, se meut avec une grande rapidité ; puis son éclat diminue et il disparaît. Quelquefois l'étoile filante laisse après elle une traînée lumineuse comme une fusée ; d'autres fois elle lance des étincelles. Les anciens regardaient ces météores comme de véritables étoiles qui, se détachant de la voûte céleste, tombaient du ciel, d'où le nom d'*étoiles filantes*. Mais une observation plus attentive montre que cette opinion est erronée ; on reconnaît, en effet, qu'aucune étoile ne manque dans la constellation d'où a semblé partir le point lumineux.

Parmi les diverses opinions émises sur la nature des étoiles filantes, la plus probable est celle qui les rapporte à des multitudes d'astéroïdes, ou petits astres extrêmement petits, circulant comme les planètes autour du soleil, obscurs comme elles, mais trop petits pour être aperçus avec les meilleures lunettes. Quand un de ces astéroïdes pénètre dans l'atmosphère terrestre, à cause de la grande vitesse, il en résulte un frottement considérable, et par suite un grand échauffement ; l'astéroïde, composé de matières inflammables, brûle au contact de l'oxygène de l'air ; quand il est sorti de l'atmosphère, il cesse de brûler et se refroidit. Ainsi nous ne l'apercevons que pendant qu'il traverse notre atmosphère.

Si deux observateurs suffisamment éloignés observent la même étoile filante et notent chacun la constellation sur laquelle se projette l'astéroïde, il sera possible, par la comparaison des observations, de calculer sa hauteur; on a reconnu de cette manière que certains astéroïdes ont passé à une hauteur de 2 lieues au-dessus de la surface de la terre, d'autres à une hauteur de 15 à 20 lieues, avec une vitesse de 3 à 8 lieues par seconde.

Les étoiles filantes paraissent se mouvoir dans toutes les directions; cependant, en comparant un grand nombre d'observations, on reconnaît la prédominance d'un direction moyenne, opposée à la vitesse de la terre dans son mouvement de translation autour du soleil. On conçoit, en effet, que le mouvement de la terre produise un mouvement apparent des astéroïdes égal et contraire à celui de la terre; cette vitesse se combine avec la vitesse propre des astéroïdes.

241. Apparitions périodiques d'étoiles filantes. — Certaines nuits sont particulièrement riches en étoiles filantes. L'une des plus remarquables est celle du 10 août, jour de la Saint-Laurent; les paysans appellent les étoiles filantes de cette nuit les larmes brûlantes de Saint-Laurent.

Une autre époque remarquable est celle du 11 au 15 novembre. Dans la nuit du 12 au 13 novembre 1833, on observa en Amérique comme une pluie d'étoiles filantes; elles semblaient toutes parties d'un même point du ciel; elles laissaient après elles des traînées lumineuses, et faisaient ordinairement explosion avant de disparaître, comme les fusées d'un feu d'artifice. Cette apparition périodique, qui s'est montrée avec une intensité variable pendant bien des années, a cessé, et maintenant on ne compte pas plus d'étoiles filantes à cette époque que dans les nuits ordinaires.

On a signalé encore quelques autres époques, celles du 1ᵉʳ au

4 janvier, du 26 au 29 juillet, du milieu d'octobre, du 5 au 15 décembre.

Ces apparitions périodiques ont fait penser que les astéroïdes ne sont pas distribués au hasard dans notre système, mais qu'ils sont réunis en essaims qui, semblables à des planètes, se meuvent autour du soleil, suivant les lois ordinaires. Quand la terre traverse un de ces essaims, on voit comme une pluie d'étoiles filantes; mais le phénomène ne se reproduit pas chaque année. Une nouvelle rencontre n'arrivera qu'après un certain temps dépendant de la durée de révolution de l'amas et de celle de la terre.

Quand ces nuées d'astéroïdes se placent entre le soleil et la terre, elles peuvent obscurcir le soleil. On a remarqué que ce phénomène a lieu surtout les 7 février et 12 mai, dates qui répondent à la conjonction des nuées d'août et de novembre.

AÉROLITHES

242. Quand un astéroïde traverse simplement l'atmosphère, il produit une étoile filante; mais il arrive souvent que l'astéroïde rencontre la terre, ou que, passant trop près, il tombe sur elle par l'action de la pesanteur et de la résistance de l'air qui diminue sa vitesse. Telle est l'origine des aérolithes, ou pierres tombées du ciel.

Le 8 juillet 1831, un aérolithe tomba à Vouillé, dans le département de la Vienne; son poids était de 20 kilogrammes.

Le 5 août 1812, une grosse pierre, pesant 54 kilogrammes, tomba à Chantonnay, dans la Vendée. Celle qui tomba le 15 juin 1821, près de Juvénas, dans le département de l'Ardèche, pesait 92 kilogrammes.

Dans la nuit du 20 au 21 avril 1810, une énorme masse de fer météorique, pesant 750 kilogrammes, tomba à Santa-Rosa, dans la Nouvelle-Grenade. Cette grande masse, qui a été décrite par M. Boussingault, avait une forme irrégulière et caverneuse, sans aucun enduit vitreux ; elle avait pénétré dans le sol en tombant, et lorsqu'on la découvrit, sa pointe seule paraissait à la surface.

Ces pierres météoriques ont une composition analogue ; elles renferment du fer métallique en grande quantité, avec un peu de nickel, de cobalt, du sulfure de fer et des silicates. C'est le fer qui prédomine, et c'est probablement le fer qui brûle quand le corps passe à travers l'atmosphère. On a trouvé à la surface de la terre de grandes masses de fer que la tradition rapporte comme étant tombées du ciel, et qui ressemblent en effet à des aérolithes par leur forme et leur composition. Je citerai, parmi les plus remarquables, une masse de fer de 1650 kilogrammes aux environs de Bitbourg, près de Trèves ; une masse énorme de 15 mètres de hauteur en Asie, près des sources de la rivière Jaune.

243. Globes enflammés. — Les plus gros des astéroïdes, ceux qui approchent le plus de la terre, nous apparaissent sous forme de globes enflammés ; ces globes lancent de tous côtés des étincelles et de la fumée, et finissent quelquefois par éclater comme des bombes.

Le 26 avril 1803, un globe enflammé, très-brillant, fut aperçu vers une heure après midi, à Caen, à Alençon, marchant du sud-est au nord-ouest ; quelques *minutes* après, on entendit à l'Aigle, dans le département de l'Orne, et à trente lieues à la ronde, une violente explosion, et des pierres furent lancées sur une surface d'environ deux lieues et demie de longueur sur une lieue de largeur. On ramassa plusieurs centaines de fragments ; le plus gros pesait 8 kilogrammes et demi : ils répandaient une vive odeur de soufre.

Le 14 juillet 1847, à Braunau, en Bohème, à la suite d'explosions partant d'un petit nuage obscur apparu dans un ciel pur, des aérolithes tombèrent sur le sol ; ils étaient encore tellement chauds six heures après leur chute qu'on ne pouvait les toucher sans se brûler.

Le 15 novembre 1835, un brillant météore éclata près de Bellay, dans le département de l'Ain, et mit le feu à une grange.

Le 16 janvier 1846, un bolide incendia un bâtiment à la Chaux, dans le département de Saône-et-Loire.

Le 14 mai 1864, un magnifique bolide, vu d'une grande partie de la France et marchant de l'ouest à l'est, a éclaté au-dessus du village d'Orgueil, près de Montauban, et cette explosion a été suivie d'une abondante averse de pierres météoriques. Ces pierres étaient chaudes et recouvertes d'un vernis semblable à celui des briques trop cuites. M. Laussedat, par la comparaison des diverses observations, a déterminé la marche du bolide : quand il a commencé à luire, il était à 12 lieues au-dessus du sol ; il marchait avec une vitesse de 5 lieues par seconde, et il a éclaté à une hauteur de 4 à 5 lieues.

Le capitaine suédois Willmann rapporte, dans un recueil imprimé en 1674, qu'étant en mer, une boule pesant 4 kilogrammes tomba sur le pont de son navire, et tua deux hommes. Vers le même temps, une petite pierre tua à Milan un franciscain.

Dans le catalogue des météores observés en Chine, on mentionne ce fait qu'une pierre tombée du ciel le 14 janvier 616, brisa des chariots et tua dix hommes.

LIVRE VI

ASTRONOMIE STELLAIRE

CHAPITRE PREMIER

MOUVEMENTS PROPRES DES ÉTOILES

Aberration. — Parallaxe des étoiles. — Mouvements propres des étoiles.
Étoiles doubles,
Étoiles périodiques, changeantes, temporaires, colorées.

244. Notre système planétaire est composé, comme on l'a vu, d'un soleil autour duquel tournent un certain nombre de planètes et de comètes, qui reçoivent de lui lumière et chaleur. Bien au delà de notre système, brillent une multitude d'astres répandus dans l'espace infini ; ces astres, lumineux par eux-mêmes, que l'on nomme *étoiles,* sont autant de soleils ; et l'analogie doit nous faire penser que chacun d'eux est entouré d'un cortége de planètes que la grande distance nous empêche d'apercevoir.

Les étoiles n'ont pas la fixité que leur attribuaient les anciens ; leurs distances angulaires ne sont pas rigoureusement constantes, elles ont des mouvements propres ; certaines d'entre elles éprouvent des changements notables d'intensité. L'observation attentive des étoiles a considérablement agrandi le champ de l'astronomie et a constitué, en quelque sorte, une science nouvelle que l'on nomme *astronomie stellaire.* Parmi les mouvements des étoiles, il

15

en est qui ne sont qu'apparents et qui affectent toutes les étoiles à
des degrés divers ; nous allons les étudier d'abord.

ABERRATION

245. Les rayons lumineux lancés par une étoile nous arrivent
avec une vitesse de 75 000 lieues par seconde ; mais l'observateur
placé sur la terre est animé de la vitesse de translation de la terre
autour du soleil, vitesse d'environ 7 lieues par seconde ; cette vitesse de l'observateur doit nécessairement produire une vitesse apparente du rayon lumineux égale et contraire ; cette vitesse apparente, se combinant avec la vitesse propre du rayon lumineux,
change sa direction ; ainsi nous ne voyons pas l'étoile dans sa position véritable, mais un peu à côté ; c'est en cela que consiste l'a-
berration.

Soient E une étoile (*fig.* 108), T la position de la terre à un certain
moment, T*a* la vitesse de la terre à
ce moment, T*b* la vitesse du rayon
lumineux. La vitesse de la terre
produit une vitesse apparente T*a'*
du rayon lumineux égale et contraire ; cette vitesse, se combinant
avec la vitesse propre T*b* du rayon
lumineux, d'après la règle du
parallélogramme des vitesses,
donne une vitesse résultante T*c* ;
ainsi le rayon lumineux arrive à
nous avec la vitesse relative T*c*,

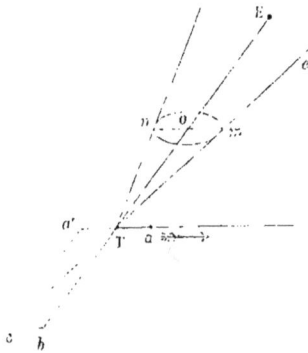

Fig. 108.

de sorte que nous voyons l'étoile dans la direction T*e* ; l'aberration est l'angle ET*e*.

Prenons sur la droite TE une longueur T*o*, qui représente la vitesse de la lumière, et par le point *o* menons une droite *om* égale

et parallèle à la vitesse de la terre; la droite Tm est évidemment sur le prolongement de Tc. La terre, décrivant sensiblement un cercle autour du soleil, la direction de sa vitesse change chaque jour et, par suite, la déviation du rayon lumineux; il faudra par le point o mener des droites égales om, om', om'',...., parallèles aux vitesses de la terre, ce qui donne un cercle mn parallèle au plan de l'écliptique; le rayon visuel Te, suivant lequel on voit l'étoile, décrit donc en un an un cône qui a pour sommet la terre et pour base le cercle mn, et l'étoile semble parcourir sur la sphère céleste une petite ellipse, trace du cône sur la sphère.

On peut encore se rendre compte, d'une autre manière, du phénomène de l'aberration. Concevons qu'un observateur placé en A veuille observer une étoile E, à l'aide d'une lunette astronomique (*fig.* 109). Supposons qu'il dirige d'abord l'axe AB de la lunette suivant la droite AE, qui va du point A à l'étoile; le rayon lumineux pénètre dans la lunette au point B et met un certain temps

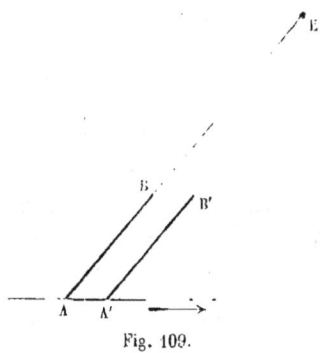

Fig. 109.

à parcourir la longueur BA; pendant ce temps, en vertu du mouvement de la terre, la lunette se transporte en A'B', à peu près parallèlement à elle-même, de sorte que le rayon lumineux, quand il arrive au point A, ne tombe pas au centre du réticule, qui s'est déplacé et se trouve alors en A'.

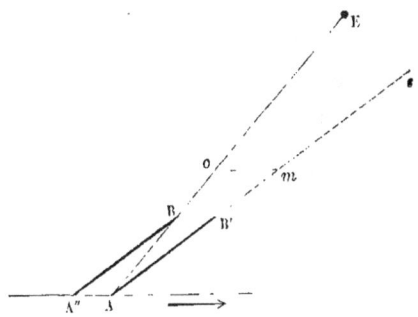

Pour que le rayon lumineux tombe au centre du réticule et décrive bien

Fig. 110.

l'axe de la lunette, il faut donner à la lunette une direction AB

qui fasse avec la droite AE un certain angle du côté où se meut
la terre (*fig* 110). En effet, soit A″B la position de la lunette au
moment où le rayon lumineux pénètre dans la lunette en B; pendant
le temps que le rayon lumineux met à parcourir la longueur BA,
la lunette se transporte de A″B en AB′, à peu près parallèlement à
elle-même, et le rayon lumineux tombe en A au centre du réticule.
Au moment de l'observation, la lunette a donc la position AB′, et
l'observateur croit voir l'étoile dans cette direction, comme si elle
était en *e* sur le prolongement de cette droite. Les longueurs BA
et A″A, parcourues dans le même temps par la lumière et par la
terre, étant proportionnelles aux vitesses de la lumière et de la
terre, si l'on porte sur la droite AE une longueur A*o* qui représente la vitesse de la lumière, et si par le point *o* on mène une
droite *om* égale et parallèle à la vitesse de la terre, on obtiendra la
direction A*m* qu'il faut donner à la lunette.

246. Pour les étoiles situées au pôle de l'écliptique, le cône
circulaire étant droit, l'ellipse d'aberration est un cercle; le rayon
apparent du cercle ou l'angle du cône est de 20″,45. Quand l'étoile
s'éloigne du pôle, le demi-grand axe de l'ellipse, qui est parallèle
à l'écliptique, conserve la valeur constante 20″,45; mais le petit
axe, qui est perpendiculaire au précédent, diminue de plus en
plus. Pour les étoiles situées sur l'écliptique même, le petit axe
est nul, et l'ellipse réduite à son grand axe, de sorte que l'étoile
semble osciller de part et d'autre de sa position moyenne.

La grandeur de l'aberration ne dépend que du rapport de la
vitesse de la terre à la vitesse de la lumière. La valeur moyenne,
d'après Struve, est 20″,45. On en conclut que la vitesse de la
lumière est 10 089 fois plus grande que la vitesse moyenne de la
terre. Si l'on connaît la distance moyenne du soleil à la terre, et
par conséquent la vitesse moyenne de la terre, on en déduira la
vitesse de la lumière. Inversement, si l'on connaît la vitesse de la
lumière, on en déduira la vitesse de la terre et par suite sa distance
au soleil. D'après les mesures de M. Foucault, la vitesse de la lumière est de 298 000 009 mètres (à peu près 75 000 lieues); la

vitesse moyenne de la terre, qui est 10 089 fois moindre, est de 29 537 mètres par seconde. En multipliant cette vitesse par le nombre de secondes contenues dans l'année, on a la circonférence de l'orbite supposée circulaire, d'où l'on déduit le rayon. On retrouve ainsi la distance moyenne du soleil à la terre 57 millions de lieues.

Pour avoir les positions vraies des astres, il faut faire subir aux observations une correction dite d'aberration. Outre l'aberration *annuelle*, dont nous venons de parler, et qui est due au mouvement de translation de la terre autour du soleil, il y en a une autre, dite aberration *diurne*, due au mouvement de rotation de la terre sur elle-même. Supposons qu'une étoile, à un certain moment, soit située exactement dans le plan méridien ; la vitesse de l'observateur, vitesse provenant de la rotation de la terre, et dirigée de l'ouest à l'est, change la direction apparente du rayon lumineux, et rejette en quelque sorte l'étoile un peu à l'est. D'après cela, le passage de l'étoile dans le plan méridien sera un peu retardé, s'il s'agit d'un passage supérieur, et un peu avancé, s'il s'agit d'un passage inférieur ; ce retard ou cette avance, à Paris, pour une étoile équatoriale, est de $0^s,015$.

PARALLAXE DES ÉTOILES

247. C'est le rayon de la terre qui nous a servi de base dans l'évaluation des dimensions de notre système planétaire. Cette base est beaucoup trop petite pour mesurer les distances immenses des étoiles ; elle ne donne pas de parallaxe sensible ; nous emploierons dans ce but une base 23 300 fois plus grande, le rayon de l'orbite terrestre, et nous appellerons *parallaxe* d'une étoile, l'angle sous lequel de l'étoile on voit le rayon de l'orbite terrestre, en supposant le rayon perpendiculaire à la droite qui va du soleil à l'étoile.

Le déplacement annuel de la terre dans son orbite change évidemment la direction du rayon visuel allant de la terre à l'étoile ; de là résulte un déplacement apparent de l'étoile. Or, il est clair que le mouvement apparent sera le même si l'on suppose que la terre soit fixe et que l'étoile décrive dans le même sens un cercle égal et parallèle à celui que décrit la terre autour du soleil. En effet, soit T la position de la terre à un certain moment (*fig.* 111), E celle de l'étoile ; on voit l'étoile dans la direction TE, en négligeant l'aberration. Quelque temps après, la terre étant venue en T′, on voit l'étoile dans la direction T′E. Supposons que la terre soit restée fixe en T et que l'étoile, se mouvant sur un cercle égal à

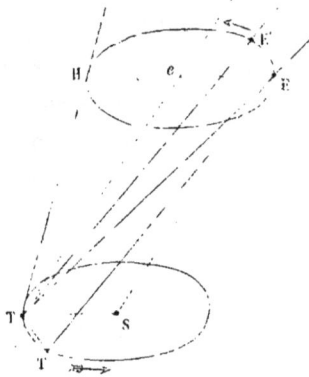

Fig. 111.

l'orbite terrestre, soit venue en E′, après avoir parcouru l'arc EE′ égal à TT′, on verrait l'étoile dans la direction TE′ ; mais les deux droites TT′ et EE′ étant égales et parallèles, les deux droites T′E et TE′ sont aussi égales et parallèles : ainsi les apparences sont les mêmes.

Le rayon visuel paraît donc décrire un cône ayant pour sommet le point fixe T et pour base le cercle EH. Soit *e* le centre du cercle EH, la droite T*e* est la direction moyenne de l'étoile ; cette direction est la même que la direction SE suivant laquelle du soleil on verrait l'étoile. Le cône trace sur la sphère céleste une petite ellipse semblable à l'ellipse d'aberration, et que l'on nomme *ellipse parallactique*. Au pôle de l'écliptique, l'ellipse a la forme d'un cercle, comme l'ellipse d'aberration ; plus l'étoile est éloignée du pôle, plus le petit axe est petit : sur l'écliptique, l'ellipse est réduite à son grand axe.

La grandeur de l'ellipse parallactique dépend du rapport des distances de la terre au soleil et à l'étoile : si la distance de l'étoile devient double, les dimensions de l'ellipse sont réduites à moitié. L'ellipse parallactique diffère en cela de l'ellipse d'aberration ; celle-ci affecte également toutes les étoiles, quelles que soient leurs distances à la terre, tandis que la première est d'autant plus petite que la distance est plus grande.

248. En observant avec d'excellents instruments les positions d'une étoile pendant une année, et effectuant les corrections de la réfraction atmosphérique et de l'aberration, on espérait découvrir l'ellipse parallactique. La perfection des instruments est si grande aujourd'hui qu'une parallaxe d'une seconde doit être nécessairement reconnue. C'est par ce moyen que M. Henderson a trouvé une seconde pour la parallaxe de l'étoile α du Centaure. Mais, ordinairement, la parallaxe est si petite qu'elle reste confondue dans les erreurs d'observation et dans les nombreuses corrections qu'il faut faire subir aux observations.

Il est une autre méthode bien préférable ; elle consiste à rapporter la position d'une étoile A à une étoile B voisine en direction, mais située à une distance beaucoup plus grande de la terre ; toutes les causes d'erreur, telles que réfraction, aberration, etc., agissant également sur les deux étoiles, il n'y a pas à en tenir compte ; si donc on reconnaît un mouvement annuel de la première par rapport à la seconde, il sera dû certainement à la différence des parallaxes des deux étoiles. A l'aide d'un appareil micrométrique adapté à la lunette, on mesure la distance angulaire des deux étoiles, et l'angle que fait l'arc BA avec le cercle horaire de l'étoile B, angle qu'on appelle angle de position. Supposons que l'étoile B soit située à une distance infiniment grande, cette étoile sera fixe, et les variations de l'arc BA et de l'angle de position, dans le courant d'une année, détermineront l'ellipse parallactique de l'étoile A. C'est par ce procédé que Bessel, comparant l'étoile 61 du Cygne à une étoile de huitième grandeur, voisine en apparence, mais beaucoup plus éloignée de la terre, a trouvé $0'',348$ pour la différence des parallaxes de ces deux étoiles, et en a conclu que la parallaxe de l'étoile 61 du Cygne est au moins égale à $0'',348$.

Voici la liste des étoiles dont on a déterminé jusqu'à présent les parallaxes avec plus ou moins de probabilité :

α Centaure.	0″,915	(Henderson)
61 Cygne.	0 ,348	(Bessel)
α Lyre.	0 .261	(Struve)
Sirius.	0 ;250	(Peters)
1830 Groombridge [1]	0 ,226	—
ι Grande-Ourse.	0 ,133	—
Arcturus.	0 ,127	—
Polaire.	0 ,067	—
Chèvre.	0 ,046	—

Les deux méthodes, appliquées à l'étoile *Wéga* de la Lyre, ont donné une parallaxe de 0″,26.

249. Distance des étoiles. — Quand on a déterminé la parallaxe d'une étoile, on en conclut aisément sa distance à la terre. L'étoile α du Centaure a une parallaxe de 1″; or, l'arc de 1″ égale $\frac{1}{200000}$; donc cette étoile est située à une distance 200 000 fois plus grande que la distance de la terre au soleil. Il faut trois ans à la lumière pour parcourir cette distance. Si nous admettons 0″,34 pour la parallaxe de l'étoile 61 du Cigne, nous en conclurons qu'elle est à une distance 550 000 fois plus grande que la distance du soleil à la terre, ou que sa lumière met huit ans pour arriver jusqu'à nous.

Les astronomes ont classé les étoiles d'après leur éclat apparent. L'éclat apparent d'une étoile peut provenir de trois causes, ou de sa grandeur réelle, ou de l'intensité de la lumière à sa surface, ou de la distance plus ou moins grande de l'étoile, par rapport à la terre. Nous ne savons rien des deux premières causes; mais nous n'avons aucune raison de supposer que les étoiles soient distribuées dans l'espace suivant leurs grandeurs réelles, comme si, par exemple, les plus grosses étaient les plus voisines de la terre, les plus petites les plus éloignées, ou inversement. Ceci revient à admettre qu'à toutes les distances la grandeur absolue des étoiles

[1] Catalogue des étoiles circompolaires de Groombridge.

est la même en moyenne, et, par conséquent, qu'à prendre les
choses en bloc, les étoiles les plus éloignées sont celles qui ont le
moindre éclat apparent. En comparant par des mesures photomé-
triques les diverses étoiles à une étoile de première grandeur, et
sir John Herschel a choisi l'étoile α du Centaure, on a trouvé que
les étoiles de première grandeur ont un éclat cent fois moindre que
celles de sixième grandeur ; mais on sait que l'éclat apparent
d'une flamme varie en raison inverse du carré de la distance ; si
l'on transportait l'étoile α du Centaure à une distance dix fois plus
grande, elle brillerait comme une étoile de sixième grandeur. On
en conclut que les étoiles de sixième grandeur sont en moyenne à
une distance de la terre dix fois plus grande que celles de première grandeur ; la lumière envoyée par les étoiles de sixième
grandeur met 30 ans pour venir jusqu'à nous.

En comparant aux étoiles de sixième grandeur celles de treizième grandeur, sir John Herschel a trouvé que ces dernières sont
en moyenne à une distance 75 fois plus grande ; la lumière met
plus de 2000 ans pour venir de ces étoiles jusqu'à nous. Il n'est pas
étonnant que les étoiles, à cause de leur grande distance, nous apparaissent comme de simples points lumineux, sans diamètre apparent. En comparant l'étoile α du Centaure à la lune, on a trouvé
que la quantité de lumière envoyée à la terre par cette étoile est
27 000 fois plus petite que celle envoyée par la pleine lune. D'autre part, d'après les mesures de Wollaston, la lumière de la pleine
lune est 800 000 fois moindre que celle du soleil. Il en résulte
que la quantité de lumière envoyée à la terre par l'étoile α du
Centaure est 22 000 millions de fois plus petite que celle que nous
recevons du soleil. Mais cette étoile est à une distance de la Terre
225 000 fois plus grande que le soleil. A la même distance, son
intensité lumineuse serait deux fois et trois dixièmes celle du
soleil. La lumière de Sirius est quatre fois plus grande que celle
de α du Centaure ; sa distance à la terre étant quatre fois plus
grande, son intensité lumineuse est 64 fois plus grande que celle
de α du Centaure et par conséquent 147 fois plus grande que

celle du soleil. A la distance de Sirius, notre soleil serait une petite étoile de sixième grandeur, à peine visible à l'œil nu.

MOUVEMENTS PROPRES DES ÉTOILES

250. Quand on n'observe le ciel qu'à l'œil nu, les constellations paraissent conserver les même formes et les mêmes dimensions. Mais les observations modernes ont fait voir qu'un grand nombre d'étoiles ont des mouvements propres, et qu'à la longue la forme des constellations sera changée. On connaît aujourd'hui vingt et une étoiles dont le mouvement propre surpasse $1''$ par an ; dans ce nombre se trouvent quatre étoiles de première grandeur, α du Centaure, Arcturus, Sirius et Procyon ; l'étoile 61 du Cigne a un mouvement annuel de $5'',3$; l'étoile ε d'Indus a un mouvement annuel de $7'',74$. On a dressé une liste de plus de 500 étoiles ayant un mouvement propre inférieur à $0'',5$.

251. **Mouvement du soleil.** — Les mouvements propres des étoiles ont lieu dans toutes les directions ; cependant, dans la confusion de ces mouvements, on démêle un mouvement commun. Sur 390 cas, il en est 316 où l'étoile se rapproche d'un même point du ciel. Il est naturel de considérer ce mouvement commun comme une apparence due à un mouvement réel du soleil en sens contraire. William Herschel fut conduit de la sorte à penser que notre soleil marche vers la constellation Hercule, emportant avec lui son cortège de planètes et de comètes.

Si du mouvement observé d'une étoile, on retranche le mouvement apparent, provenant du mouvement du soleil, et qui lui est égal et contraire, la partie restante doit être considérée comme un mouvement propre, réel ou absolu de l'étoile. On tâche de déterminer la direction et la grandeur de la vitesse du mouvement du soleil de manière à réduire autant que possible l'ensemble des parties restantes, ou des mouvements absolus des étoiles. D'après les calculs de M. Otto Struve, basés sur la discussion des mouvements propres de 392 étoiles, le soleil marche actuellement vers un point de la constellation Hercule, ayant une ascension droite de 259° et une déclinaison boréale de 35°; il parcourt en un an une longueur qui serait vue sous un angle de 0″,34 à la distance moyenne des étoiles de première grandeur. Si l'on admet que la parallaxe des étoiles de première grandeur, ou l'angle sous lequel on voit le rayon de l'orbite terrestre à la distance des étoiles de première grandeur, ait une valeur moyenne 0″,22, on en conclura que le chemin parcouru par le soleil en un an est les $\frac{34}{22}$ ou les $\frac{3}{2}$ du rayon de l'orbite terrestre, et par conséquent que la vitesse du soleil est le quart de celle de la terre, dans son mouvement de translation autour du soleil. Si le mouvement du soleil dans l'espace est curviligne, on s'en apercevra un jour par un changement dans la direction de la vitesse.

Le mouvement propre observé des étoiles est un mouvement angulaire; toutes choses égales d'ailleurs, cet angle est d'autant plus grand que l'étoile est plus rapprochée de la terre; il est donc probable que les étoiles qui ont de grands mouvements propres sont plus rapprochées de nous. C'est cette considération qui a conduit Bessel à chercher la parallaxe de l'étoile 61 du Cygne.

ÉTOILES DOUBLES

252. On désigne sous ce nom l'ensemble de deux étoiles très-rapprochées l'une de l'autre. En voici un exemple remarquable : au milieu de la queue de la grande Ourse est une étoile de deuxième grandeur ζ, ou le cheval du milieu, près de laquelle on aperçoit à l'œil nu une petite étoile g de cinquième grandeur, située à 8 minutes de la première et surnommée le cavalier; avec une lunette ordinaire on reconnaît que l'étoile ζ elle-même est double et formée de deux étoiles de troisième et de cinquième

grandeur, séparées par un intervalle de 14″. William Herschel a observé dans le ciel plus de 500 étoiles doubles, formées de deux étoiles distantes l'une de l'autre de moins de 32″; Guillaume Struve, avec des instruments plus parfaits, a quintuplé ce nombre; on en a observé aujourd'hui plus de 6000.

Les deux étoiles qui forment une étoile double peuvent être en réalité très-éloignées l'une de l'autre. Ceci a lieu lorsque les deux étoiles sont situées à peu près sur une même droite passant par le soleil ; alors elles se projettent sur la sphère céleste en des points très-voisins et présentent l'aspect d'une étoile double. Mais, à cause du grand nombre des étoiles doubles et du petit écartement angulaire des étoiles qui les composent, il est extrêmement probable que la plupart d'entre elles sont formées réellement de deux étoiles voisines, réunies par leur attraction mutuelle, et formant un système binaire. Dans l'exemple cité plus haut, l'étoile ζ de la grande Ourse forme réellement un système binaire, tandis que l'étoile g en est tout à fait indépendante.

La connexion des étoiles qui forment un système binaire a été démontrée de plusieurs manières : l'étoile 61 du Cygne, dont Bessel a déterminé la parallaxe (n° 248), est double ; elle a un mouvement propre très-prononcé ; or les deux étoiles qui forment l'étoile double participent également à ce mouvement de translation qui les emporte de compagnie dans l'espace ; il faut donc que les deux étoiles soient liées entre elles par leur attraction, et forment un groupe physique.

Mais cette liaison a été mise en évidence par un phénomène très-remarquable. En observant les étoiles doubles pour en déterminer la parallaxe, W. Herschel a reconnu que les deux étoiles simples qui forment un groupe binaire tournent l'une autour de l'autre ; l'étoile satellite se meut autour de l'étoile principale comme la terre autour du soleil, ou la lune autour de la terre. Le temps de la révolution est très-variable : il est de 36 ans pour l'étoile double ζ Hercule, de 61 ans pour ξ de la grande Ourse, de 182 ans pour γ de la Vierge.

L'orbite que nous observons est la projection de l'orbite réelle sur un plan perpendiculaire au rayon mené de la terre à l'étoile. En mesurant, à l'aide d'un appareil micrométrique, la distance des deux étoiles et l'angle de position, comme nous l'avons expliqué (n° 248), on reconnaît que l'orbite apparente est une ellipse et que le rayon vecteur allant de l'étoile principale au satellite décrit des aires proportionnelles au temps. L'orbite réelle est située sur un cylindre droit ayant pour base l'orbite apparente ; par analogie avec ce qui passe dans notre système, on admet que l'un des foyers de l'orbite réelle coïncide avec l'étoile principale ; cette condition détermine la position du plan de l'orbite ; cependant il y a incertitude entre deux solutions ; car si l'on a trouvé un plan coupant le cylindre suivant une ellipse ayant pour foyer l'étoile principale, il est évident que le plan symétrique du précédent, par rapport au plan de la base, jouira de la même propriété. Voici les principales orbites calculées jusqu'à présent avec plus ou moins de précision.

NOMS DES ÉTOILES	DEMI-GRAND AXE APPARENT	EXCENTRICITÉ	PÉRIODE EN ANNÉES	PAR QUI ELLES ONT ÉTÉ CALCULÉES
ζ Hercule.. . .	1″,25	0,45	36,4	Villarceau.
η Couronne B. .	1 ,09	0,54	43,2	Mädler.
ζ Cancer. . . .	1 ,29	0,25	58,9	Id.
ξ Grande-Ourse.	2 ,44	0,45	61.6	Villarceau
α Centaure. . .	15 ,50	0,95	77,0	Jacob.
ω Lion.	0 ,86	0,64	82,5	Villarceau.
p Ophiucus. . .	4 ,19	0,44	92,9	Mädler.
3062 Cat. Struve. .	1 ,25	0,45	94,8	Id.
ξ Bouvier.. . .	12 ,56	0,59	117,1	John Herschel.
δ Cygne. . . .	1 ,81	0,61	178,7	Hind.
γ Vierge. . . .	5 ,58	0,88	182,1	John Herschel.
Castor. . . .	7 ,01	0,80	232,1	Mädler.
σ Couronne B. .	5 ,92	0,70	608,4	Id.
μ 2 Bouvier.. . .	5 ,22	0,84	649,7	Hind.

L'excentricité n'est plus petite comme dans les orbites planétaires.

Depuis les premières observations de W. Herschel, en 1780,

plusieurs étoiles doubles ont accompli leurs révolutions. Il arrive quelquefois que le satellite paraît se rapprocher beaucoup de l'étoile principale, soit à cause de la grande excentricité, soit parce que le plan de l'orbite passe à peu près par le soleil ; la distance apparente peut devenir si petite, qu'on ne puisse plus dédoubler l'étoile, même avec les meilleures lunettes.

L'étoile ζ d'Hercule, qui se compose d'une étoile de troisième grandeur jaune, et d'une de 6,5 grandeur purpurine, a déjà présenté plusieurs fois ce phénomène de l'occultation apparente du satellite par l'étoile principale. L'étoile γ de la Vierge se compose de deux étoiles égales, qui se sont rapprochées graduellement jusqu'en 1836, et ont paru se confondre pour se séparer ensuite.

Des observations suivies avaient fait reconnaître que l'étoile Sirius, qui paraît simple, a un mouvement propre curviligne, nettement accusé. Pour expliquer ce mouvement, on admettait l'existence, dans le voisinage de Sirius, d'un astre doué d'une grosse masse, mais très-faiblement lumineux, ce qui nous empêchait de l'apercevoir. Il y a quelques années, M. Clark, aux États-Unis, est parvenu à découvrir le compagnon de Sirius ; c'est une étoile d'un très-faible éclat. D'après les calculs de M. Peters, le temps de la révolution est de 50 ans.

253. Étoiles multiples. — Il existe des groupes plus complexes. Guillaume Struve a observé un assez grand nombre d'étoiles triples ; l'une des plus remarquables est l'étoile ζ du Cancer, qui se compose d'une étoile principale de cinquième grandeur et de deux étoiles secondaires de sixième grandeur ; la plus rapprochée des deux satellites est à 1″,1 de l'étoile principale et accomplit sa révolution en 54 ans ; la seconde en est à 5″,7 et le temps de sa révolution est estimé à 500 ans environ. La troisième loi de Képler se confirmerait à peu près.

Les étoiles triples ζ de la Balance et 12 du Lynx, présentent cette circonstance particulière que les deux satellites paraissent marcher en sens contraires.

L'étoile ψ de Cassiopée est formée d'une étoile principale, et deux satellites très-voisins l'un de l'autre, qui forment comme une petite étoile double et tournent ensemble autour de l'étoile principale. Cette disposition est analogue à celles que forment le soleil, la terre et la lune.

Près de l'étoile double ε de la Lyre et à une distance de 5′30″ est située une autre étoile double ς de la Lyre ; ces deux étoiles doubles, ayant un mouvement propre commun, constituent évidemment un même groupe quadruple.

Mais le groupe le plus complexe observé par Struve est l'étoile θ d'Orion. Vue avec une lunette médiocre, cette étoile se décompose en quatre étoiles de 5ᵉ, 6ᵉ, 7ᵉ et 8ᵉ grandeur, formant un quadrilatère appelé *trapèze* d'Orion ; avec une lunette très-puissante, on aperçoit en outre dans ce même groupe deux très-petites étoiles, l'une de 11ᵉ, l'autre de 12ᵉ grandeur ; ce système sextuple peut être renfermé dans un cercle de 11″ de rayon. On n'a pas encore pu y découvrir de changement appréciable.

L'étude des mouvements qui s'accomplissent dans ces groupes d'étoiles constitue une des branches les plus intéressantes de l'astronomie stellaire ; de ce qu'on y retrouve les lois de Képler, on déduit cette conséquence importante, c'est que la loi d'attraction en raison inverse du carré des distances, qui régit notre système, gouverne aussi le monde des étoiles.

ÉTOILES PÉRIODIQUES

254. Il est des étoiles qui éprouvent des changements périodiques dans leur intensité. L'une des plus remarquables est l'étoile Algol, ou β de Persée ; elle paraît ordinairement comme une étoile de deuxième grandeur et reste telle pendant 2ʲ14ʰ ; elle diminue ensuite pendant 3ʰ$\frac{1}{2}$, jusqu'à être réduite à la quatrième grandeur. Alors elle recommence à croître, pour reprendre au bout de 3ʰ$\frac{1}{2}$ son éclat ordinaire. Ces variations périodiques d'intensité s'accomplissent en $2^j20^h49^m$. On a supposé qu'un corps opaque comme une planète circule autour de l'étoile et l'éclipse en partie à chacune de ses révolutions. Les observations récentes d'Argelander ont constaté dans la période une diminution non uniforme, mais actuellement plus rapide ; il est probable que ce phénomène est lui-même périodique et qu'à une diminution succédera une augmentation.

L'étoile o de la Baleine présente des changements encore plus remarquables dans une période moyenne de 331 jours et 15 heures. Elle brille pendant quinze jours comme une belle étoile de seconde grandeur ; elle décroît ensuite pendant trois mois, disparaît pendant près de cinq mois, croît de nouveau pendant trois mois pour reprendre son plus grand éclat, qu'elle ne conserve que quinze jours. Tel est en général l'ordre de ces variations. Mais quelquefois elle ne reprend pas le même éclat, ou ne passe pas par les mêmes phases. D'après les observations d'Argelander, la durée de la période paraît éprouver des variations de 25 jours en plus et en moins de sa valeur moyenne dans un cycle embrassant 88 périodes. Les changements qu'éprouve son éclat maximum sont aussi probablement périodiques. Hévélius rapporte qu'elle ne parut pas du tout pendant quatre ans, de 1672 à 1676 ; en 1839 elle brillait d'un éclat inusité, plus vif que l'étoile α de la Baleine. Maupertuis supposait cette étoile entourée d'un anneau comme Saturne ; quand elle nous présente l'anneau de face, elle jette un grand éclat ; quand elle nous le présente de profil, elle est invisible. Il est possible aussi que certaines étoiles périodiques ne soient pas également lumineuses sur toute leur surface, et qu'en tournant sur elles-mêmes elles nous présentent successivement leurs diverses faces.

L'étoile δ de Céphée varie de la cinquième grandeur à une grandeur intermédiaire entre la troisième et la quatrième ; sa période est de $5^j8^h47^m$. Mais l'accroissement est plus rapide que la diminution ; elle passe du minimum au maximum en 1^j14^h, et revient du maximum au minimum en 5^j19^h.

L'étoile η d'Antinoüs varie de la 5e à la 4-3e grandeur ; sa période est $7^j4^h14^m$; elle croît pendant 54 heures et décroît pendant 115 heures.

L'étoile β de la Lyre a une période comprise entre 6^j9^h et 6^j11^h. Les dernières observations d'Argelander semblent prouver que la vraie période est $12^j21^h53^m$, et que, pendant ce temps, l'étoile passe par deux maxima à peu près égaux et de 3-4 grandeur et par deux minima inégaux, l'un de 4-3, l'autre de 4-5 grandeur. Depuis l'époque de sa découverte, en 1784, la période a été constamment en augmentant jusqu'en 1840, où elle a commencé à diminuer un peu.

Telles sont les étoiles périodiques qui sont le mieux connues. On en a découvert beaucoup d'autres, et leur nombre s'accroît chaque année.

ÉTOILES CHANGEANTES

255. Il est des étoiles dont l'intensité varie, sans qu'on ait pu reconnaître aucune loi de périodicité. Celle qui présente ce phénomène au plus haut degré est l'étoile η du Navire, qui ne figure ni dans le catalogue de Ptolémée, en 137, ni dans celui de Bayer, en 1603 ; Halley la notait en 1680, comme étant de quatrième grandeur ; Lacaille, en 1752, comme étant de seconde grandeur ; de 1811 à 1815, elle était retombée à la quatrième grandeur ; de 1822 à 1826 elle était remontée à la seconde ; en 1827 elle était devenue aussi brillante que l'étoile de première grandeur α de la Croix ; puis elle revint à la seconde grandeur et resta ainsi jusqu'à la fin de 1837 ; tout à coup, au commencement de 1838, elle augmenta d'éclat de manière à surpasser toutes les étoiles de première grandeur, excepté Sirius, Canopus et l'étoile α du Centaure qu'elle égalait presque ; puis elle diminua de nouveau, mais sans descendre au-dessous de la première grandeur, jusqu'en avril

16

1845, où elle s'accrut jusqu'à surpasser Canopus et à égaler presque Sirius.

L'étoile 54 du Dragon était, suivant Flamsteed, de septième grandeur à la fin du dix-septième siècle; W. Herschel la rangeait, en 1785, parmi celles de quatrième grandeur.

Il est d'autres étoiles dont l'éclat va au contraire en diminuant : le étoiles α de l'Hydre, β du Lion, β de la Balance, classées autrefois parmi celles de première grandeur, sont aujourd'hui à peine de la seconde grandeur.

Ces variations d'éclat finissent par changer l'ordre alphabétique des étoiles dans certaines constellations. Ainsi, les étoiles du Bouvier, marquées α, β, γ, δ, ε, dans le catalogue de Bayer, en 1603, sont maintenant dans l'ordre α, ε, γ, β, δ. L'étoile δ de la grande Ourse, qui venait la quatrième du temps de Bayer, s'est notablement affaiblie et est bien moins brillante que les trois suivantes ε, ζ, η.

En mai 1866, on crut voir apparaître dans la couronne boréale une étoile nouvelle de troisième grandeur; c'était une étoile inscrite dans le catalogue d'Argelander comme étant de neuvième grandeur, et par conséquent invisible à l'œil nu; après avoir brillé pendant quelques jours, elle retomba à la huitième grandeur.

Quand on compare les anciens catalogues à l'état actuel du ciel, on reconnaît que nombre d'étoiles manquent. Ainsi, il y a des étoiles qui, non-seulement diminuent d'éclat, mais encore qui disparaissent complétement. Lalande a marqué dans le catalogue de Flamsteed plus de cent étoiles perdues.

ÉTOILES TEMPORAIRES

256. On voit quelquefois des étoiles apparaître tout à coup dans le ciel, briller pendant un certain temps, puis disparaître.

Telle a été l'étoile dont l'apparition soudaine, en l'an 125 avant
J. C., fut observée par Hipparque et lui fit entreprendre son catalogue d'étoiles, le plus ancien dont il soit fait mention. En l'an
389 de notre ère, une étoile parut tout à coup près de α de l'Aigle, aussi brillante que Vénus, et, après avoir lui pendant trois semaines, disparut. Dans le neuvième siècle, des astronomes arabes
observèrent dans le Scorpion une étoile nouvelle, dont la lumière
égalait le quart de celle de la lune ; elle fut visible pendant
quatre mois.

Mais la plus remarquable des étoiles temporaires est celle
de 1572, observée par Tycho-Brahé. Elle apparut le 11 novembre 1572, entre Cassiopée et Céphée, brillante comme Sirius,
elle continua de croître jusqu'à surpasser Jupiter et à devenir visible en plein midi. Un mois après, dès décembre 1572, elle com-
mença à décroître, et disparut en mars 1574, seize mois après son
apparition. Elle éprouva des changements de couleur notables :
d'une blancheur éblouissante à son apparition, elle passa au rouge
en mars 1573, et redevint [blanche en janvier 1574.

Quelques astronomes pensent que la belle étoile de 1572 est
une étoile périodique, dont l'histoire rapporte les apparitions an-
térieures, en 1264 et en 945, dans la même région du ciel. La période serait de 312 ans ou, suivant Goodricke, seulement de
151 ans.

En 1604, une étoile temporaire, plus brillante que Sirius, fut
observée par Képler dans le Serpentaire.

En 1760, dans la tête du Cygne apparut une étoile de troisième grandeur, qui devint ensuite invisible, se montra de nouveau, et après avoir éprouvé une ou deux variations de lumière,
disparut tout à fait.

En 1848, M. Hind aperçut dans le Serpentaire une étoile nouvelle de cinquième grandeur ; elle alla constamment en diminuant, et finit par disparaître complétement ; elle avait une
teinte rouge.

Ces apparitions et disparitions subites, accompagnées de changements de couleur, peuvent faire croire que ces astres sont le théâtre de quelque grand phénomène physique ou chimique.

ÉTOILES COLORÉES

257. Il y a dans le ciel un certain nombre d'étoiles d'une teinte rouge très-prononcée ; je citerai, parmi les plus remarquables, Aldébaran, Pollux, Antarès, α d'Orion et Arcturus.

Autrefois la belle étoile Sirius était rouge ; Cicéron l'appelle *rutilus*, Horace *rubra* ; aujourd'hui elle est d'une blancheur éclatante.

Quelques étoiles, mais en plus petit nombre, ont une teinte bleue.

Un grand nombre d'étoiles doubles offrent des couleurs complémentaires ; l'étoile principale est ordinairement rouge ou orangée, la plus petite bleue ou verdâtre. Dans l'étoile double γ d'Andromède, la plus grande est cramoisie, la plus petite verte ; l'étoile *i* du Cancer est jaune et bleue. L'étoile η de Cassiopée présente la combinaison exceptionnelle d'une étoile blanche et brillante avec un satellite d'un beau pourpre. Dans β de Céphée, les deux étoiles sont bleues.

On peut observer facilement, avec une lunette grossissant cinquante fois, la coloration des étoiles doubles γ d'Andromède, β du Cigne, ζ de la grande Ourse, β de Céphée, où le satellite est bleu, et δ d'Orion, où le satellite est purpurin.

CHAPITRE II

NÉBULEUSES

—

Amas stellaires — Voie lactée. — Nébuleuses proprement dites.
Théorie de Laplace.

258. Depuis l'invention des lunettes astronomiques et des télescopes, le domaine de l'astronomie s'est beaucoup agrandi ; au
delà des étoiles visibles à l'œil nu, on a découvert une multitude
d'étoiles plus petites, ou du moins que l'éloignement nous empêchait d'apercevoir ; par delà encore, dans les profondeurs des
cieux, on a reconnu l'existence d'astres d'une nouvelle espèce ;
ce ne sont plus de simples points brillants comme les étoiles, mais
des masses blanches, d'apparence laiteuse, de formes variées,
semblables à des nuages ; c'est pourquoi on leur a donné le nom
de *nébuleuses*. La première nébuleuse a été découverte par Simon
Marius, en 1612 ; on en connaît aujourd'hui près de 5000. Les
nébuleuses forment donc un élément important dans l'ensemble
de la création ; mais elles méritent surtout notre intérêt par la
variété de leurs formes et les idées qu'elles ont suggérées relativement à la constitution de l'univers et à la formation des
mondes.

Les principales découvertes concernant les nébuleuses ont été
faites par William Herschel, à l'aide des puissants télescopes qu'il
construisait lui-même. Le plus grand télescope d'Herschel a 39 anglais, c'est-à-dire 12 mètres de long. Dans ces derniers temps,
lord Rosse a fait construire par des procédés de son invention, et
établir dans son parc de Parsonstown, en Irlande, un instrument

encore plus grand; le télescope de lord Rosse a 16^m,76 de long
sur 1^m,83 de diamètre. Tels sont les puissants instruments avec
lesquels on a étudié les nébuleuses.

Il faut distinguer les nébuleuses en deux grandes catégories.

Quand on examine certaines nébuleuses avec des télescopes
assez puissants, on les voit se résoudre en une multitude de petites étoiles très-rapprochées les unes des autres ; ce sont des amas
d'étoiles. D'autres nébuleuses paraissent formées d'une matière
cosmique, diffuse, non encore organisée, ou du moins en voie
d'organisation ; ce sont les nébuleuses proprement dites.

AMAS STELLAIRES.

259. Les amas stellaires ont généralement la forme sphérique
et sont composés d'une multitude d'étoiles à peu près toutes de
la même grandeur, avec une condensation marquée vers le centre.
Je citerai comme exemple le bel amas situé dans la constellation

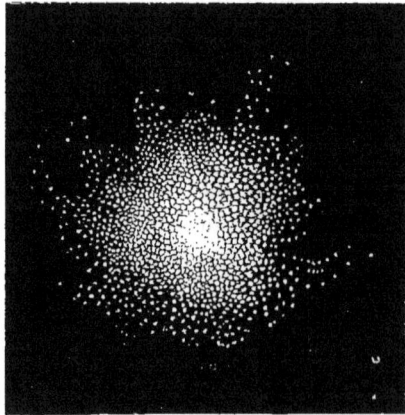

Fig. 112. — Amas stellaire dans la chevelure de Bérénice, d'après J. Herschel.

du Centaure, dans l'hémisphère austral : « C'est, dit John Herschel, le plus grand et le plus riche de tout le ciel ; son diamètre

apparent est de 20′ ; il occupe sur la voûte céleste une étendue
superficielle presque égale à la moitié du disque du soleil ou de
la lune. Les étoiles qui le composent sont littéralement innom-
brables. »

Dans la chevelure de Bérénice existe un magnifique amas

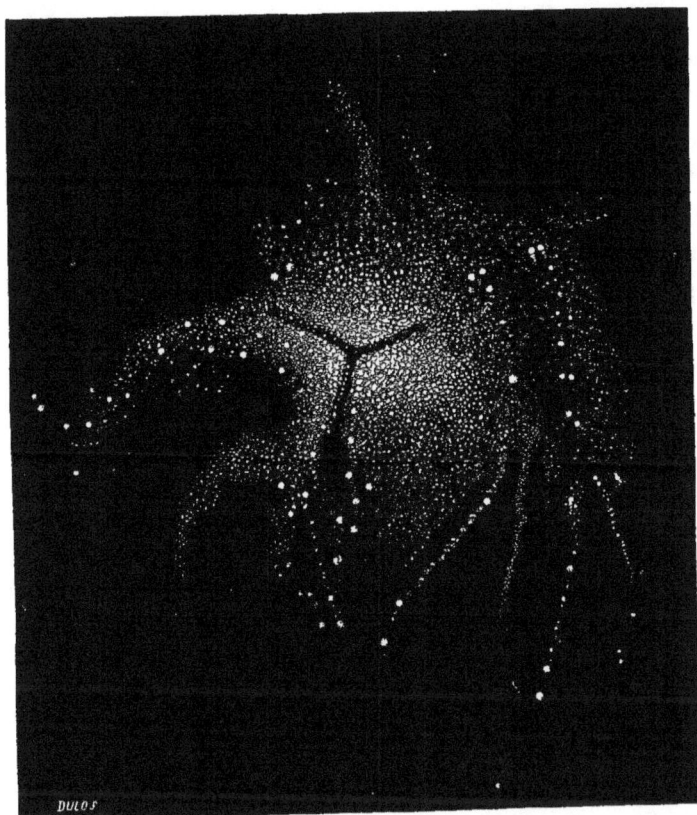

Fig. 115. — Amas stellaire dans Hercule, d'après lord Rosse.

(*fig.* 112), observé par Bailly. Des filaments d'étoiles s'étendent de
différents côtés.

Un des plus beaux amas de notre hémisphère est celui qui est
situé dans la constellation Hercule : sa forme est irrégulière, il est
frangé sur les bords. Lord Rosse, dont nous reproduisons le des-

sin (*fig.* 113), a vu à l'intérieur trois raies noires partant du centre.

D'autres amas présentent une forme ovale ou lenticulaire. Telle est la belle nébuleuse d'Andromède, découverte par Simon Marius, en 1612; elle est visible à l'œil nu ; Marius la comparait à la flamme d'une chandelle vue à travers une feuille de corne (*fig.* 114). Jusqu'à ces derniers temps, on la regardait comme irrésoluble ; mais, il y a quelques années, elle a été résolue par Bond, à l'aide de la puissante lunette de l'observatoire de Cambridge, aux États-Unis, en une multitude de très-petites étoiles. Bond en a reconnu distinctement jusqu'à 1500, de sorte que sa résolubilité n'est pas douteuse; il a remarqué aussi dans le milieu et dans le sens de la longueur, deux lignes noires très-minces, semblables à des fentes divisant la masse entière (*fig.* 115).

W. Herschel rangeait parmi les curiosités du ciel certaines nébuleuses présentant la forme d'un anneau. L'une des plus remarquables est le bel anneau de la Lyre (*fig.* 116). L'ouverture intérieure n'est pas aussi noire que le fond du ciel alentour ; elle est comme remplie d'une autre nébuleuse plus faible ; l'ensemble offre l'apparence d'un voile jeté sur un anneau. Le télescope de lord Rosse l'a résolu en étoiles extrêmement petites, et il a vu comme des filaments d'étoiles attachées à l'anneau.

Une autre nébuleuse annulaire remarquable est celle qui est située dans Andromède, non loin de la grande nébuleuse de Simon Marius (*fig.* 117). Dans le milieu, on remarque un espace noir allongé, et dans cet espace deux petites étoiles; c'est probablement un anneau semblable à celui de la Lyre, mais vu de profil. Lord Rosse paraît l'avoir complétement résolu.

VOIE LACTÉE

260. Il est un amas stellaire dont l'étude nous intéresse tout particulièrement. C'est celui dont notre soleil fait partie, et dans

lequel nous sommes placés. Vous connaissez tous la *voix lactée* ;

Fig. 114. — Grande nébuleuse d'Andromède, d'après J. Herschel.

on la voit pendant les belles nuits, quand le ciel est sombre,

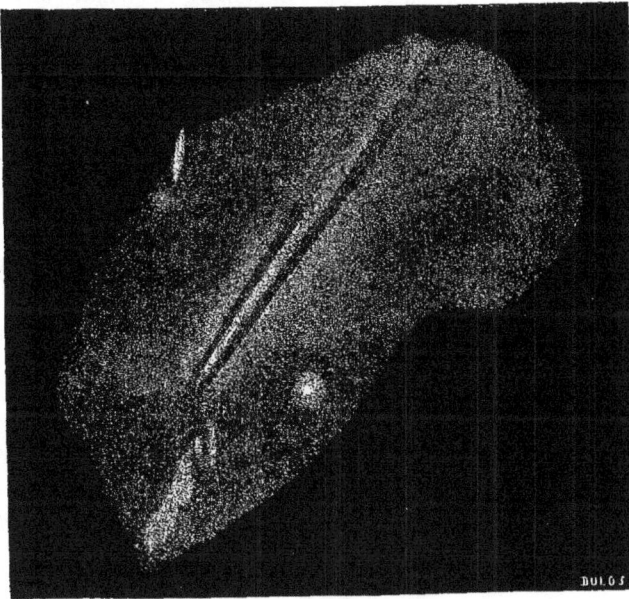

Fig. 115. — Grande nébuleuse d'Andromède, d'après Bond.

comme une bande lumineuse, d'un éclat laiteux, faisant le tour du ciel. Sa largeur est très-inégale. Dans notre hémisphère, près de la constellation du Cygne, elle se divise en deux rameaux parallèles, dont l'un s'étend jusqu'à l'équateur, et l'autre se prolonge au delà. Dans l'hémisphère austral, les irrégularités sont encore plus grandes. Voici un dessin fait par sir John Herschel pendant son séjour au cap de Bonne-Espérance, et représentant la voie lactée dans l'hémisphère austral (*fig.* 118). On y remarque comme une rupture de la voie lactée, et près de là, au milieu de la partie la plus brillante, une ouverture noire, complétement vide d'étoiles et de toute espèce de matière ; les premiers navigateurs qui l'ont aperçue lui ont donné le nom expressif de *sac à charbon*.

Dès que Galilée dirigea vers le ciel sa première lunette, il reconnut bien vite que la voie lactée, qui ne présente à l'œil nu qu'une lueur continue, est formée d'une multitude infinie de petites étoiles ; la voie lactée est donc un amas stellaire analogue à ceux que nous avons étudiés jusqu'à présent ; l'aspect particulier sous lequel nous le voyons tient à notre position au milieu même de l'amas.

La constitution de la voie lactée a été l'objet d'études approfondies de William Herschel, et il est arrivé à cette conséquence importante et inattendue, c'est que l'ensemble des étoiles qui brillent au ciel dans toutes les directions, et qui composent le firmament des anciens, appartiennent au même amas stellaire que la voie lactée. Voici quelle est la marche suivie par Herschel. Nous avons dit (n° 249) que, suivant toute probabilité, les étoiles de première grandeur sont les plus rapprochées de nous, et qu'en moyenne les étoiles sont d'autant plus éloignées de nous qu'elles ont un moindre éclat apparent. Quand on ne considère que les étoiles les plus brillantes, de la première à la quatrième grandeur, ces étoiles paraissent distribuées à peu près uniformément dans toutes les directions ; mais, à partir de la cinquième grandeur, on reconnaît que le nombre des étoiles croît rapidement dans le voisinage de la voie lactée. Pour les étoiles télescopiques, le phé-

nomène est encore plus marqué. La
distribution des étoiles dans le ciel
se rattache donc intimement à la
voie lactée, et l'ensemble ne forme
qu'un seul et même système. William Herschel se représentait cet
amas stellaire comme une meule

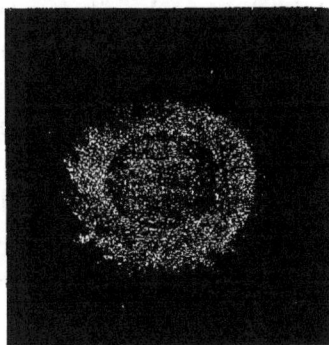

Fig. 116. — Anneau de la Lyre, d'après
lord Rosse.

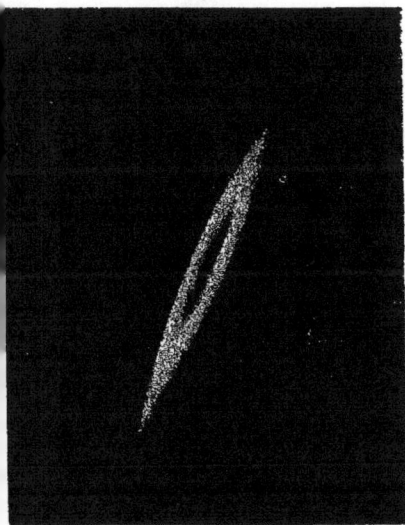

Fig. 117. — Nébuleuse annulaire dans Andromède,
d'après J. Herschel.

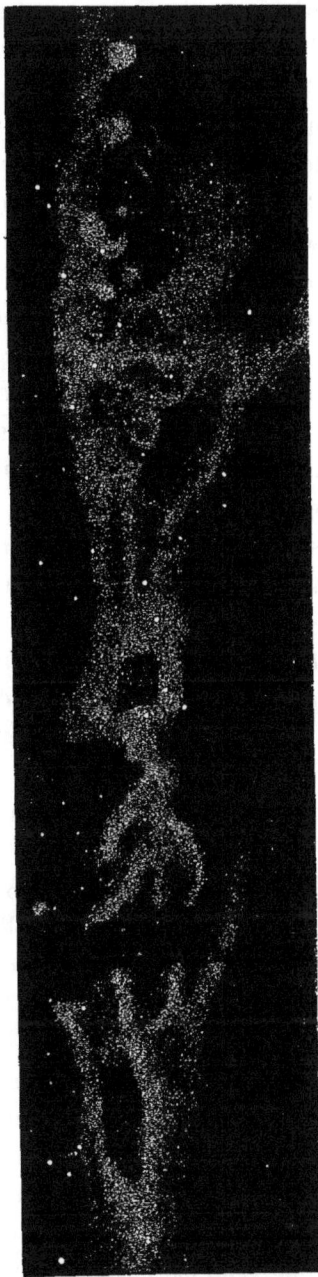

Fig. 118. — Voie lactée dans l'hémisphère
austral, d'après J. Herschel.

immense ou un disque aplati, dont chaque molécule serait une
étoile. Mais une étude plus attentive a conduit Guillaume Struve,
l'illustre astronome de Poulkowa, à regarder l'amas stellaire que
nous appelons voie lactée, non comme un disque plein, ainsi que
le faisait Herschel, mais comme un anneau semblable à celui de
la Lyre (*fig.* 116). Dans le vide central de l'anneau est placé notre
soleil, entouré des étoiles dispersées dans ce vide ; ce sont nos
plus proches voisines, celles qui forment notre firmament ; le bord
intérieur de l'anneau commence à la distance des étoiles de
sixième grandeur, et le bord extérieur s'étend au moins jusqu'à
la distance des étoiles de treizième grandeur.

Dans cette hypothèse, on se rend bien plus facilement compte
des particularités que présente la voie lactée. Par exemple, pour
expliquer l'ouverture connue sous le nom de sac à charbon, il
suffit d'admettre qu'un trou soit pratiqué dans l'épaisseur, relativement petite, de l'anneau, tandis que dans l'hypothèse d'Herschel il faudrait qu'une ouverture cylindrique ou conique s'é-
tendît à travers toute la masse, depuis le soleil jusqu'au bord
extérieur. Il en est de même de la rupture remarquée non loin de là.

Tâchons maintenant de nous faire une idée des dimensions de
la voie lactée. Nos puissants télescopes paraissent pénétrer toute la
masse de cet immense amas stellaire ; car en beaucoup d'endroits
on voit le fond noir du ciel comme à travers un rideau d'étoiles.
Il est certain que le bord extérieur de l'anneau s'étend à une distance au moins égale à celle des étoiles de treizième grandeur,
les dernières visibles avec le télescope de 20 pieds, dont Herschel
se servait pour cette étude. Ces étoiles étant situées à une distance
750 fois plus grande que l'étoile α du Centaure (n° 249), il faut
2000 ans à la lumière pour venir du bord de l'anneau, ou 4000
ans pour parcourir le diamètre entier.

261. Allons encore plus loin. Parmi les amas stellaires que
nous voyons répandus avec tant de profusion dans le ciel, en
dehors de la voie lactée, il est probable qu'il en est d'aussi grands
que celui dans lequel nous sommes placés. Les plus beaux amas

n'occupent pas dans le ciel une étendue apparente supérieure au disque du soleil ou de la lune; mais un calcul très-simple apprend que, pour que la grandeur apparente d'un objet soit égale à celle du soleil ou de la lune, il faut que cet objet soit placé à une distance de l'observateur égale à cent fois son diamètre. Si donc un amas d'étoiles, situé en dehors de la voie lactée, par exemple le bel amas d'Hercule, a une grandeur réelle égale à celle de la voie lactée, il doit être placé à une distance de nous égale au moins à cent fois le diamètre de la voie lactée. Pour parcourir une pareille distance, la lumière emploie donc cent fois 4000 ans; ce qui fait 400 000 années.

On peut maintenant se représenter dans son ensemble la constitution de l'univers. Dans l'espace infini sont semées les étoiles par amas immenses, comme des archipels d'îles dans l'océan des cieux; pour aller d'une étoile à une étoile voisine, dans le même archipel, la lumière met des années; pour aller d'un archipel à un autre, elle met des milliers d'années. Ainsi la lumière, qui nous paraît marcher si rapidement avec sa vitesse de 75 000 lieues par seconde, est une messagère bien lente pour de pareilles distances; les nouvelles qu'elle nous apporte de ces mondes éloignés sont vieilles de milliers d'années.

Herschel estimait que le nombre des étoiles qui composent notre voie lactée s'élève à plus de cinquante millions; les autres amas en contiennent autant. Que l'on songe que chacune de ces étoiles est un soleil analogue au nôtre; que, très-probablement, autour de chacun de ces soleils, comme autour du nôtre, circulent des planètes auxquelles il distribue la chaleur et la lumière; que, très-probablement encore, sur chacune de ces planètes existent une multitude d'êtres vivants d'espèces différentes; que l'on essaye ensuite de compter le nombre des soleils qui peuplent l'univers, le nombre des êtres vivants qui naissent et qui meurent dans tous ces mondes, l'imagination s'arrête confondue devant une telle immensité.

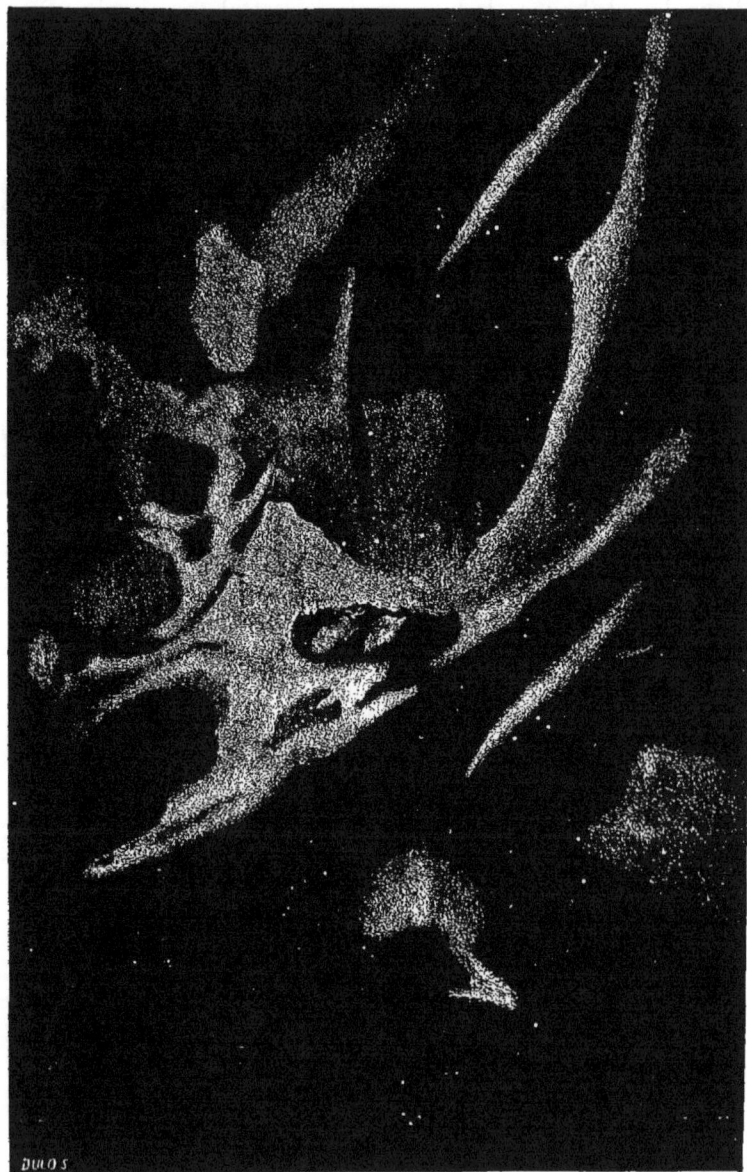

Fig. 119. — Nébuleuse d'Orion, d'après Bond.

NÉBULEUSES PROPREMENT DITES.

262. Je vous ai parlé jusqu'à présent des nébuleuses résolubles ou des amas d'étoiles ; j'arrive maintenant aux nébuleuses non résolubles, ou résolubles seulement en partie ; celles-ci présentent un aspect tout différent des premières ; elles ressemblent à des nuages de forme irrégulière. La plus remarquable des nébuleuses de ce genre est la belle nébuleuse d'Orion (*fig.* 119), qui fut observée pour la première fois par Huyghens, en 1659. On l'a comparée à la gueule ouverte d'une bête dont le nez se prolongerait en forme de trompe ; la partie la plus brillante paraît flamboyer comme une flamme mobile. Elle occupe dans le ciel une étendue apparente à peu près égale à celle de la pleine lune, ce qui, vu la grande distance, accuse une étendue réelle immense.

Une autre nébuleuse très-belle est située dans la constellation du Renard (*fig.* 120) ; elle a été nommée Dumbbell-Nébula par Herschel, à cause de la ressemblance qu'il croyait y reconnaître avec un jeu anglais. Lord Rosse l'a vue très-irrégulière et floconneuse dans ses parties les plus brillantes.

Dans la Grande-Ourse est une nébuleuse ronde et brillante, qui présente à son centre deux étoiles, entourées chacune d'un cercle noir (*fig.* 121) ; elle ressemble à une tête de hibou. Quelquefois, l'une des deux étoiles cesse d'être visible, et la tête, ayant perdu l'un de ses yeux, paraît borgne.

Il existe dans la constellation du Lion une nébuleuse elliptique, avec un noyau central, entouré d'enveloppes nuageuses d'un aspect floconneux. Dans la constellation du Dragon, on voit aussi une nébuleuse semblable à un anneau brillant, entouré d'une nébulosité vague.

L'aspect de ces nébuleuses a fait naître l'hypothèse d'une matière cosmique répandue primitivement dans tout l'espace. Une première condensation de cette matière diffuse a produit des nuages de vapeurs ou de simples nébuleuses. Par une condensation ultérieure, un ou plusieurs noyaux se forment dans ces nébulosités. Ces noyaux, attirant les matières environnantes, grossissent

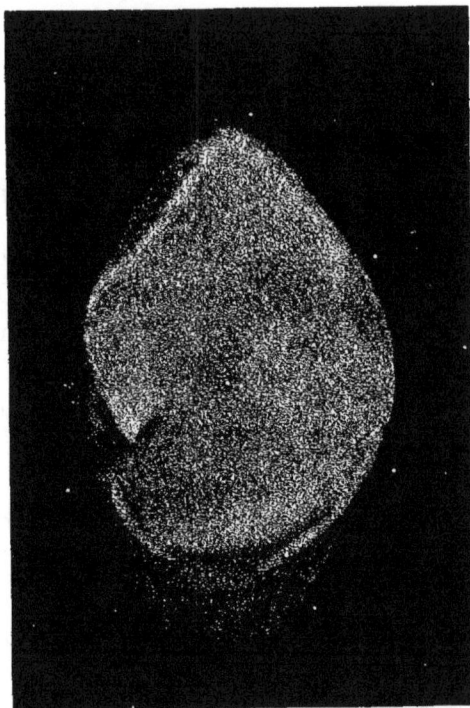

Fig. 120. — Nébuleuse dans le Renard, d'après lord Rosse.

peu à peu, et deviennent des étoiles qui, ensuite, par leur attrac-

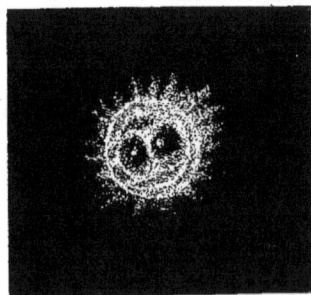

Fig. 121. — Nébuleuse dans la Grande-
Ourse d'après lord Rosse.

tion mutuelle, se rapprochent et se groupent en amas stellaires. Nous voyons ainsi des nébuleuses à tous les âges de leur organisation. Elles ne sont pas dispersées également dans tout le ciel; elles paraissent disposées par couches dans certaines régions, et W. Herschel a remarqué que les espaces environnants sont très-pauvres en étoiles, et vides de toute matière cosmique,

comme si les nébuleuses s'étaient formées aux dépens de la matière primitivement répandue dans ces espaces. Aussi Herschel, quand il avait vu passer dans le champ de son télescope une de

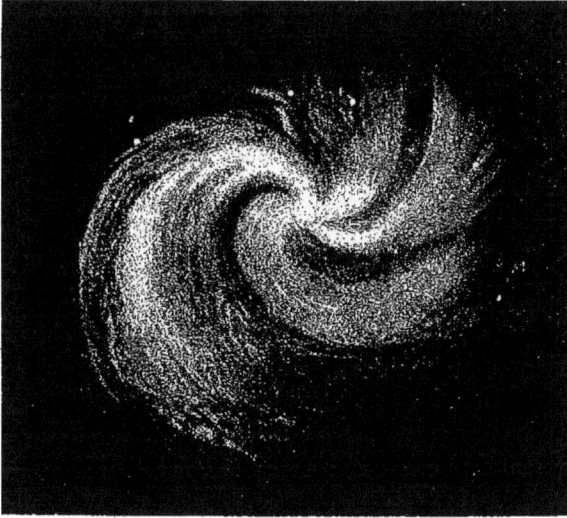

Fig. 122. — Nébuleuse spirale dans la chevelure de Bérénice, d'après lord Rosse.

ces régions dévastées, avait-il coutume de dire à son secrétaire : « Préparez-vous à écrire ; les nébuleuses vont arriver. »

En comparant ses observations de 1780 et 1785 à celles de 1811, observations faites avec le même instrument, Herschel a cru reconnaître que la grande nébuleuse d'Orion avait changé sensiblement de forme ; c'était, suivant l'expression de Fontenelle, prendre la nature sur le fait.

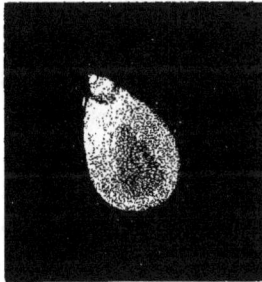

Fig. 123. — Nébuleuse dans la licorne, d'après lord Rosse.

265. Non-seulement les nébuleuses paraissent éprouver dans leur constitution des transformations qui les font passer par les différentes phases de leur organisation, mais il est probable qu'un grand nombre d'entre elles sont animées d'un double mouvement, comme le soleil et

17

les planètes, savoir un mouvement de rotation sur elles-mêmes,
et un mouvement de translation dans l'espace. Le mouvement
de rotation se montre d'une manière très-nette dans certaines
nébuleuses singulières, observées par lord Rosse, et qu'il a nommées nébuleuses spirales. Je citerai comme exemple la belle nébuleuse spirale de la chevelure de Bérénice (*fig.* 122).

Cette forme en spirale nous donne l'idée d'une rotation de la
nébuleuse sur elle-même, et de plus elle nous indique que le
noyau central tourne plus vite que le pourtour. D'où cela pro-
vient-il ? Lord Rosse attribuait ce phénomène à l'action d'un milieu résistant, qui ralentirait le mouvement de la partie extérieure. Mais il me semble qu'on peut l'expliquer par le fait même
de la condensation. Il résulte, en effet, des lois générales de la
mécanique que, si une masse fluide est animée d'un mouvement
de rotation, et que, par la condensation, le volume diminue, le
mouvement de rotation devient plus rapide. Par exemple, si la
Terre éprouvait une contraction ou une diminution de volume,
elle tournerait plus vite, et par conséquent, la durée du jour diminuerait. Si donc on suppose que, par une cause quelconque,
la masse diffuse qui forme une nébuleuse soit animée d'un mouvement de rotation très-lent, la condensation progressive de la
matière accélérera de plus en plus la rotation. En outre, comme
la condensation est plus marquée vers le centre, le noyau tournera
plus vite que le reste : si lente que soit la rotation primitive de
la masse diffuse, l'énorme condensation qu'elle éprouve dans la
suite des siècles imprimera en quelque sorte une rotation très-
rapide à l'étoile à laquelle elle donne naissance.

D'autres formes de nébuleuses manifestent le mouvement de
translation dans l'espace. Pour expliquer la propagation des ondes
lumineuses, les physiciens admettent qu'un fluide élastique très-
subtil, qu'ils nomment éther, est répandu dans tout l'univers : ce
milieu, si subtil qu'il soit, doit offrir une certaine résistance au
mouvement : cette résistance n'affectera pas sensiblement le noyau,
qui a une grande densité ; mais elle pourra retarder d'une ma-

nière appréciable les vapeurs légères qui composent la nébulosité. Quand nous lançons un volant dans l'air, nous voyons le noyau aller en avant, et les plumes, plus légères, suivre par derrière ; c'est un effet de la résistance de l'air, qui agit d'une manière plus marquée sur les plumes à cause de leur faible densité. Plusieurs nébuleuses, et j'en citerai deux dans la Licorne (*fig.* 123), présentent un phénomène tout à fait semblable ; le noyau marche en avant, et la nébulosité suit en forme de houppe, retenue seule-

Fig. 124. — Nébuleuse spirale dans les chiens de chasse, d'après lord Rosse.

ment par la forte attraction que le noyau exerce sur elle. L'orientation de la nébuleuse nous indique le sens du mouvement.

Dans la constellation des Chiens de chasse, il est une belle nébuleuse (*fig.* 124) qui semble manifester à la fois le double mouvement, la rotation par ses spirales fortement accentuées, la translation par une espèce de chevelure ou de nébulosité légère, projetée en arrière.

La nébuleuse double du Bouvier nous offre un exemple de mouvement constaté directement. Dans le dessin de John Herschel, les axes des deux masses elliptiques qui la composent sont en ligne droite ; d'après les observations de lord Rosse, les deux axes, en 1855, ne sont plus sur la même ligne, mais ils sont parallèles ; en 1861 ils font entre eux un angle bien marqué. On doit en conclure que la petite masse tourne sur elle-même, et en même temps se meut autour de la grande, comme la terre tourne sur elle-même, en même temps qu'elle se meut autour du soleil.

THÉORIE DE LAPLACE.

264. Notre grand mathématicien Laplace a fondé sur cette idée de la condensation de la matière cosmique une théorie savante de la formation de notre système planétaire. Concevons une nébulosité primitive animée d'un mouvement de rotation que l'on peut supposer très-lent ; au centre s'est formé un noyau, origine de notre soleil ; la condensation continuant, la vitesse de rotation est devenue de plus en plus rapide, comme nous l'avons expliqué ; cette rotation plus rapide a aplati fortement la nébuleuse vers les pôles et l'a, en quelque sorte, étalée dans le plan de l'équateur, c'est-à-dire dans un plan perpendiculaire à l'axe de rotation. Des zones de vapeurs se sont déposées dans ce plan, à différentes distances du centre ; dans ces zones se sont formés ensuite des noyaux secondaires participant au mouvement général de la nébuleuse ; et ainsi se trouve expliquée cette loi remarquable que présente la constitution de notre système, à savoir que toutes les planètes décrivent autour du soleil des ellipses arrondies situées à peu près dans un même plan, qui est le plan de l'équateur solaire, et qu'elles se meuvent toutes dans le même sens, qui est celui de la rotation du soleil. Bien plus, Laplace a démontré que, par suite de la condensation des vapeurs dans une zone animée d'un mouvement de rotation, chacun de ces noyaux secondaires a dû acquérir un mouvement de rotation sur lui-même dans le même sens que le mouvement général ; et c'est ce qui a lieu en effet,

les planètes tournent sur elles-mêmes, dans le même sens que le soleil. Ces noyaux planétaires, une fois formés, deviennent à leur tour centres de nébuleuses secondaires, dans lesquelles les mêmes phénomènes peuvent se reproduire, mais sur une moindre échelle, et l'on aura ainsi les satellites. Il peut même arriver qu'une zone de vapeur se condense tout entière, sans se rompre, de manière à former un anneau continu. Nous en voyons un exemple dans notre système, c'est l'anneau de Saturne.

Quant aux comètes, Laplace les regarde comme étrangères à notre système, comme de petites nébuleuses errant d'un soleil à un autre ; quand elles parviennent dans cette partie de l'espace où l'attraction de notre soleil est prédominante, il les force à décrire autour de lui des ellipses elliptiques ou hyperboliques. Mais cette idée de Laplace présente une grave objection. En effet, si les comètes sont étrangères à notre système, si elles nous viennent du dehors, un grand nombre d'entre elles devraient décrire des hyperboles. Or, parmi toutes les comètes dont on a calculé les orbites, il n'en est qu'un fort petit nombre encore, et encore le fait n'est-il pas parfaitement constaté, qui aient paru se mouvoir sur des hyperboles. Il semble bien plus simple d'admettre que les comètes sont de petites portions de la nébuleuse au sein de laquelle s'est formé notre système, des amas de vapeurs flottant primitivement çà et là dans l'atmosphère agitée de la nébuleuse, et qui, sollicités par l'attraction du soleil, deviennent des ellipses autour de lui.

La lumière zodiacale (n° 150) paraît être un reste de notre nébuleuse primitive.

LIVRE VII

NOTIONS DE MÉCANIQUE CÉLESTE

CHAPITRE I.

ATTRACTION UNIVERSELLE

Notions sur les forces. — Loi de l'attraction. — Lois de Képler. — Perturbations
du mouvement elliptique. — Masses des planètes. — Pesanteur à la surface des
planètes. — Aplatissement de la terre. — Précession des équinoxes.

Dans les leçons précédentes nous avons observé les mouvements apparents des astres, et, dans la confusion des mouvements apparents, nous avons démêlé les mouvements vrais et nous en avons étudié les lois ; nous irons plus loin encore et nous ramènerons toutes ces lois à une seule : l'attraction .

265. Nous avons énoncé déjà la loi de l'*inertie*. Quand aucune action extérieure ne s'exerce sur un corps, si le corps est en repos, il reste en repos ; s'il est en mouvement, il continue son mouvement rectiligne et uniforme.

La première partie de ce principe a été connue de toute antiquité. La seconde partie n'a été énoncée d'une manière nette que du temps de Képler et de Galilée ; il a fallu une longue réflexion pour y arriver ; car les corps que nous voyons se mouvoir à la surface de la terre sont toujours soumis à quelque action extérieure, comme la pesanteur, le frottement et la résistance de l'air. Quand nous lançons une pierre sur une surface plane et horizontale, nous la voyons se mouvoir en ligne droite, mais sa vitesse diminue graduellement et elle finit par s'arrêter; ceci provient principalement du frottement que la pierre éprouve en roulant sur le sol. Mais si l'on fait glisser la pierre sur une glace unie, son mouvement se conserve beaucoup plus longtemps, d'autant plus longtemps que le poli est plus parfait. On conçoit que si le frottement était tout à fait nul, si d'ailleurs la pierre n'éprouvait pas la résistance de l'air, le mouvement se continuerait indéfiniment.

On appelle *force* tout ce qui change l'état de repos ou de mouvement des corps. La pesanteur, l'effort musculaire des animaux, nous donnent une idée nette de la force. L'état naturel de la matière est le repos ou le mouvement rectiligne et uniforme. Quand un corps, primitivement en repos, se met en mouvement, c'est qu'une force agit sur lui; quand la vitesse d'un corps varie, ou quand le corps se meut en ligne courbe, c'est qu'une force agit. Ainsi, l'action des forces sur les corps se manifeste de deux manières : ou bien elles modifient la vitesse, l'augmentant si elles sollicitent le corps dans le sens même de la vitesse, la diminuant si elles le sollicitent en sens contraire; ou bien elles changent à chaque instant la direction du mouvement, déviant le corps de la ligne droite et le faisant mouvoir en ligne courbe. Dès que la force cesse d'agir sur le corps, le mouvement se continue rectiligne et uniforme.

Quand nous abandonnons un corps à une certaine hauteur au-dessus du sol, nous le voyons tomber en ligne droite avec une vitesse croissante; la pesanteur, agissant constamment sur le corps dans le même sens, augmente graduellement la vitesse. Quand une pierre placée dans une fronde tourne en cercle uniformément, l'action de la main qui tient la corde est une force qui sollicite sans cesse la pierre vers le centre et la retient sur le cercle : dès que la pierre, s'échappant de la fronde, n'est plus soumise à l'action de la corde, elle se meut en ligne droite.

On démontre en mécanique que la force nécessaire pour produire le mouvement circulaire uniforme, force dirigée vers le centre et appelée pour cette raison *force centripète*, est égale à la masse du corps, multipliée par le carré de la vitesse, et divisée par le rayon du cercle. Si l'on représente par m la masse du corps, par v sa vitesse, par r le rayon du cercle qu'il décrit, la force centripète est exprimée par la formule $\frac{mv^2}{r}$; elle est proportionnelle au carré de la vitesse, et en raison inverse du rayon. En désignant par T la durée de la révolution, et remarquant que $v = \frac{2\pi r}{T}$, on trouve cette autre expression de la force centripète, $\frac{4\pi^2 mr}{T^2}$.

LOI DE L'ATTRACTION.

266. Les planètes décrivent autour du soleil des courbes sensiblement circulaires et avec une vitesse à peu près constante; il faut donc que les planètes soient sollicitées sans cesse vers le centre du soleil; le soleil attire en quelque sorte les planètes comme la corde tire la pierre placée dans la fronde.

Calculons la loi de cette attraction. Soient r et r' les distances de deux planètes au soleil, T et T' les durées de leurs révolutions, m et m' leurs masses, F et F' les forces centripètes qui les sollicitent, nous aurons

$$F = \frac{4\pi^2 mr}{T^2}, \quad F' = \frac{4\pi^2 m'r'}{T'^2};$$

d'où l'on déduit

$$\frac{F}{F'} = \frac{m}{m'} \times \frac{r}{r'} \times \frac{T'^2}{T^2};$$

mais, en vertu de la troisième loi de Képler, on a

$$\frac{T'^2}{T^2} = \frac{r'^3}{r^3},$$

donc

$$\frac{F}{F'} = \frac{m}{m'} \times \frac{r'^2}{r^2}$$

Ainsi, *l'attraction que le soleil exerce sur les planètes est*

*proportionnelle aux masses des planètes, et inversement proportion-
nelle au carré de leurs distances au centre du soleil.* Si la distance de la planète au soleil devient deux fois plus grande, l'attraction devient quatre fois plus petite; si la distance devient trois
fois plus grande, l'attraction devient neuf fois plus petite, etc.

267. Nous avons supposé dans ce qui précède les orbites des
planètes circulaires; c'est de cette manière simple que Newton a
trouvé pour la première fois la loi de l'attraction. Il a traité ensuite
la question dans l'hypothèse plus exacte du mouvement elliptique.
Considérons une planète dans son mouvement autour du soleil:
de ce que le rayon vecteur, allant du centre du soleil au centre de
la planète, décrit des aires proportionnelles au temps, il résulte
que la force qui sollicite la planète est dirigée à chaque instant
vers le centre du soleil; de ce que la planète décrit une ellipse
dont le soleil occupe un foyer, il résulte que cette force varie en
raison inverse du carré de la distance de la planète au soleil. Si
donc on désigne par m la masse de la planète, par r sa distance
variable au centre du soleil, par μ une certaine constante, la force
qui sollicite une planète vers le centre du soleil sera représentée
par la formule $\frac{\mu m}{r^2}$. La troisième loi de Képler prouve que la constante μ est la même pour toutes les planètes, c'est-à-dire que le
soleil attirerait également l'unité de masse de toutes les planètes
à la même distance.

Autour de certaines planètes, de Jupiter, par exemple, se meuvent des satellites, suivant les mêmes lois que les planètes autour
du soleil; on en conclut que la planète attire les satellites proportionnellement aux masses des satellites, et en raison inverse
du carré de leurs distances au centre de la planète.

L'attraction des planètes s'exerce aussi sur les corps placés à
leur surface, et alors elle prend le nom de *pesanteur*. Ainsi, c'est
l'attraction de la terre sur les corps placés à sa surface qui les fait
tomber vers le centre; c'est l'attraction de la terre sur la lune qui
fait tourner celle-ci autour de la terre.

268. **Vérification de la loi de Newton.** — Le mouvement

de la lune a fourni à Newton une vérification très-simple de
sa loi d'attraction. Calculons la force centripète capable de
faire décrire à la lune son cercle autour de la terre. Nous savons
que cette force, pour chaque unité de masse, égale le carré
de la vitesse, divisé par le rayon du cercle. La lune parcourt
1020 mètres par seconde : sa distance, au centre de la terre, est
de 60 fois le rayon de la terre, ou $6\,560\,000 \times 60$ mètres; on
trouve ainsi, pour la force centripète, $\frac{1020^2}{6360000 \times 60} = 0{,}00272$.
Telle est l'attraction que la terre exerce sur chaque unité de
masse de la lune. D'autre part, les expériences sur la chute des
corps ou les oscillations du pendule donnent pour l'intensité de la
pesanteur à la surface de la terre le nombre 9,8; c'est l'attraction
de la terre sur l'unité de masse à une distance du centre égale au
rayon de la terre. En comparant les deux nombres 0,00272 et
9,8, on voit que le premier est 3600 fois plus petit que le second.
On en conclut que l'attraction de la terre à la distance de la lune
est 3600 fois plus petite que l'attraction à sa surface; or, la distance de la lune au centre de la terre égale 60 rayons terrestres et
3600 est le carré de 60. On retrouve ainsi la loi du carré des
distances.

269. **Attraction universelle.** — Le soleil attire les planètes,
les planètes attirent les satellites; tous les astres, sans exception,
attirent les corps placés à leur surface. La loi de l'attraction régit,
non-seulement notre système planétaire, mais encore les autres
systèmes; car, dans les mouvements des étoiles doubles, nous
avons retrouvé les lois de Képler. L'attraction paraît donc être
une loi générale de la nature; on l'énonce ainsi : *deux molécules
matérielles quelconques s'attirent proportionnellement à leurs
masses et en raison inverse du carré de leur distance.* Soient m et
m' les masses de deux molécules, r leur distance; l'attraction mutuelle de ces deux molécules sera représentée par la formule

$$\frac{f m m'}{r^2} .$$

dans laquelle la lettre f désigne une constante, savoir : l'attraction mutuelle de deux unités de masse à l'unité de distance.

Nous nous sommes élevés par degrés successifs des phénomènes aux lois de Képler, et de là à la loi générale nommée *attraction*. Nous allons maintenant suivre une marche inverse ; partant de la loi de l'attraction, nous en montrerons les principales conséquences, et ainsi nous expliquerons, par un seul principe, la multitude des phénomènes.

L'attraction s'exerce entre les plus petites particules matérielles : en vertu de l'attraction de ses molécules les unes sur les autres, une masse fluide doit prendre nécessairement la forme sphérique. Ainsi, c'est l'attraction qui préside à la formation des astres.

La pesanteur à la surface de la terre est la résultante des attractions de toutes les molécules qui composent le globe terrestre sur un corps placé à sa surface. Cette résultante est dirigée vers le centre de la terre. On démontre, en effet, que la résultante des attractions de toutes les molécules d'un globe sphérique composé de couches homogènes est exactement la même que si toute la masse du globe était concentrée en son centre. Ainsi, si la masse d'un globe est m, son rayon r, l'intensité de la pesanteur à sa surface, c'est-à-dire l'attraction exercée par le globe sur chaque unité de masse placée à sa surface, sera $\frac{fm}{r^2}$.

On démontre aussi que la résultante des attractions des molécules d'un globe sphérique sur les molécules d'un autre globe sphérique est la même que si les masses des deux globes étaient concentrées en leurs centres. Cette propriété est importante. Ainsi, dans le mouvement des astres les uns autour des autres, tout se passe comme si les centres s'attiraient directement, et l'on peut supposer, pour simplifier, les astres réduits à leurs centres.

270. En étudiant théoriquement le mouvement d'un corps animé d'une vitesse initiale et sollicité par une force dirigée vers un centre fixe, Newton a trouvé que les aires décrites par le rayon vecteur sont proportionnelles au temps, et que, si la force varie en raison inverse du carré de la distance, la courbe décrite par le

corps est une section conique dont le point fixe occupe un foyer.
On nomme sections coniques les courbes que l'on obtient en coupant un cône circulaire droit par un plan. Ces courbes sont de
trois espèces : ou des courbes fermées, appelées *ellipses*, ou des
courbes ouvertes, appelées *paraboles* ou *hyperboles*. Les planètes
décrivent autour du soleil des ellipses presque circulaires, les
comètes des ellipses très-allongées. Il est possible que certaines
comètes décrivent des paraboles ou des hyperboles. Dans ce cas,
après leur passage au périhélie, elles s'éloignent indéfiniment du
soleil, et quittent sans doute notre système, pour aller tourner
autour d'un autre soleil, qu'elles pourront quitter de la même
manière, pour aller vers un troisième.

271. **Propriété du centre de gravité**. — L'attraction est une
action mutuelle et réciproque entre deux corps quelconques. On
démontre que les actions mutuelles des corps d'un système les
uns sur les autres n'ont aucune influence sur le mouvement du
centre de gravité de tout le système, de sorte que, si les corps d'un
système ne sont soumis qu'à leurs actions mutuelles, le centre de
gravité du système reste fixe, ou bien se meut en ligne droite
uniformément. Faisant abstraction de ce mouvement commun de
tout le système, nous pouvons considérer le centre de gravité
comme un point fixe autour duquel gravitent tous les corps du
système. Dans une étoile double, chacune des deux étoiles qui la
composent tourne autour du centre de gravité, comme autour
d'un point fixe, décrivant une ellipse dont ce point occupe l'un
des foyers. Lorsque l'étoile est double, formée d'une grosse étoile
et d'une petite, le centre de gravité étant près de la grosse étoile,
celle-ci a un mouvement très-faible autour de ce point, tandis
que la petite étoile semble tourner autour de la première. C'est
ce qui a lieu dans notre système planétaire; la masse du soleil
étant très-grande relativement à celle des planètes, le centre de
gravité du système est très-rapproché du centre du soleil, et le
soleil n'a qu'un mouvement insensible autour de ce point.

272. **Mouvements relatifs**. — Si aux différents corps d'un sys-

tème on imprime une même vitesse, et si on les suppose sollicités par une même force, c'est-à-dire par une force constante en grandeur et en direction pour chaque unité de masse, cette vitesse et cette force commune, produisant un mouvement de translation commun, ne changent pas les mouvements relatifs. Soient m et m' les masses de deux astres formant un système binaire : l'attraction mutuelle de ces deux astres est exprimée par la formule $\frac{fmm'}{r^2}$; chaque unité de masse du premier est sollicitée vers le second par la force $\frac{fm'}{r^2}$; chaque unité de masse du second vers le premier par la force $\frac{fm}{r^2}$. Ajoutons au système une vitesse égale et contraire à la vitesse initiale du premier astre, et une force commune, égale et contraire à la force $\frac{fm'}{r^2}$ qui sollicite chaque unité de masse de cet astre ; cette vitesse et cette force communes, ajoutées fictivement, ne changent pas le mouvement relatif : or, dans cette hypothèse, le premier astre reste fixe, et l'on a le mouvement du second astre relativement au premier. Dans le cas actuel, la force fictive $\frac{fm'}{r^2}$ s'ajoute à la force $\frac{fm}{r^2}$ qui sollicite chaque unité de masse du second astre, et par conséquent le mouvement relatif du second astre autour du premier s'effectue comme si chaque unité de masse du second astre était sollicitée vers le centre du premier, supposé fixe, par une force égale à $\frac{f(m+m')}{r^2}$. Ainsi le second astre paraît décrire autour du premier une section conique dont celui-ci occupe un foyer. C'est ce qui a lieu dans les étoiles doubles : non-seulement les deux étoiles tournent autour du centre de gravité des deux étoiles, mais encore chacune d'elles semble décrire une ellipse autour de l'autre.

De même, si nous désignons par M la masse du soleil, par m celle d'une planète, le mouvement de la planète relativement au soleil s'effectue comme si chaque unité de masse de la planète était sollicitée vers le centre du soleil par une force égale à $\frac{f(M+m)}{r^2}$. La quantité $f(M+m)$, que nous avons désignée précédemment par μ. (nᵒ 267), varie un peu d'une planète à l'autre, puisque les planètes n'ont pas toutes des masses égales. Ainsi, la troisième loi de Képler n'est pas tout à fait exacte ; elle suppose que l'on néglige les masses des planètes par rapport à celle du soleil.

PERTURBATIONS DU MOUVEMENT ELLIPTIQUE.

275. Si les planètes n'étaient soumises qu'à l'action du soleil, elles décriraient exactement des ellipses autour de son centre, dans des plans fixes; mais les planètes s'attirent mutuellement. Chaque planète est attirée, non-seulement par le soleil, mais encore par les autres planètes, ce qui complique beaucoup son mouvement. La masse du soleil étant très-grande par rapport à celle des planètes, l'action du soleil est prédominante ; de sorte que l'ellipse d'une planète n'est que légèrement modifiée par l'action des autres planètes ; c'est là ce qu'on appelle les perturbations du mouvement elliptique, dont nous avons déjà dit quelques mots (nᵒ 210).

Les perturbations du mouvement elliptique sont remarquables surtout dans le mouvement de la lune. Si la lune n'était soumise qu'à l'action de la terre, elle décrirait exactement une ellipse autour de la terre comme foyer; le soleil, à cause de la grandeur de sa masse, malgré son éloignement, modifie le mouvement elliptique d'une manière assez considérable. Ainsi, c'est l'action du soleil qui, déplaçant le plan de l'orbite lunaire, fait rétrograder la ligne des nœuds, fait mouvoir le grand axe dans le sens direct, et produit les nombreuses inégalités dans le mouvement en longitude (nᵒˢ 164 et 165).

274. Considérons une planète ayant des satellites ; soit M la masse du soleil, m celle de la planète, m' celle d'un satellite, r le rayon du cercle que décrit la planète autour du soleil, T la durée de sa révolution, r' le rayon du cercle que décrit le satellite autour de la planète, T' la durée de sa révolution. La force qui produit le mouvement relatif de la planète autour du soleil est $\frac{f(M+m)}{r^2}$ pour chaque unité de masse ; or, on sait que la force centripète, capable de produire le mouvement circulaire de la planète, est $\frac{4\pi^2 r}{T^2}$; on a donc l'égalité

$$\frac{f(M+m)}{r^2} = \frac{4\pi^2 r}{T^2}.$$

On a de même, pour le mouvement du satellite,

$$\frac{f(m+m')}{r'^2} = \frac{4\pi^2 r'}{T'^2}.$$

Si l'on néglige la masse de la planète relativement à celle du soleil, et la masse du satellite relativement à celle de la planète, on a approximativement

$$\frac{fM}{r^2} = \frac{4\pi^2 r}{T^2}.$$

$$\frac{fm}{r'^2} = \frac{4\pi^2 r'}{T'^2}.$$

d'où l'on déduit

$$\frac{M}{m} = \frac{r^3}{r'^3} \times \frac{T'^2}{T^2}.$$

En appliquant cette formule à la terre, on trouve

$$\frac{M}{m} = 554000.$$

La masse du soleil est donc 554 000 fois plus grande que celle de la terre. C'est ainsi que l'on a pu évaluer les masses des planètes qui ont des satellites, en prenant celle du soleil pour unité.

Quant aux planètes qui n'ont pas de satellite, on détermine leur masse par les perturbations qu'elles font éprouver aux autres planètes.

PESANTEUR A LA SURFACE DES PLANÈTES

275. L'intensité de la pesanteur à la surface d'un astre est représentée, comme il a été dit (n° 269), par la formule $\frac{fm}{r^2}$; elle est proportionnelle à la masse de l'astre, et en raison inverse du carré de son rayon. Si l'on représente par m et m' les masses de deux astres, par r et r' leurs rayons, le rapport des intensités de la pesanteur à la surface de ces deux astres égale $\frac{m}{m'} \times \frac{r'^2}{r^2}$. On trouve ainsi que la pesanteur à la surface de Vénus est à peu près égale à celle qui a lieu à la surface de la terre, qu'elle est deux fois plus petite sur Mars, six fois plus petite sur la lune, tandis qu'elle est trois fois plus grande sur Jupiter, et trente fois plus grande sur le soleil.

L'intensité de la pesanteur est un élément qu'il importe de considérer quand on veut se rendre compte de l'état physique d'une planète et des conditions dans lesquelles se trouvent les êtres vivants à sa surface. Les corps pesant trois fois plus à la surface de Jupiter, il faut déployer un effort trois fois plus grand pour les soulever ; les animaux devraient être doués, à égalité de masse, d'une force musculaire trois fois plus grande pour se mouvoir avec une égale facilité. Sur Mars, au contraire, une force moitié moins grande suffirait.

APLATISSEMENT DE LA TERRE

276. Un corps placé sur l'équateur terrestre décrit, en vertu de la rotation de la terre, un grand cercle en vingt-quatre heures :

18

sa vitesse est de 460 mètres par seconde. Pour produire ce mouvement circulaire, il faut une force centripète égale à 0,033 pour l'unité de masse, ce qui est à peu près le $\frac{1}{289}$ de la pesanteur. Ainsi, à l'équateur, une portion de l'attraction du globe est employée comme force centripète pour faire tourner les corps en cercle ; l'excédant seulement se manifeste comme pesanteur sensible, c'est-à-dire donne le poids aux corps et les fait tomber vers le centre. Au pôle, les corps étant immobiles ou décrivant des cercles très-petits, la pesanteur n'est pas diminuée. Il en résulte que l'intensité de la pesanteur sensible diminue quand on va du pôle à l'équateur. Cette diminution a été reconnue au moyen des oscillations du pendule. On sait qu'un pendule oscille d'autant plus lentement que l'intensité de la pesanteur est moins grande ; or, l'expérience a montré que le pendule oscille plus lentement quand on s'avance vers l'équateur.

Ce qui précède suffit pour faire comprendre que la forme sphérique ne convient plus à l'équilibre d'une masse liquide tournant sur elle-même. En effet, concevons un tube recourbé, ayant son sommet au centre de la terre et ses deux branches dirigées, l'une vers le pôle, l'autre vers l'équateur ; puisque la pesanteur est diminuée dans la seconde branche, il faudra que cette colonne liquide ait une plus grande longueur pour faire équilibre à la première. Ainsi la masse liquide, animée d'un mouvement de rotation, se renflera à l'équateur, et par conséquent s'aplatira aux pôles.

Pour éclairer davantage cette question importante, considérons un point matériel M placé à une latitude quelconque et suspendu à un fil attaché à un point fixe I (fig. 125) ; ce point matériel est sollicité par deux forces, l'attraction MA du globe et la tension MB du fil : ce point décrivant chaque jour le cercle parallèle MM' sur lequel il est situé, la résultante MC de ces deux forces doit être dirigée vers le centre D de ce parallèle et égale à $\frac{mv^2}{r}$, v étant la vitesse du point matériel, et r le rayon MD du parallèle. Il est nécessaire pour cela que le prolongement MK du fil fasse un certain

angle KMA avec l'attraction MA. Ce qu'on appelle le poids du point matériel est une force égale et contraire à la tension du fil; cette force est dirigée suivant le prolongement MK du fil; on a ainsi la
direction du fil à plomb ou la verticale du lieu. La verticale ne passe
donc plus par le centre O de la
terre, et comme le plan horizontal,
ou la surface des eaux tranquilles,
est perpendiculaire à la verticale
MK, on conçoit que la forme sphé-

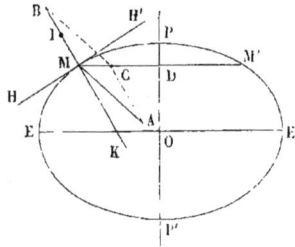

Fig. 125.

rique ne convient plus à l'équilibre et que la terre a dû prendre la forme d'un ellipsoïde aplati aux pôles.

Ainsi l'aplatissement des astres est une conséquence nécessaire de leur rotation. La déformation est d'autant plus grande que la rotation est plus rapide. Pour la terre, la diminution de la pesan-teur à l'équateur n'est que de $\frac{1}{289}$ et l'aplatissement de $\frac{1}{300}$. Pour Jupiter, qui tourne plus vite et qui est beaucoup plus gros, la diminution est de $\frac{1}{12}$ et l'aplatissement de $\frac{1}{17}$. La force centripète étant proportionnelle au carré de la vitesse, si la terre tournait dix-sept fois plus vite, 289 étant le carré de 17, la pesanteur serait nulle à l'équateur.

PRÉCESSION DES ÉQUINOXES

277. Si la terre était parfaitement sphérique, les attractions du soleil sur toutes les parties du globe terrestre auraient une résultante unique appliquée au centre de la terre; cette force, appliquée au centre de la terre, produirait le mouvement de translation de la terre autour du soleil, sans modifier en rien son mouvement de rotation, et l'axe de la terre conserverait exacte-ment la même direction dans l'espace.

Mais la terre est renflée à l'équateur. Concevons une sphère intérieure ayant un diamètre égal au diamètre des pôles : l'attraction du soleil sur cette sphère n'aura aucune influence sur la rotation, comme nous l'avons dit ; il reste à considérer son action sur le renflement de l'équateur. Soient m et m' deux portions égales (*fig.* 126), symétriquement placées par rapport au centre ; le soleil attire ces deux masses, mais plus fortement la première que la seconde, parce que la première est plus rapprochée du soleil ; ces deux attractions inégales tendent à faire tourner en sens contraires la terre autour de son centre ; la première action l'emportant, la terre tendra à tourner, dans le sens indiqué par la flèche, autour d'un axe situé dans le plan de l'écliptique et perpendiculaire à

Fig. 126.

SO (la figure suppose la terre au solstice d'été). Or, les rotations se composent entre elles, d'après la règle du parallélogramme, comme les vitesses et les forces ; la rotation produite par l'attraction du soleil sur le renflement, se combinant avec la rotation primitive autour de OP, déplacera donc l'axe de rotation et lui donnera une direction nouvelle. On démontre aisément de cette manière que l'axe de la terre décrit autour de l'axe de l'écliptique un cône circulaire droit.

La lune, agissant de la même manière sur le renflement de la terre, change aussi la direction de l'axe de rotation. L'action de la lune se compose de deux parties : un mouvement de précession uniforme qui s'ajoute à celui produit par le soleil ; un déplacement périodique représenté par le mouvement du pôle sur une petite ellipse. Ainsi, les phénomènes de précession et de nutation (n° 139 à 142) sont une conséquence de l'aplatissement de la terre.

CHAPITRE II

DES MARÉES

Marée lunaire. — Marée solaire. — Établissement du port. — Unité de hauteur.

---

278. La mer éprouve des oscillations régulières et périodiques connues sous le nom de *flux* et *reflux*. Elle monte pendant six heures : c'est le flux; descend ensuite pendant six heures : c'est le reflux. Chaque jour il y a deux *hautes mers* et deux *basses mers*.

Cette double oscillation ne s'accomplit pas en 24 heures exactement, mais en $24^h 50^m 28^s$ en moyenne; c'est le jour lunaire, ou le temps compris entre deux retours consécutifs de la lune au méridien. Ainsi l'intervalle entre deux hautes mers consécutives est en moyenne de $12^h 25^m$; la marée retarde à peu près de 50 minutes par jour. On mesure la marée en prenant la moitié de la différence entre le niveau de la haute mer et celui de la basse mer suivante.

La hauteur de la pleine mer n'est pas la même tous les jours du mois; elle varie avec les phases de la lune; elle est plus grande vers les nouvelles lunes et les pleines lunes, plus petite vers les quadratures. Enfin, les marées des syzygies, c'est-à-dire les plus grandes marées de chaque mois, ne sont pas les mêmes tous les mois; elles sont plus grandes vers les équinoxes.

MARÉE LUNAIRE

279. On voit, par ce qui précède, que le phénomènes des marées est lié intimement aux mouvements de la lune et du soleil;
nous allons montrer, en effet, que ce phénomène est dû à l'action
combinée de ces deux astres.

Si la lune attirait également toutes les parties du globe terrestre, cette force commune ne produirait aucun mouvement relatif à la surface de la terre, et l'Océan conserverait son équilibre
d'une manière permanente. Mais, à cause de la différence de distance, la lune attire inégalement les différentes parties du globe
terrestre; de cette inégalité d'action résulte un changement dans
l'équilibre des mers. Soit AB le diamè-
tre de la terre qui passe par le centre L
de la lune (*fig.* 127); les points placés
en A, à la surace de la terre, sous la
lune, sont attirés par la lune plus fortement que le centre O de la terre. Le
point A tend donc à tomber vers la lune
plus rapidement que le centre O; il en
résulte une action qui tend à augmenter la distance OA, c'est-à-dire à écarter
le point A du centre; cette action a
évidemment pour effet de diminuer la
pesanteur en A. De même le centre O
de la terre est attiré par la lune plus
fortement que les points placés en B,
à l'opposé de la lune; le centre O tend
donc à tomber vers la lune plus rapide-

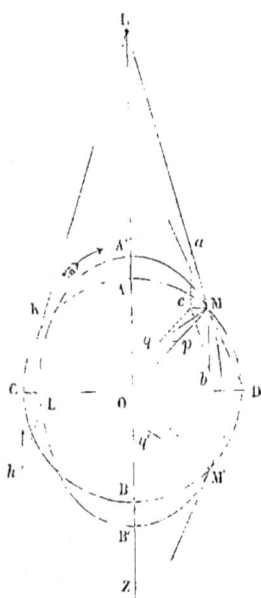

Fig. 127.

ment que le point B; il en résulte encore une action qui tend à
augmenter la distance OB, c'est-à-dire à écarter le point B du
centre O; cette action produit aussi une diminution de la pesan-

teur en B. Ainsi l'attraction de la lune diminue l'intensité de la pesanteur aux deux points A et B, diamétralement opposés. Pour simplifier le raisonnement, concevons que la terre soit entièrement recouverte par l'Océan ; il faudra, pour l'équilibre, que le niveau des eaux s'élève en A et en B, et qu'il s'abaisse, par conséquent, en C et en D; la surface de la mer prendra la forme d'un ellipsoïde allongé, dont le grand axe A'B' sera dirigé vers la lune : ainsi se formeront deux marées, l'une AA' sous la lune, l'autre BB' au point diamétralement opposé.

280. On peut calculer aisément la force qui produit les marées. Appelons m la masse de la lune, d sa distance au centre de la terre, r le rayon de la terre ; la lune exerce sur chaque unité de masse placée en O, en A ou en B, des attractions représentées par

$$\frac{fm}{d^2}, \qquad \frac{fm}{(d-r)^2}, \qquad \frac{fm}{(d+r)^2}.$$

Pour étudier l'équilibre du globe terrestre par rapport à son centre O, on peut, d'après un principe général dont nous nous sommes déjà servis, regarder ce centre comme fixe, à la condition de supposer que chaque unité de masse soit sollicitée par une force fictive égale et contraire à celle qui sollicite l'unité de masse placée au centre. D'après cela, on imaginera que le point A soit soumis à l'action de deux forces, l'attraction de la lune $\frac{fm}{(d-r)^2}$ et la force fictive $\frac{fm}{d^2}$ dans le sens contraire; la première étant plus grande que la seconde, la résultante est une force égale à la différence et agissant dans le sens OA; ainsi, au point A, la pesanteur éprouve une diminution marquée par la différence

$$\frac{fm}{(d-r)^2} - \frac{fm}{d^2}.$$

On imaginera de même que le point B soit sollicité par deux forces, l'attraction de la lune $\frac{fm}{(d+r)^2}$ et la force fictive $\frac{fm}{d^2}$ dans le sens contraire; la seconde étant plus grande que la première, la résultante est une force égale à la différence et agissant dans le sens

BZ; cette résultante diminue aussi la pesanteur d'une quantité égale à la différence

$$\frac{fm}{d^2} - \frac{fm}{(d+r)^2}.$$

Évaluons approximativement ces différences : en réduisant les deux fractions au même dénominateur, on a

$$\frac{fm}{d^2} - \frac{fm}{(d+r)^2} = \frac{fm[(d+r)^2 - r^2]}{d^2(d+r)^2} = \frac{fm(2dr - r^2)}{d^2(d+r)^2}$$

$$= \frac{2fmr}{d^3} \times \frac{1 - \dfrac{r}{2d}}{\left(1 + \dfrac{r}{d}\right)^2};$$

le rapport $\frac{r}{d}$ étant petit, la quantité $\dfrac{1 - \dfrac{r}{2d}}{\left(1 + \dfrac{r}{d}\right)^2}$ diffère peu de l'unité,

et la diminution de la pesanteur en B est à peu près égale à $\frac{2fmr}{d^3}$. On obtiendrait la même valeur approchée pour la diminution en A. Ainsi la force qui produit les marées est proportionnelle à la masse de l'astre attirant, et en raison inverse du cube de la distance.

281. Nous venons de calculer la diminution de la pesanteur en A et en B; elle est, au contraire, augmentée aux deux points C et D, situés sur un diamètre perpendiculaire à AB; il faut concevoir, en effet, que le point C est sollicité par deux forces, l'attraction CK de la lune et la force fictive Ch : ces deux forces, composées par la règle du parallélogramme, ont une résultante CL, dirigée à peu près suivant le rayon CO; cette résultante augmente la pesanteur, mais d'une quantité extrêmement petite.

Considérons un point quelconque M de la surface des mers; l'attraction Ma de la lune et la force fictive Mb donnent une résultante Mc: cette force Mc, combinée avec la pesanteur Mp, donne la résultante finale Mq; au point M, le fil à plomb prendra donc la direction Mq. Les mêmes considérations montrent qu'en M' le fil à plomb est dévié dans le sens M'q'. La surface des eaux, tendant à se mettre en chaque point perpendiculaire à la direction du fil à plomb, prendra la forme d'un ellipsoïde allongé, ainsi que le représente la figure.

Si la lune occupait toujours la même position relativement à la terre, cette forme d'équilibre s'établirait d'une manière permanente, et le niveau des mers resterait invariable en chaque point ; mais le grand axe A′B′ de l'ellipsoïde suivant la lune dans son mouvement diurne, les deux protubérances se déplacent sans cesse à la surface de la terre, marchant de l'est à l'ouest, et faisant le tour de la terre en un jour lunaire. Lorsque la lune est sur l'équateur, les deux protubérances décrivent l'équateur terrestre. Quand la lune est à une certaine distance de l'équateur, la protubérance AA′ décrit le parallèle terrestre dont la latitude est égale à la déclinaison de la lune, la protubérance BB′ le parallèle situé à la même distance, de l'autre côté de l'équateur. Les marées ne passent pas en un lieu au moment même où la lune traverse le méridien du lieu, soit le méridien supérieur, soit le méridien inférieur ; il y a un certain retard provenant sans doute des frottements que les masses d'eau en mouvement éprouvent sur le fond de la mer.

MARÉE SOLAIRE

282. Comme la lune, le soleil attire inégalement les diverses parties du globe terrestre, et de cette inégalité d'attraction résulte aussi une double marée qui accomplit sa révolution en un jour solaire. Si l'on appelle M la masse du soleil, et D sa distance à la terre, la force qui produit la marée solaire a pour valeur approchée $\frac{2fMr}{D^3}$, et le rapport de la marée solaire à la marée lunaire est $\frac{M}{m} \times \left(\frac{d}{D}\right)^3$. Le soleil ayant une masse 354000×75 fois plus grande que celle de la lune, et sa distance à la terre étant 400 fois plus grande, le rapport est approximativement 0,41. Ainsi, malgré la petitesse de sa masse, la lune, à cause de sa

proximité, produit une marée 2 fois et demie plus forte que la marée solaire. Les planètes ne produisent pas de marée sensible.

Puisque le jour lunaire surpasse d'environ 50^m le jour solaire, la marée lunaire et la marée solaire marchent avec des vitesses inégales; tantôt elles s'ajoutent, tantôt elles se retranchent. Aux nouvelles lunes et aux pleines lunes, les deux marées coïncident évidemment et forment une marée totale égale à leur somme; aux quadratures, au contraire, la haute mer lunaire coïncidant avec la basse mer solaire, la marée totale égale la différence entre la marée lunaire et la marée solaire. Voilà pourquoi, dans un même mois, les marées des syzygies sont beaucoup plus fortes que celles des quadratures.

Nous avons dit (n° 278) que le retard de la marée lunaire, quant à l'heure du jour, est de 50 minutes par jour; mais, à cause de la combinaison des deux marées, ce retard varie avec les phases de la lune; il est de 59 minutes seulement aux syzygies et de 75 minutes aux quadratures.

Les distances de la lune et du soleil à la terre variant, il en résulte une variation très-sensible dans la grandeur des marées partielles, et par conséquent dans celle de la marée totale qu'elles produisent. La déclinaison de l'astre a aussi de l'influence sur la marée; on a reconnu que, toutes choses égales d'ailleurs, la marée est d'autant plus grande que l'astre est plus près de l'équateur. Ces diverses circonstances font varier les marées des syzygies de chaque mois; celles des syzygies équinoxiales sont parmi les plus fortes. Les grandes marées des syzygies n'arrivent pas les jours mêmes des syzygies; dans nos ports, elles suivent d'un jour et demi la nouvelle et la pleine lune.

283. Nous avons décrit le phénomène des marées dans son ensemble, en supposant la terre entièrement recouverte par l'Océan; les choses se passent à peu près de cette manière dans les vastes mers du Sud qui font le tour de la terre et occupent la plus grande partie de l'hémisphère austral. D'après l'estimation

des marins, la différence entre la haute mer et la basse mer, dans l'océan Pacifique, ne dépasse pas un mètre. Dans l'océan Atlantique, qui est compris entre deux continents qui s'étendent du nord au sud, les eaux se portent alternativement vers l'Amérique et vers l'Europe; il s'établit comme une oscillation régulière de toute la masse liquide entre l'Europe et l'Amérique, oscillation que l'action répétée de la lune et du soleil augmente jusqu'à ce qu'il y ait équilibre entre cette action et les frottements qu'éprouve la masse liquide dans son mouvement alternatif. Aussi les marées sont-elles beaucoup plus fortes dans l'océan Atlantique que dans les mers du Sud.

Il se produit aussi des marées dérivées, sur lesquelles la configuration des côtes a une grande influence. Lorsqu'un golfe profond communique avec l'Océan par une large ouverture, au moment du flux, une grande masse d'eau pénètre dans l'ouverture du golfe; le courant, réfléchi par les côtes, et de plus en plus resserré, s'ajoute à lui-même, les eaux s'amoncellent et finissent par atteindre une grande hauteur. C'est ce qui arrive notamment au fond du golfe de Saint-Malo.

On appelle *marée totale* la demi-somme des hauteurs de deux pleines mers consécutives, au-dessus du niveau de la basse mer intermédiaire. Pour calculer les hauteurs des marées, on prend pour *unité de hauteur* la moitié de la hauteur moyenne de la marée totale, qui arrive un jour ou deux après la syzygie, quand le soleil et la lune, au moment de la syzygie, sont dans le plan de l'équateur et à leurs moyennes distances à la terre. La hauteur des marées varie beaucoup d'un port à l'autre. Ainsi l'unité de hauteur est de $1^m,40$ à l'entrée de l'Adour, de $5^m,21$ à Brest, de $5^m,68$ à Saint-Malo, de $6^m,15$ à Granville.

Les pleines mers des syzygies n'ont pas lieu au moment même où le soleil et la lune passent au méridien; il y a un retard plus ou moins grand, suivant la configuration des côtes; ce retard est de $5^h 46^m$ à Brest, de $6^h 10^m$ à Saint-Malo, de $9^h 55^m$ au Havre, de $11^h 8^m$ à Dieppe, de $12^h 15^m$ à Dunkerque; c'est là ce qu'on appelle *l'établissement du port*, parce qu'il permet de calculer l'heure de la marée.

Le flot se forme en pleine mer ; quand il arrive à l'embouchure d'un fleuve, il remonte le fleuve peu à peu, atteignant d'abord les villes les plus voisines de la mer, puis les villes les plus éloignées. Les sinuosités des côtes produisent un effet analogue ; ainsi la Manche ressemble à l'embouchure d'un fleuve immense : le flot paraît d'abord à Brest et à Lorient, puis il s'avance graduellement, arrive au Havre six heures après, plus tard encore à Dieppe, puis à Dunkerque. Cela est si vrai qu'un grand courant parcourt la Manche de l'ouest à l'est pendant la marée montante, et marche en sens contraire pendant la marée descendante.

Pour qu'une marée directe se produise dans une mer fermée, il faut que cette mer ait une assez grande étendue, afin que l'action de la lune et du soleil présente une différence appréciable d'une extrémité à l'autre ; car c'est cette différence d'action qui engendre les marées. Dans la Méditerranée, qui ne communique avec l'Océan que par un détroit resserré, les marées sont très-faibles ; elles sont insensibles dans la mer Noire et dans la mer Caspienne.

COMPLÉMENTS

NOTE A. — CARTES GÉOGRAPHIQUES

Les cartes géographiques ont pour objet la représentation sur une surface plane des positions respectives des différents lieux de la terre. Les cartes générales ou mappemondes représentent tout un hémisphère; les cartes particulières, une portion seulement de la surface de la terre, comme un État ou une province. On construit les mappemondes par projection orthographique ou stéréographique.

284. **Projection orthographique.** — Imaginons un plan méridien qui coupe la sphère terrestre en deux hémisphères. Si, des différents points de l'un des hémisphères, nous abaissons des perpendiculaires sur le plan méridien, nous aurons la projection orthographique de cet hémisphère. Soit PEP'E' le méridien sur lequel nous projetons (*fig.* 128) ; PP' étant l'axe de la terre, l'équateur est représenté par la droite EE' perpendiculaire à PP'; les cercles parallèles, étant perpendiculaires au méridien, se projettent aussi suivant des droites perpendiculaires à PP' ou parallèles à EE'. Le méridien moyen, celui qui partage l'hémisphère en deux parties égales, se projette suivant la droite PP'.

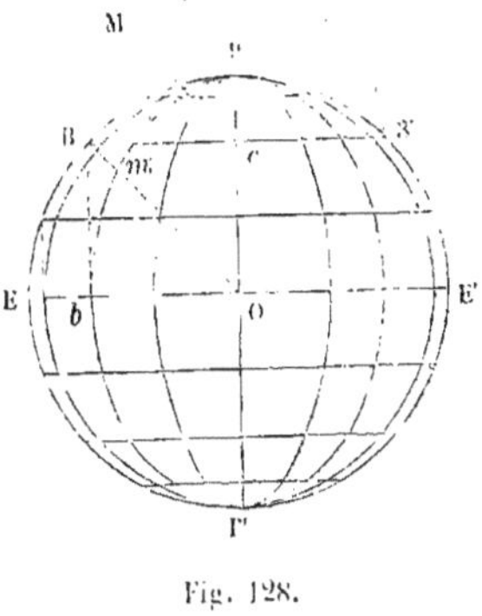

Fig. 128.

Les autres méridiens se projettent suivant des ellipses ayant pour grand axe PP'. Nous voulons, par exemple, représenter le méridien qui fait un angle de 45° avec le plan de projection. Faisons tourner l'équateur autour de EE' comme charnière, pour le rabattre sur le demi-cercle EPE'; prenons l'arc EB de 45°, et du point B abaissons une perpendiculaire B*b* sur EE'; la droite OB est la trace sur l'équateur du méridien que nous voulons représenter; si nous relevons l'équateur, la droite B*b* devient perpendiculaire au plan de projection, et le point B se projette en *b*; donc O*b* est le demi-petit axe de l'ellipse. Nous pouvons de même construire un point quelconque de l'ellipse, par exemple le point où le méridien coupe le parallèle BB'; rabattons ce parallèle en le faisant tourner autour de BB' comme charnière, la trace du méridien sur le plan du parallèle est une droite *c*M parallèle à OB; abaissons du point M une perpendiculaire M*m* sur BB', le point *m*, projection du point M, sera un point de l'ellipse. Quand on a ainsi déterminé plusieurs points de l'ellipse, on trace l'ellipse en faisant passer un trait continu par tous ces points.

Les parties situées vers le milieu de l'hémisphère se projettent à peu près en vraie grandeur; car les lignes très-petites, situées vers le milieu, étant à peu près parallèles au plan de projection, se projettent en vraie grandeur. Mais les parties situées vers les bords de l'hémisphère sont très-déformées; en effet, près des bords, les lignes parallèles au plan de projection se projettent en vraie grandeur, tandis que les lignes perpendiculaires aux précédentes sont extrêmement réduites. A cause de ces graves inconvénients, on emploie de préférence, dans la construction des mappemondes, la projection stéréographique.

285. Projection stéréographique. — Si de l'œil on mène un rayon visuel à un point quelconque de l'espace, la trace de ce rayon visuel sur un plan fixe s'appelle la *perspective* du point. Dans l'art du dessin, on représente les objets par leur perspective sur le plan du tableau. Imaginons que, l'œil étant placé en un point de la surface de la sphère, on regarde de là l'hémisphère opposé, et qu'on en prenne la perspective sur le plan diamétral perpendiculaire au rayon qui joint l'œil au centre, on aura ce qu'on appelle la *projection stéréographique* de cet hémisphère.

Ce mode de projection jouit de deux propriétés fondamentales qui servent dans la construction des cartes : 1° les projections stéréographiques de deux lignes tracées sur la sphère se coupent sous le même angle que ces lignes elles-mêmes; 2° la projection d'un cercle est un cercle qui a pour centre la perspective du cône circonscrit à la sphère suivant le cercle proposé [1]. Il résulte de là

[1] On peut démontrer ces deux propriétés par des moyens élémentaires. Soient I la position de l'œil, HH′ le tableau perpendiculaire au rayon OI (*fig.* 129). Con-

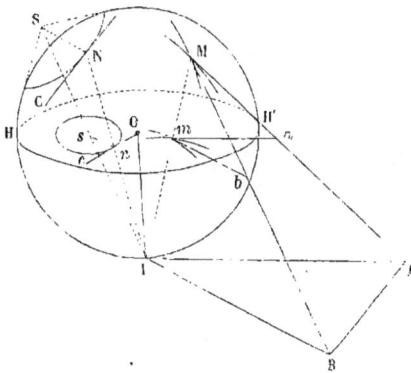

Fig. 129.

sidérons deux courbes quelconques tracées sur la sphère et se coupant en M; l'angle de ces courbes n'est autre chose que l'angle de leurs tangentes MA et MB, en joignant le point *m*, perspective de M, aux points *a* et *b* où ces deux tangentes percent le tableau, on a deux droites *ma* et *mb*, tangentes évidemment aux deux courbes perspectives ; il s'agit de démontrer que l'angle *amb* étant l'angle *aMb*. Par le point I menons un plan parallèle au tableau ; ce plan, perpendiculaire à l'extrémité du rayon, sera tangent à la sphère ; prolongeons les droites M*a* et M*b* jusqu'à leur rencontre en A et B avec ce plan et joignons IA et IB. Les droites IA et *ma* sont parallèles, comme intersections d'un même plan par deux plans parallèles ; de même IB et *mb* ; les deux angles AIB et *amb*, ayant leurs côtés respectivement parallèles, sont égaux. Or, on voit aisément que l'angle AIB égale AMB; en effet, les droites AM et AI, tangentes menées à la sphère d'un même point A, sont égales ; de même MB et BI; donc les deux triangles AMB, AIB sont plusieurs conséquences importantes : un triangle très-petit, tracé sur la sphère et sensiblement plan, aura pour perspective un triangle qui aura ses angles égaux à ceux du triangle proposé, et qui lui sera par conséquent semblable; en général, une portion très-petite de la sphère sera représentée par une figure semblable. En outre, les parallèles et les méridiens seront représentés sur la carte par des cercles.

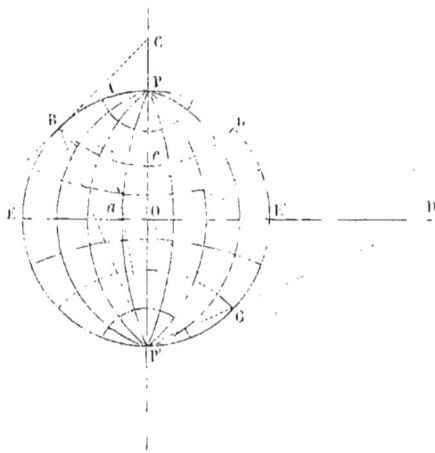

Fig. 150.

Prenons pour plan du tableau un plan méridien PEP'E' (fig. 150), et supposons l'œil placé en arrière sur l'équateur, à l'extrémité du rayon perpendiculaire à ce plan méridien. Les deux pôles sont

égaux, comme ayant les trois côtés égaux ; donc l'angle AMB égale AIB, et par suite amb.

La seconde propriété se déduit de la première : soit S le sommet du cône circonscrit à la sphère suivant un petit cercle, NC la tangente en un point quelconque N de ce cercle ; l'arête SN du cône est évidemment perpendiculaire à NC : l'angle droit SNC étant formé par deux tangentes à la sphère, sa perspective snc est aussi un angle droit; donc la coupe perspective est telle que le rayon su mené du point s à un point quelconque de la courbe est perpendiculaire sur la tangente en ce point : donc cette courbe est un cercle dont le point s, perspective du sommet S du cône circonscrit, est le centre.

P et P'; le méridien moyen, dans lequel est placé l'œil, est représenté par la droite PP'; l'équateur, par la droite EE', perpendiculaire à la précédente.

Proposons-nous de représenter un parallèle, par exemple celui
qui est à 45° de l'équateur; prenons les arcs EB et E'B' égaux à
45°, le parallèle aura pour perspective un cercle passant par les
deux points B et B', et ayant pour centre la perspective du sommet
du côné circonscrit à la sphère suivant ce parallèle; menons la tangente BC au point B; le point C est le sommet du cône circonscrit
à la sphère suivant le parallèle BB'; ce point C, étant situé dans le
plan du tableau, est à lui-même sa perspective; donc la perspective du parallèle est un cercle décrit du point C comme centre
avec CB pour rayon. Il est facile d'ailleurs de trouver le point où
ce parallèle coupe le méridien moyen. Rabattons ce méridien autour de PP': l'œil vient en E', le point que nous considérons vient
en B; joignons E'B, nous aurons le point cherché c; car si on relève
le méridien moyen, on voit que le point c est la perspective du
point B dans le méridien moyen. Ceci donne une construction
nouvelle des parallèles, ou bien vérifie la première construction.

Cherchons maintenant la perspective d'un méridien, par exemple, du méridien qui fait un angle de 22° 50' avec le méridien
moyen; nous savons que cette perspective est un cercle qui passe
par les pôles P et P'. Les tangentes au pôle P' au méridien moyen
et au méridien que nous voulons représenter font entre elles un
angle de 22° 50': prenons l'arc PB égal au double, c'est-à-dire à
45°, et joignons P'B. L'angle PB'B ayant pour mesure la moitié
de 45° ou 22° 50', la droite P'B est la tangente au méridien cherché. La question revient donc à décrire un cercle passant par les
deux points P et P' et tangent à la droite P'B; menons le diamètre
BG et prolongeons la droite P'G jusqu'à sa rencontre en D avec
l'équateur; du point D comme centre, avec DP' pour rayon, décrivons l'arc P'aP, nous aurons la perspective du méridien proposé.
Il est facile, d'ailleurs, de trouver le point a où ce méridien coupe
l'équateur: rabattons l'équateur en le faisant tourner autour de

EE' : l'œil vient en P', le point dont il s'agit vient en A, à une distance PA égale à 22° 30'; joignons P'A, nous aurons le point a.

Il est aisé de voir que les lignes situées vers le milieu de l'hémisphère sont à peu près réduites à moitié, et par conséquent les portions de surface au quart. Les portions situées vers les bords conservent à peu près leur grandeur; concevons, en effet, un petit carré ayant un de ses côtés sur le cercle même qui limite l'hémisphère : ce côté est à lui-même sa perspective; puisque les figures très-petites donnent des figures semblables, la perspective du carré sera un carré égal. Ainsi, dans les mappemondes construites par projection stéréographique, les figures paraissent dilatées vers les bords; mais il n'y a pas déformation.

286. **Carte de France.** — Quand on veut représenter une petite portion seulement de la surface de la terre, la France, par

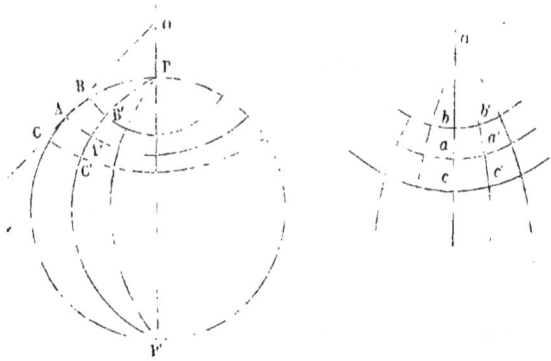

Fig. 151.

exemple, on emploie un autre procédé, qui a l'avantage de ne pas déformer sensiblement les figures et de leur conserver à peu près leurs vraies dimensions.

Soit PAP' (*fig.* 151) le méridien moyen du pays dont on veut faire la carte, c'est-à-dire le méridien qui passe à peu près par le milieu de ce pays, AA' le parallèle moyen : je mène la tangente

AO, côté du cône circonscrit à la sphère suivant le parallèle moyen. Je décris sur la carte un cercle *aa'* avec un rayon *oa* égal à OA; le cercle *aa'* représentera le parallèle moyen, la droite *oa* le méridien moyen. Pour représenter le parallèle BB', on prend *ab* = AB, et du point *o* comme centre, avec *ob* pour rayon, on décrit le cercle *bb'*. Pour représenter un méridien, on prend des arcs *aa'*, *bb'*, *cc'*,..., égaux respectivement aux arcs AA', BB', CC',..., compris sur les divers parallèles entre le méridien moyen et le méridien qu'on veut représenter, puis on trace à la main la courbe *c' a' b'*.

Tant qu'on ne s'éloigne pas trop du parallèle et du méridien moyens, les méridiens restent à peu près perpendiculaires aux parallèles, et chaque petit rectangle est figuré par un petit rectangle égal. Aussi ce procédé convient très-bien pour les cartes particulières; il a été adopté pour la carte de France.

NOTE B. — CADRANS SOLAIRES

287. Cadran équatorial. — Les cadrans solaires ont pour objet d'indiquer l'heure par l'ombre du soleil. Sur le cadran est fixé un style ou gnomon parallèlement à l'axe du monde; les lignes d'ombre sont les traces sur le cadran du cercle horaire du soleil aux différentes heures de la journée.

Le cadran le plus simple est le cadran équatorial (*fig.* 132). Le style étant dirigé suivant l'axe du monde, on dispose le plan du

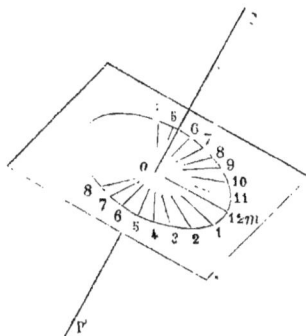

Fig. 152.

cadran perpendiculairement au style; ce cadran représente donc l'équateur céleste. Le cercle horaire du soleil tournant uniformément autour de l'axe du monde, sa trace sur l'équateur se meut

uniformément, décrivant un angle de 15 degrés par heure. Après
avoir déterminé le plan méridien à l'aide d'un style vertical, comme
nous l'avons dit au numéro 101, on marquera sur le cadran équatorial la ligne d'ombre *om* à midi; du pied *o* du style comme
centre, avec un rayon quelconque, on décrira un cercle, que l'on
divisera en arcs égaux de 15 degrés chacun à partir du point *m*,
et l'on joindra le centre aux points de division; ces droites seront
les lignes d'ombre aux différentes heures du jour, avant ou après
midi.

Le cadran équatorial doit avoir deux faces : la face supérieure
servira de l'équinoxe de printemps à l'équinoxe d'automne; la
face inférieure, pendant l'autre moitié de l'année.

288. Cadran horizontal. — Soit *o* le pied du style, toujours
dirigé suivant l'axe du monde, *om* la méridienne, AB la ligne
d'est-ouest, perpendiculaire à la méridienne (*fig.* 153). Concevons

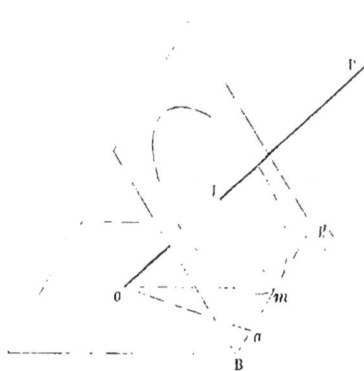

Fig. 153.

un plan passant par la droite
AB et perpendiculaire à l'axe
du monde; ce plan, qui coïncide avec l'équateur céleste,
coupera l'axe du monde au
point J, et formera un cadran
équatorial ayant pour centre
J, et J*m* pour ligne de midi.
Construisons ce cadran équatorial comme nous l'avons
dit : prolongeons ensuite les
lignes d'ombre jusqu'à la droite AB, et joignons les points de rencontre au point *o*, nous aurons les lignes d'ombre sur le cadran
horizontal. Soit, par exemple, *la* la ligne de deux heures, le cercle
horaire du soleil à cet instant est le plan PJ*a*, lequel coupe évidemment le plan horizontal suivant la droite *oa*; ainsi la droite
oa est la ligne d'ombre de deux heures sur le cadran horizontal.

Il est bon de savoir effectuer toutes les constructions sur le plan
horizontal. Faisons tourner le plan méridien autour de *om* comme

charnière, pour le rabattre sur le plan horizontal ; l'axe du monde
se rabat suivant la droite oP (*fig.* 154), qui fait avec om un angle

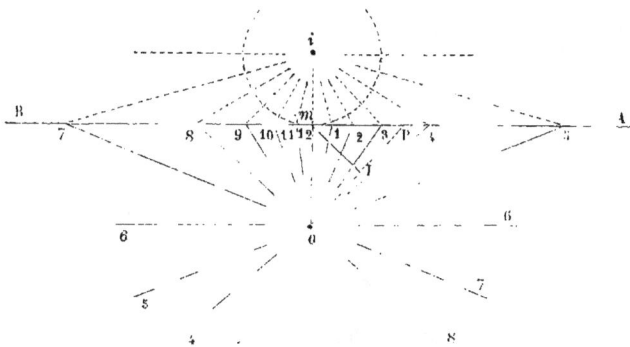

Fig. 154.

égal à la hauteur du pôle ou à la latitude du lieu ; si du point *m*
nous abaissons une perpendiculaire *m*l sur *o*P, nous aurons le
rabattement de la droite *m*l. Faisons tourner le plan équatorial
autour de AB comme charnière, pour le rabattre sur le plan horizontal ; le point l se placera en *i* sur le prolongement de *om*, à
une distance *mi* égale à *m*l. Construisons maintenant le cadran
équatorial : pour cela, du point *i* comme centre, avec un rayon
arbitraire, décrivons un cercle que nous partagerons en arcs
égaux de 15 degrés chacun ; joignons le point *i* aux points de division par des droites que nous prolongerons jusqu'à la ligne AB ;
nous joindrons enfin le point *o* aux points de rencontre, et nous
aurons le cadran horizontal.

289. **Cadran vertical.** — On construit de la même manière un
cadran solaire sur un mur vertical regardant exactement le sud,
c'est-à-dire orienté de l'est à l'ouest. Soit *o* le pied du style sur ce
mur (*fig.* 155); la ligne de midi est la verticale *om*, trace sur le
mur du plan méridien qui lui est perpendiculaire; une perpendiculaire AB à *om* représente la ligne est-ouest. Si nous faisons tourner le plan méridien autour de *om* pour le rabattre sur le plan
vertical, l'axe du monde se rabat suivant la droite *o*P', qui fait

avec *om* un angle complémentaire de la latitude; du point *m* abaissons sur cette droite la perpendiculaire *ml*, ce sera le rabattement de la trace sur le plan méridien d'un plan équatorial mené par AB. Actuellement, faisons tourner ce plan équatorial autour de AB pour le rabattre sur le mur vertical en dessous de AB; le

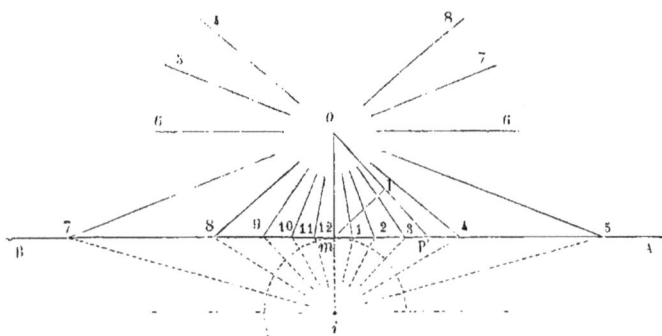

Fig. 155.

point 1 viendra se placer en *i* sur le prolongement de *om*, à une distance *mi* égale à *ml*; construisons le cadran équatorial autour du centre *i*, prolongeons les lignes horaires jusqu'à leur rencontre avec AB, et joignons ces points de rencontre au point *o*, nous aurons construit le cadran vertical.

290. Cadran vertical déclinant. — Supposons maintenant que le mur vertical sur lequel on veut tracer le cadran ne regarde pas exactement le sud. Soit *o* le pied du style (*fig.* 156); la ligne de midi sera toujours la verticale *om*, intersection de deux plans verticaux, le plan du cadran et le plan méridien. Imaginons un plan horizontal coupant le plan vertical suivant une droite LT perpendiculaire à *om*, et faisons tourner ce plan horizontal autour de LT comme charnière, pour le rabattre sur le plan vertical. Soit *mO* la méridienne, faisant avec *mT* un angle égal à l'angle que fait le plan méridien avec le plan du mur : la ligne d'est-ouest est représentée par la droite AB perpendiculaire à *mO*. Faisons tourner le plan méridien autour de *om* pour le rabattre sur le plan vertical :

l'axe du monde se place sur la droite oP' qui fait avec om un angle complémentaire de la latitude ; prenons la distance mO égale à mP' ; le point O sera le pied du style sur le plan horizontal. Sur ce plan horizontal construisons un cadran horizontal, comme nous l'avons expliqué précédemment ; prolongeons les lignes de ce cadran jusqu'à la droite LT et joignons les points de rencontre au

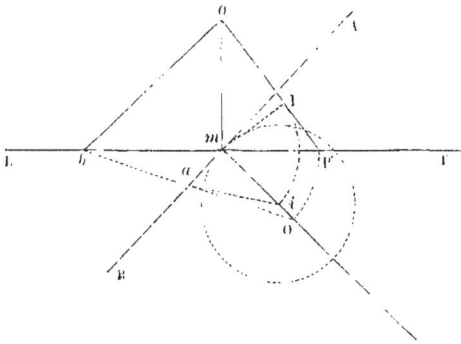

Fig. 156.

point o, nous aurons les lignes horaires sur le plan vertical. Par exemple, si Oa est la ligne de 9 heures sur le cadran horizontal, le cercle horaire du soleil à 9 heures, coupant le plan horizontal suivant la droite Oa et la droite LT au point b, coupera le plan vertical suivant la droite ob.

291. Méridienne du temps moyen. — Les cadrans solaires marquent le temps vrai ; mais le midi moyen diffère du midi vrai d'une quantité qui peut s'élever à 17 minutes ; il est possible d'indiquer le midi moyen sur les cadrans solaires. Le style porte ordinairement à son extrémité une plaque de métal percée d'un trou ; le point brillant projeté au milieu de l'ombre de la plaque marque avec plus de précision sur le cadran l'extrémité du style. Si, à l'aide d'une table du temps moyen et d'une montre, on marque chaque jour sur le cadran la position du point brillant au moment du midi moyen, et qu'on fasse passer un trait continu par tous ces points, on obtiendra une courbe ayant la forme d'un huit et qui coupera la droite du midi vrai en quatre points, puisque la différence entre le temps moyen et le temps vrai est nulle quatre fois par an. Cette courbe s'appelle la méridienne du temps moyen.

NOTE C. — ROTATION DE LA TERRE

(Expériences de M. Foucault.)

292 ...Je transcris ici une lettre que j'ai publiée dans la *Revue de l'Instruction publique* (n° du 6 janvier 1855).

« Vous me demandez ce que je pense de la nouvelle machine au moyen de laquelle M. Foucault démontre et rend visible en quelque sorte le mouvement de la terre. Avant de vous répondre, j'ai voulu la voir. Je sors de chez M. Foucault, qui a eu l'obligeance de me la montrer et de la faire fonctionner devant moi. Cette petite machine est très-curieuse ; elle fait honneur à la sagacité bien connue du physicien, ainsi qu'à l'habileté du constructeur, M. Froment ; elle réalise les travaux des mathématiciens sur les mouvements de rotation, et particulièrement la belle théorie géométrique de M. Poinsot.

« Vous savez que, lorsqu'un corps a commencé à tourner autour d'un axe principal, il continue à tourner autour de cet axe, qui, s'il est parfaitement libre, conserve toujours la même direction dans l'espace ; cet axe vous donnera donc une direction fixe au moyen de laquelle vous pourrez reconnaître le mouvement de la terre. Toute la question consiste à suspendre le corps tournant par son centre de gravité, tout en lui laissant la liberté absolue de ses mouvements. Le petit dessin que voici vous donnera, je l'espère, une idée nette de l'appareil (*fig.* 157).

« Le corps tournant est un anneau ou *tore* en bronze monté sur un axe en acier *ab*, porté à ses deux extrémités par un cercle *abcd* ; ce cercle est porté à son tour par deux couteaux *c* et *d* reposant sur deux petites plaques polies fixées à un cercle vertical *ecfd*; ce second cercle est guidé par deux pivots *e* et *f*, et, afin de diminuer les frottements, suspendu à un fil sans torsion. Le premier cercle pouvant tourner librement autour du diamètre horizontal *cd*, le second autour du diamètre vertical *ef*, vous comprenez que, de cette manière, l'axe *ob* peut prendre toutes les directions dans l'espace. Le centre de gravité du corps tournant est soutenu ainsi, sans que la liberté de l'axe de rotation soit gênée en aucune façon. C'est le mécanisme de Cardan ; c'est par un moyen analogue que sont portés les baromètres de Fortin, les boussoles et les chronomètres de marine.

« Pour faire manœuvrer son appareil, M. Foucault enlève le premier cercle avec le tore ; il le place sur un tour, et, à l'aide d'une manivelle et d'un système de roues dentées, il imprime à l'axe du tore un mouvement de rotation extrêmement rapide ; puis il remet les couteaux en place ; l'axe de rotation a dès lors une direction fixe qu'il conserve invariablement. Si, par exemple vous transportez la table sur laquelle est placé l'appareil, vous entraînerez le centre de gravité du corps tournant ; mais vous ne changerez pas la direction de l'axe de rotation , semblable à

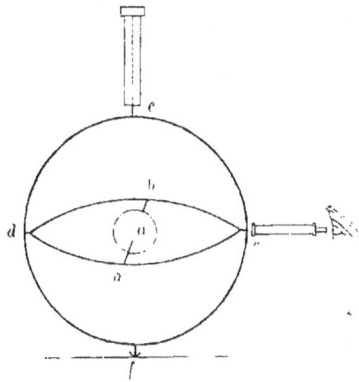

Fig. 157.

l'aiguille d'une boussole qui conserve toujours la même direction, quand on déplace, dans un sens ou dans un autre, la boîte qui la renferme. Eh bien, vous comprenez immédiatement que la terre, dans son mouvement diurne, ne faisant pas autre chose que transporter la table sur laquelle est placé l'appareil, entraînera le centre de gravité du corps tournant sans changer en aucune façon la direction de l'axe ; je le répète, cet axe vous donnera une direction fixe au moyen de laquelle vous pourrez reconnaître le mou-

vement de la terre. La terre tournant de l'ouest à l'est, vous pou-
vez imaginer que le plan de l'horizon tourne sur lui-même de
l'ouest à l'est, en passant par le sud. Approchez un microscope
du cercle vertical et regardez les traits verticaux marqués sur le
bord de ce cercle ; le microscope, et vous observateur, êtes entraî-
nés par la terre dans le sens que je viens de dire : l'appareil est
immobile ; vous verrez donc les traits marqués sur le bord passer
successivement sous le fil en sens contraire. L'effet est très-sensible ; le mouvement paraît même assez rapide, à cause du gros-
sissement de la lunette.

« Théoriquement, quand, après avoir imprimé au tore son
mouvement de rotation, on met l'appareil en place, on peut donner à l'axe de rotation telle direction initiale que l'on veut, et cette
direction se conservera. Cependant, M. Foucault donne à l'axe et
au cercle *abcd* une position bien horizontale ; c'est afin que les
frottements exercés par les deux extrémités de l'axe *ab* sur le
cercle, frottements qui, comme vous le verrez aisément, tendent
à faire tourner le cercle dans son plan dans des sens contraires,
soient parfaitement égaux et se détruisent. Si l'axe était oblique,
l'extrémité inférieure exerçant un frottement plus grand, le
cercle serait entraîné dans le sens de ce frottement le plus grand,
et tout l'appareil tournerait autour du diamètre vertical *ef*. Il importe donc, pour que l'expérience réussisse, de donner à l'axe de
rotation une position horizontale ; une fois dans cette position, il
reste invariable, sans participer à aucun mouvement extérieur.

« Pour que l'axe de rotation reste parfaitement invariable dans
l'espace, il est nécessaire, vous le comprenez, que l'appareil soit
bien équilibré. Pendant que l'appareil fonctionne, plaçons un petit
poids additionnel sur le limbe du cercle horizontal, près du
point *a*, par exemple ; on pourrait croire, au premier abord, que
ce poids additionnel va faire basculer le cercle : pas du tout, le
cercle reste parfaitement horizontal, mais on voit l'appareil tourner lentement et d'une manière uniforme autour du diamètre vertical *ef*, l'axe de rotation *ab* se déplaçant ainsi graduellement et

tournant autour du point o dans le plan de l'horizon. Il était facile de prévoir cet effet : vous connaissez le théorème de la composition des rotations; vous savez que les rotations se composent entre elles, comme les vitesses, comme les forces, suivant la loi du parallélogramme, c'est-à-dire que si un corps est sollicité à tourner simultanément autour de deux axes, il tournera autour d'un axe intermédiaire, dirigé suivant la diagonale du parallélogramme construit sur des longueurs portées sur les deux axes et proportionnelles aux vitesses angulaires de rotation. Eh bien, le poids additionnel, mis en a, tend à faire tourner le corps autour du diamètre cd; pendant chaque intervalle de temps très-petit, ce poids produit une rotation infiniment petite autour du diamètre cd; cette rotation, infiniment petite, se composant à chaque instant avec la rotation actuelle autour de l'axe ab, change graduellement la direction de celui-ci dans le plan horizontal. Supposez, par exemple, que l'axe ab du tore ait été dirigé primitivement du sud au nord, et que le tore tourne dans le même sens que la terre; si vous placez le poids additionnel près du point a qui regarde le sud, vous verrez l'axe ab se déplacer dans le sens $adbc$; il tournera dans le plan de l'horizon en sens contraire du mouvement de la terre. Vous obtenez ainsi un phénomène analogue à ce grand mouvement de *précession* de l'axe terrestre, qui s'accomplit en vingt-six mille ans. La sensibilité de l'appareil est si grande, que M. Foucault produit un phénomène de précession très-marqué avec un poids additionnel de 5 centigrammes.

« Voilà, certes, des expériences bien remarquables. En voici d'autres plus remarquables encore. Jusqu'à présent, l'axe de rotation du tore, libre de tourner dans tous les sens autour de son centre, était soustrait à l'entraînement de la terre; mais si l'axe n'est pas libre entièrement, s'il est lié en quelque façon à la terre, il participera au mouvement de cette dernière, et sa direction sera modifiée. Pour commencer par l'expérience la plus simple, le tore étant animé d'un mouvement rapide de rotation, faites reposer les deux couteaux c et d, non plus sur le cercle vertical précédent, mais sur les deux montants d'un petit chevalet placé sur une table. De cette manière, l'axe *ab*, mobile seulement autour du diamètre *cd*, qui est fixe, sera assujetti à rester dans un plan perpendiculaire à ce diamètre. Si, par exemple, vous dirigez ce diamètre de l'est à l'ouest, l'axe de rotation pourra décrire le plan méridien comme la lunette méridienne. Vous devinez ce qui arrive : le diamètre *cd*, fixé à la terre, est entraîné par elle, et la rotation de la terre se communique au tore : le tore est sollicité ainsi à tourner autour de l'axe de la terre : la rotation infiniment petite qui en résulte à chaque instant, se composant avec la rotation actuelle du tore, déplace graduellement l'axe de rotation jusqu'à ce qu'il coïncide avec l'axe du monde. Ainsi, quelle que soit l'inclinaison donnée primitivement à l'axe de rotation, vous le verrez se déplacer dans le plan méridien pour se mettre parallèle à l'axe de la terre, et de manière que le corps tourne dans le même sens que la terre. Une fois dans cette position, il ne bouge plus : il reste pointé invariablement sur l'étoile polaire.

« J'ai supposé le diamètre *cd* dirigé de l'est à l'ouest. Si vous donnez au chevalet qui le supporte une autre position, l'axe de rotation du tore sera assujetti à rester dans un plan vertical perpendiculaire au diamètre *cd*; tendant à se mettre parallèle à l'axe du monde, il prendra dans ce plan la direction la plus voisine de l'axe du monde. En particulier, si le chevalet est dirigé du nord au sud, l'axe de rotation prendra une position verticale, et de manière que la rotation s'exécute dans le même sens que celle de la terre. Ainsi, si, partant de la position primitive, vous faites tourner lentement le chevalet avec la main, vous verrez l'axe de rotation, dirigé d'abord parallèlement à l'axe de la terre, se redresser peu à peu, prendre la position verticale, s'abaisser ensuite, etc. Ce phénomène a une grande analogie extérieure avec la boussole d'inclinaison, comme l'a fait remarquer M. Foucault.

« Ce n'est pas tout. Mettez le diamètre *cd* dans une position verticale ; l'axe de rotation, mobile seulement dans le plan horizontal, se déplaçant de manière à prendre la direction la plus voisine de l'axe du monde, vous le verrez se diriger suivant la méridienne, comme la boussole de déclinaison. Ainsi, avec son appareil, M. Foucault peut, dans sa chambre, tracer la méridienne et déterminer la latitude. Certes, il n'y aurait aucun avantage à remplacer la boussole par un corps tournant; mais un petit instrument qui donnerait la latitude sans observation astronomique, à toute heure du jour et de la nuit, pourrait être très-précieux aux marins.

« Ainsi, dans ces dernières expériences, la rotation de la terre se manifeste d'une manière frappante par l'orientation de l'axe du corps tournant, et par les grands mouvements qu'il exécute immédiatement pour arriver à sa direction d'équilibre.

« Je ne veux pas terminer cette lettre sans vous dire quelques mots d'une sorte de toupie fort ingénieuse imaginée par M. Foucault; elle se compose simplement d'un tore monté sur un axe, sans aucun cercle extérieur; elle est renfermée dans un étui dont les deux extrémités portent les deux extrémités de l'axe. Vous avez imprimé au tore un mouvement de rotation très-rapide, et vous tenez l'étui avec vos deux mains par ses deux extrémités; tant que vous conservez à l'axe sa direction primitive, vous ne sentez pas d'autre effort que le poids de l'instrument et la force très-faible d'orientation du globe; mais si vous voulez changer la direction de l'axe, la toupie oppose une résistance énergique, et vous ne pourrez la vaincre brusquement, malgré toute votre force musculaire.

« Suspendez la toupie au sommet d'une tige rigide ou à un anneau porté par un fil, à l'aide d'un crochet placé à l'une des extrémités de l'étui, vous la verrez se soutenir en l'air d'une manière vraiment merveilleuse. Quelle que soit l'inclinaison dans laquelle vous la placiez, l'axe de rotation prendra toujours la position horizontale et tournera autour du point de suspension avec une assez grande rapidité; si vous appuyez sur l'extrémité libre pour l'abaisser, loin de la faire fléchir, vous ne ferez qu'augmenter la rapidité de sa course; si vous la poussez par derrière pour accélérer sa marche, elle s'élèvera; si vous mettez votre doigt en avant pour la retarder, elle s'abaissera pour reprendre la position horizontale dès que vous cesserez d'agir. Tous ces phénomènes si bizarres sont dus à des compositions de rotations. Le poids de la toupie produit, autour d'une droite horizontale passant par le point de suspension, une rotation qui, se composant avec la rotation actuelle, déplace l'axe et le fait tourner dans le plan horizontal. Règle générale, toute force agissant sur la toupie, perpendiculairement à l'axe, déplace l'axe dans une direction perpendiculaire à la force. Enlevez la toupie et tenez-la à la main par une de ses extrémités seulement, elle se soutiendra horizontalement, et voudra tourner comme précédemment. Si, peu familier avec ses mouvements, vous la contrariez dans ses évolutions, vous la verrez s'élever, s'abaisser, tournoyer avec une grande énergie; vous aurez peine à la tenir; vous croirez avoir affaire à un énorme insecte, bourdonnant et capricieux. »

293. Expérience du pendule. — Nous croyons utile, pour compléter cette question si intéressante du mouvement de la terre, de rappeler brièvement l'expérience du pendule de M. Foucault. Le pendule de M. Foucault se compose d'une masse pesante, homogène et sphérique, suspendue à un fil sans torsion. Transportons-nous par la pensée au pôle de la terre et supposons que le point de suspension du pendule soit placé exactement sur le prolongement de l'axe terrestre, qui, au pôle, coïncide avec la verticale : en faisant abstraction du mouvement de translation de la terre, qui n'a aucune influence sur le phénomène, on peut considérer ce point de suspension comme un point fixe dans l'espace. Si donc on écarte le pendule de sa position d'équilibre et qu'on l'abandonne à lui-même sans lui donner aucune impulsion latérale, il oscillera de part et d'autre de la verticale, et le plan d'oscillation conservera évidemment une direction invariable. Mais la terre tourne autour de la verticale; l'observateur qui, placé sur le sol à une certaine distance, est entraîné par le mouvement de la terre, verra le plan d'oscillation tourner en sens contraire. Si le pendule oscillait pendant vingt-quatre heures, le plan d'oscillation paraîtrait effectuer autour de la verticale un tour entier dans le sens du mouvement des étoiles.

Dans nos latitudes, par exemple à Paris, la verticale sur laquelle est placé le point de suspension n'est plus une droite fixe dans l'espace, elle décrit chaque jour un cône autour de l'axe de la terre ; le plan d'oscillation, ramené sans cesse par la pesanteur à passer par la verticale, se déplace également, et le phénomène n'est pas aussi facile à expliquer. Concevons la rotation de la terre décomposée en deux rotations, l'une autour de la méridienne, l'autre autour de la verticale. La rotation autour de la méridienne déplace la verticale, et, par suite, le plan d'oscillation ; cette première rotation, étant commune à la terre et au plan d'oscillation, ne produira aucun mouvement apparent ; nous pouvons en faire abstraction. Il reste donc à considérer seulement la rotation autour de la verticale. Cette seconde rotation ne se communique pas au plan d'oscillation, qui, relativement, conserve une direction invariable ; le plan de l'horizon tourne sur lui-même de l'ouest à l'est : l'observateur, emporté par la terre, verra donc le plan d'oscillation tourner en sens contraire. Le phénomène est le même qu'au pôle, seulement il n'est pas aussi marqué ; car il est produit, non plus par la rotation totale de la terre, comme au pôle, mais seulement par la composante verticale, laquelle est égale à la rotation totale multipliée par le sinus de la latitude. A mesure qu'on s'avance vers l'équateur, le phénomène est moins sensible ; sur l'équateur même, il serait tout à fait nul.

Ces considérations s'appliquent aussi au gyroscope de M. Foucault. Le cercle vertical du gyroscope ne conserve pas une direction absolument invariable : entraîné par la verticale *ef*, il participe à la composante de la rotation terrestre suivant la méridienne ; c'est donc la composante verticale seule qui se manifeste quand on observe le cercle vertical à l'aide d'un microscope. D'autre part, l'axe du tore, qui a été mis d'abord dans une position horizontale, conservant une direction invariable dans l'espace, et le plan de l'horizon se déplaçant en vertu de la rotation de la terre autour de la méridienne, l'axe du tore cesse bientôt d'être horizontal, ainsi que le cercle *adbc*; mais comme l'observation ne peut être prolongée au delà de dix minutes, le déplacement n'est pas assez considérable pour produire une inégalité de frottements sensible et troubler l'expérience.

NOTE D. — FORME D'ÉQUILIBRE D'UNE MASSE LIQUIDE

294. M. Plateau, de Bruxelles, a mis en évidence, par des expériences très-ingénieuses, les formes d'équilibre d'une masse fluide en mouvement. En voici la description sommaire :

Les huiles grasses ont une densité moins grande que celle de l'eau, mais plus grande que celle de l'alcool; on conçoit dès lors que l'on puisse former un mélange d'eau et d'alcool, ayant exactement la même densité qu'une huile donnée, par exemple l'huile d'olive. Au centre d'un mélange ainsi formé et contenu dans un vase en verre, M. Plateau introduit, au moyen d'un entonnoir à long bec, une certaine quantité d'huile d'olive ; les diverses parties se réunissent par leur attraction mutuelle, et forment une sphère, flottant en équilibre dans le milieu liquide comme une planète dans l'espace. La sphère d'huile avait 6 à 7 centimètres de diamètre. Comme il est difficile de donner immédiatement au mélange la densité voulue, on ajoute de l'eau ou de l'alcool, suivant que l'on voit la sphère d'huile monter ou descendre. D'ailleurs, chose qui favorise singulièrement l'expérience, il arrive naturellement, si l'on met de l'alcool en excès, que le mélange se dispose par couches de densités décroissantes de bas en haut, de sorte que la sphère d'huile monte ou descend jusqu'à ce qu'elle trouve une couche d'égale densité, et alors elle s'arrête en équilibre.

M. Plateau introduit ensuite un fil ou axe en verre de 1 millimètre et demi d'épaisseur, portant un petit disque en fer de 55 millimètres de diamètre environ : il fait pénétrer ce disque dans l'intérieur de la sphère d'huile qui se dispose d'elle-même autour du disque, de manière à avoir son centre exactement sur l'axe. Puis, à l'aide d'une petite manivelle, il imprime à l'axe un mouvement de rotation, d'abord très-lent ; ce mouvement de rotation se communique à la sphère d'huile par le moyen du disque auquel elle adhère ; et alors on voit la sphère se déformer, s'aplatir aux pôles, se renfler à l'équateur, d'autant plus que le mouvement de rotation est plus rapide. Telle est la forme générale des corps célestes, dont l'aplatissement est une conséquence nécessaire de la rotation. L'effet est déjà sensible avec une vitesse d'un tour en cinq ou six secondes.

Dès que la vitesse de rotation dépasse trois tours par seconde, on voit la sphère d'huile se creuser en dessus et en dessous autour de l'axe, en s'étendant toujours dans le sens horizontal ; enfin, elle abandonne le disque et se transforme en un anneau circulaire parfaitement régulier. M. Plateau compare cet anneau à l'anneau de Saturne ; l'habile physicien est même parvenu à produire une sphère d'huile entourée d'un anneau, image complète de cette planète singulière. Si l'on enlève le disque avec précaution, on voit l'anneau se resserrer de manière à reproduire une sphère aplatie, tournant sur elle-même, isolée au milieu du liquide ; l'aplatissement diminue peu à peu avec la vitesse de rotation.

Quand l'anneau est bien formé, si l'on continue à tourner, on voit l'anneau se déformer et se rompre en plusieurs masses, dont chacune prend aussitôt la forme sphérique. Qu'à cet instant on arrête le disque, on remarquera que ces sphères, isolées au moment de leur formation, se mettent à tourner sur elles-mêmes dans le même sens que leur mouvement général de translation. Voilà, certes, une image frappante de la belle théorie cosmogonique de Laplace. Ce grand géomètre suppose que, dans l'origine, notre soleil était semblable à ces nébuleuses, mondes naissants, répandus avec tant de profusion dans le ciel. C'était d'abord une nébulosité vague, diffuse, sans aucune trace d'organi-

sation ; une première condensation a déterminé la formation d'un
noyau brillant au centre. Par un refroidissement ultérieur, la nébulosité, en se resserrant de plus en plus, a abandonné successivement des zones de vapeur qui ont formé autant d'anneaux concentriques circulant autour du soleil dans le plan de l'équateur :
chaque anneau de vapeur s'est rompu ensuite en plusieurs masses,
qui ont continué de circuler autour du soleil. Ces masses, dit Laplace, ont dû prendre la forme sphérique avec un mouvement de
rotation dirigé dans le sens de leur révolution, puisque leurs molécules inférieures avaient moins de vitesse que leurs molécules
supérieures. La plus grosse a absorbé les plus petites par son
attraction, et ainsi se sont formées les planètes.

NOTE E — ASTRONOMIE NAUTIQUE

295. Cartes marines. — Dans les cartes marines, l'équateur
est représenté par une ligne droite : les méridiens, par des droites
perpendiculaires à l'équateur, et équidistantes : les parallèles, par
des parallèles à l'équateur, mais qui s'écartent de plus en plus, à
mesure qu'on s'éloigne de l'équateur. Il est facile d'en comprendre la raison : on voit que les degrés des parallèles sont augmen-
tés, d'autant plus que le parallèle est plus éloigné de l'équateur :
pour conserver les rapports, il faut donc augmenter les degrés des
méridiens dans la même proportion.

Les marins dirigent le navire au moyen de la *boussole;* c'est une
aiguille aimantée portée par un cercle en talc demi-transparent et
mobile autour de son centre; ce cercle, ou *rose des vents*, est
divisé en degrés : 11° 15′ forment le quart, l'angle droit vaut
8 quarts.

Pour aller d'un point à un autre, les marins ne suivent pas le
plus court chemin, c'est-à-dire l'arc de grand cercle qui les joint :
ils suivent une courbe nommée *loxodromie*, qui fait un angle constant avec tous les méridiens. Sur la carte marine, une loxodro-

mie est représentée par une ligne droite, faisant le même angle avec les méridiens. Si donc on trace une droite du point de départ au point où l'on veut aller, et si l'on mesure l'angle de cette droite avec les méridiens, en tenant compte de la déclinaison de l'aiguille aimantée, on aura l'angle suivant lequel on doit gouverner.

Il existe plusieurs moyens de déterminer la route suivie par un navire : un premier moyen, peu exact, mais d'un usage facile, que les marins nomment *estime* ; un autre, plus précis, mais qui nécessite des observations astronomiques. Disons d'abord quelques mots du premier.

296. **Loch.** — L'estime se fait au moyen du loch et de la boussole. Le *loch* sert à évaluer le chemin parcouru : il se compose d'un petit triangle isocèle en bois, de sept à huit pouces de hauteur et de base : la base est lestée de plomb, afin que le triangle reste vertical quand il a été jeté à la mer ; dans cette position, la résistance de l'eau le maintient à peu près immobile : une ficelle attachée au loch se dévide à mesure que le vaisseau marche ; cette ficelle est divisée en parties égales par des nœuds, et l'on juge de la vitesse par le nombre de nœuds qui passent dans un temps donné.

Le *mille* marin, ou la minute géographique, vaut 1852 mètres : le *nœud*, étant le $\frac{1}{120}$ du mille, vaut 15^m,45. On observe le loch avec un sablier de 30 secondes dans les petites vitesses ; le nombre des nœuds indique le nombre de milles par heure. Dans les grandes vitesses, on emploie un sablier de 15 secondes, et l'on double le nombre des nœuds. On jette le loch à la mer toutes les demi-heures.

297. **Dérive.** — La boussole n'indique pas exactement la direction suivie par le navire, à cause de la *dérive* ; car, lorsque le vent souffle de côté, le navire, tout en marchant de l'avant, cède un peu latéralement. La dérive dépend du sens où souffle le vent, de sa force, de la voilure et de l'état de la mer. On estime la dérive à

l'aide d'un quart de cercle placé à l'arrière du navire et muni de pinnules ; on vise la trace que le navire laisse derrière lui, trace que les marins appellent *houache*, et l'on mesure ainsi l'angle qu'elle fait avec l'axe du navire ; cet angle est la dérive. L'angle donné par la boussole, corrigé de la dérive et de la déclinaison de l'aiguille aimantée, indique la direction dans laquelle marche le navire. On mesure la dérive toutes les fois qu'on jette le loch.

Au moyen de ces deux éléments, le chemin parcouru et la direction, on fait pour chaque changement de route une série de calculs qui donnent le mouvement suivant le méridien et le mouvement suivant le parallèle, et l'on convertit ce dernier en longitude à l'aide de la latitude moyenne. On arrive ainsi à ce qu'on appelle le *point estimé*.

Dans les mers sans courants, quand le résultat donné par l'*estime*, après trente jours de marche, ne comporte qu'une erreur de dix lieues, on est très-satisfait. En 1847, la goélette *la Baucis*, revenant des Antilles, sans montre, approcha à six lieues vers l'est, après trente jours de mer ; ce résultat est regardé comme exceptionnel.

L'estime, comme on voit, est un moyen fort imparfait. Aussi a-t-on recours aux observations astronomiques, qui donnent une précision beaucoup plus grande.

298. Sextant. — Il fallait un instrument pour mesurer les angles, les instruments ordinaires ne pouvant servir à bord d'un navire toujours en mouvement. Le sextant remplit parfaitement ce but. Il se compose d'un arc gradué AB de 60 degrés, porté par deux rayons fixes CA et CB (*fig.* 158) ; sur le rayon CA est fixée une lunette, sur le rayon CB un petit miroir I perpendiculaire au plan de l'instrument ; une moitié seulement du petit miroir, la moitié voisine du sextant, est étamée, afin que l'on puisse voir directement les objets à travers la partie non étamée. Au centre C est placé un second miroir plus grand que le premier et entièrement étamé ; son plan est aussi perpendiculaire au plan de l'instrument, et il est porté par un rayon ou *alidade* CD mobile

autour du centre; à son extrémité, l'alidade est munie d'un vernier servant à lire les angles qu'elle décrit.

Le zéro des divisions du sextant est placé au point A, et l'instrument est disposé de telle sorte que quand le rayon mobile est
amené sur le rayon fixe CA, c'est-à-dire quand le zéro du vernier
coïncide avec le zéro du limbe, les deux miroirs sont parallèles.
Soit *mn* la position du grand miroir, lorsqu'il est ainsi parallèle au
petit miroir (*fig.* 159); si l'on dirige la lunette sur une étoile E, on
la verra double, d'abord directement à travers la partie non étamée
du petit miroir, et par réflexion sur les deux miroirs : car le rayon
lumineux EC se réfléchit sur le miroir *mn*, et prend la direction
CI ; il se réfléchit ensuite sur le petit miroir I et prend la direction IL, parallèle à EC. Ainsi, quand les deux miroirs sont parallèles, les deux images d'une même étoile, l'image directe et
l'image réfléchie, coïncident.

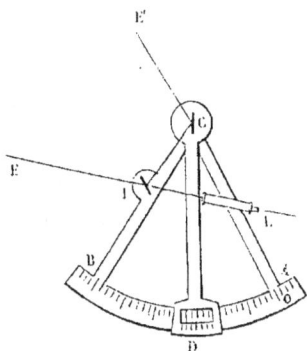

Fig. 158.

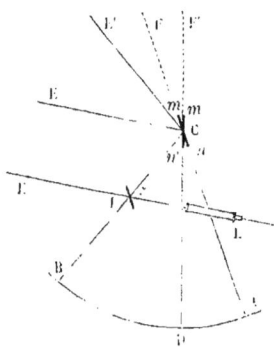

Fig. 159.

299. Mesure des angles. — Supposons maintenant que
veuille mesurer la distance angulaire de deux étoiles E et E' : on
placera l'instrument dans le plan des deux étoiles; on dirigera
la lunette sur l'étoile E, que l'on verra directement à travers
la partie non étamée du petit miroir ; puis on fera tourner l'a-
lidade jusqu'à ce que l'image réfléchie de l'étoile E' vienne se
placer sur l'image directe de l'étoile E : alors le rayon lumineux

E'C se réfléchira suivant CI, puis suivant IL. Soit $m'n'$ la position correspondante du grand miroir ; je dis que l'angle ECE' des deux étoiles est double de l'angle ACD dont on a fait tourner l'alidade. En effet, dans la première position, l'angle d'incidence ECF égale l'angle de réflexion ICA ; dans la seconde position, l'angle d'incidence E'CF' égale aussi l'angle de réflexion ICD ; on a donc

$$ECF = ICA$$
$$E'CF' = ICD.$$

Aux deux membres de la première égalité ajoutons les deux angles FCF' et ACD, égaux entre eux comme opposés par le sommet, nous aurons

$$ECF' = ICA + ACD,$$
$$E'CF' = ICD.$$

Retranchons maintenant ces deux égalités membre à membre, il viendra

$$ECE' = ACD + ACD = 2ACD.$$

Ainsi, l'angle des deux astres est double de l'angle dont on a tourné l'alidade.

Pour éviter la multiplication par deux, l'arc AB est divisé en 120 demi-degrés, que l'on compte comme des degrés. Chaque degré est subdivisé en trois parties de 20'. Le vernier donne les moitiés ou les tiers de minute.

500. **Mesure des hauteurs.** — En mer, quand on veut mesurer la hauteur du soleil, l'observateur, placé sur le pont du navire, tient le sextant de la main droite dans une position verticale, et vise directement la ligne de séparation de la mer et du ciel ; puis de la main gauche il fait mouvoir l'alidade jusqu'à ce que l'image réfléchie du soleil vienne toucher l'horizon visuel ; il obtient ainsi la hauteur du bord inférieur du soleil. Pour s'assurer que l'on tient l'instrument bien verticalement, on le déplace un peu à droite et à gauche, et l'on voit si l'image du soleil reste tangente à la ligne d'horizon. On corrige ensuite cette hauteur de la dépres-

sion de l'horizon, et l'on ajoute le demi-diamètre apparent du soleil donné par les tables, pour avoir la hauteur du centre. Afin d'affaiblir l'éclat du soleil, on a soin de placer des verres colorés devant le grand miroir. Il est très-difficile d'observer la nuit, à cause de la difficulté de distinguer la ligne d'horizon.

Sur terre, on se sert d'un *horizon artificiel*; c'est la surface d'un bain de mercure, ou un plan de glace bien dressé, porté par trois vis et que l'on dispose bien horizontalement à l'aide d'un niveau à bulle d'air. On vise directement l'image de l'astre vu par réflexion sur le plan horizontal, et on amène en coïncidence l'image réfléchie sur les miroirs du sextant; on a ainsi un angle double de la hauteur de l'astre au-dessus de l'horizon.

501. Détermination de la latitude. — On détermine chaque jour la latitude en mer en observant la hauteur du soleil à son passage au méridien, c'est-à-dire la plus grande hauteur du soleil. L'observateur commence l'observation un peu avant midi; il prend la hauteur du soleil avec le sextant. Le soleil continuant à monter, l'image quitte bientôt la ligne d'horizon: il fait mouvoir l'alidade pour ramener l'image en contact, et il suit ainsi le soleil jusqu'à ce que, cessant de monter, il commence à descendre; le plus grand déplacement de l'alidade donne la hauteur méridienne. Le complément de cette hauteur est la distance zénithale du soleil; on trouve dans la *Connaissance des temps* la déclinaison du soleil pour tous les jours de l'année au midi moyen de Paris. Par une proportion, on calcule aisément la variation de la déclinaison depuis le midi moyen de Paris jusqu'au moment de l'observation; en ajoutant la déclinaison à la distance zénithale du soleil, ou la retranchant de cette distance (n° 65), on a la latitude.

502. Détermination de la longitude. — Chaque navire est muni d'un ou de plusieurs chronomètres qui marquent l'heure de Paris; il s'agit, comme nous l'avons expliqué précédemment (n°ˢ 58 et 64), de trouver l'heure du lieu où l'on est. On y parvient par une observation du soleil quand il est à une certaine hauteur au-dessus de l'horizon, et que cependant il n'est pas trop rapproché du méridien, par exemple, vers neuf heures du matin ou trois heures de l'après-midi : on note l'heure du chronomètre au moment précis de l'observation. Soient Z le zénith, P le pôle (*fig.* 140), S la position du soleil ; on a observé sa hauteur au-dessus de l'horizon ; le complément donne la distance zénithale SZ ; le complément de la déclinaison donne la distance polaire SP ; la latitude, déterminée à midi, et corrigée par l'estime pour l'heure actuelle, donne la distance PZ du pôle au zénith. On connaît donc les trois côtés du triangle sphérique PZS ;

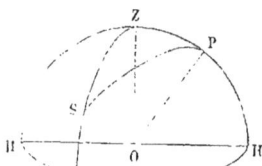

Fig. 140.

par un calcul trigonométrique, on en déduira l'angle P que fait le cercle horaire du soleil avec le plan méridien ; en divisant cet angle par 15, on aura l'heure vraie du lieu au moment de l'observation. Tenant compte de la différence entre le temps vrai et le temps moyen, différence donnée par la *Connaissance des temps*, on aura le temps moyen du lieu. Comparant ce temps au temps moyen de Paris, temps marqué par le chronomètre, et multipliant la différence par 15, on a la longitude du lieu.

Il ne faut pas observer trop près de l'horizon, à cause de l'irrégularité de la réfraction, ni trop près du méridien, parce que, dans le voisinage du méridien, la hauteur variant très-peu, l'instant de l'observation ne serait pas déterminé avec assez de précision.

A bord des navires de l'État, on fait tous les jours les observations que je viens de décrire brièvement, quand le soleil n'est pas caché par des nuages. On détermine ainsi la position du navire au midi vrai, ce qu'on appelle le *point calculé*. Quand on ne peut pas observer le soleil à midi, on fait deux observations de hauteur aussi différentes que possible, et on en déduit, par un calcul plus compliqué, la latitude et la longitude. On regarde ordinairement le point calculé comme approché à un mille près, indépendamment de l'erreur du chronomètre.

L'estime par le loch et le compas ne tient pas compte de l'action des courants; les courants sont indiqués par la différence entre le point estimé et le point calculé.

On contrôle les chronomètres toutes les fois que l'on arrive à terre près d'un lieu dont on connaît la longitude. On fait une observation à terre ; on prend la hauteur du soleil avec le sextant, au moyen d'une horizon artificiel, comme nous l'avons expliqué plus haut, et l'on note l'instant de l'observation à l'aide d'une montre de comparaison réglée sur les chronomètres qui restent à bord. Comparant la longitude ainsi trouvée à la longitude du lieu, telle qu'elle est inscrite dans la *Connaissance des temps*, on a l'erreur du chronomètre.

En mer, le contrôle des montres est très-difficile ; on se sert ordinairement, dans ce but, des distances lunaires. On mesure avec le sextant la distance de la lune au soleil ou à une étoile, et on note l'instant de l'observation sur la montre. La connaissance du temps indique l'heure de Paris, correspondant à la distance observée. La différence donne l'erreur de la montre. Un observateur exercé peut compter sur la distance, à 10 ou 15 secondes près : mais le mouvement propre de la lune étant trente fois plus lent que celui de la sphère céleste, l'erreur commise sur la longitude est trente fois plus grande, et l'on n'a celle-ci qu'à 5 ou 8 minutes près ; ainsi ce moyen n'est pas susceptible d'une grande précision, et l'on se fie plutôt, en général, aux indications de la montre, à moins d'une grande discordance.

FIN

TABLE DES MATIÈRES

LIVRE PREMIER — LES ÉTOILES

Chapitre I. — Mouvement diurne.

Premier aspect du ciel.. 1
Définitions. 5
Lois du mouvement diurne. 5
Détermination du plan méridien. 5
Détermination de l'axe du monde. 6

Chapitre II. — Sphère céleste.

Coordonnées célestes. 11
Mesure de l'ascension droite. 12
Mesure de la déclinaison. 12
Constellations. 14

Chapitre III. — Des instruments.

Mesure des angles — Lunette astronomique. — Réticule. 20
Horloges et chronomètres.. 22
Lunette méridienne et cercle mural. 28

LIVRE II — LA TERRE

Chapitre I. — Forme et rotation de la terre.

Forme de la terre. — Dépression de l'horizon. — Voyages autour du monde. . 51
Définitions. — Coordonnées géographiques.. 54
Mesure de la longitude.. 56
Mesure de la latitude. 59
Rotation de la terre. — Explication du mouvement diurne. 41

Chapitre II. — Mesure de la terre.

Triangulation. 46
Aplatissement de la terre. 48
Longueur du mètre. 54

Chapitre III. — Réfraction atmosphérique et parallaxes.

Pesanteur de l'air. 55
Crépuscule. 55
Réfraction atmosphérique. 55
Scintillation. 57
Parallaxes. 58

LIVRE III — LE SOLEIL

Chapitre I. — Mouvement circulaire du soleil.

Mouvement apparent. — Définition. 61
Détermination des équinoxes. 64
Obliquité de l'écliptique. 65
Longitude et latitude des astres. 65
Saisons. — Inégalité des jours et des nuits. 66
Hauteur méridienne du soleil. 67
Variations de la température. 70
Climats. — Zones terrestres. 71
Distribution des températures. 76
Productions du sol. 77
Des vents. 79
Calendrier. 82

Chapitre II. — Mouvement elliptique du soleil.

Variations du mouvement en longitude. 86
Variations du diamètre apparent. 87
Excentrique des anciens. 87
Lois du mouvement elliptique. 88
Temps moyen. 91
Inégalité des saisons. 94
Inégalités du mouvement elliptique. 95

Chapitre III. — Mouvement de la terre autour du soleil.

Explication du mouvement apparent du soleil. 96
Explication des saisons. 98
Précession des équinoxes. — Mouvement de l'axe de la terre — Nutation. . . 100

CHAPITRE IV. — CONSTITUTION PHYSIQUE DU SOLEIL.

Distance du soleil à la terre.. 103
Grandeur du soleil.. 105
Rotation du soleil. 106
Taches du soleil. 107
Constitution du soleil.. 110
Lumière zodiacale. 114

LIVRE IV — LA LUNE

CHAPITRE I. — MOUVEMENT DE LA LUNE.

Mouvement circulaire. 117
Phases de la lune.. 119
Mouvement elliptique.. 122
Rétrogradation des nœuds. 124
Parallaxe de la lune. — Distance de la lune à la terre. 125

CHAPITRE II. — DES ÉCLIPSES.

Éclipses de lune. 128
Éclipses de soleil. 132
Calcul des éclipses de lune.. 137

CHAPITRE III. — CONSTITUTION PHYSIQUE DE LA LUNE.

Rotation de la lune. 140
Libration. 141
Absence d'atmosphère. 144
Montagnes de la lune.. 147

LIVRE V — LES PLANÈTES

CHAPITRE I. — MOUVEMENT DES PLANÈTES.

Mouvement apparent. 155
Phases de Vénus.. 155
Explication des mouvements apparents. 156
Lois de Képler.. 160
Variations des éléments elliptiques. 165

CHAPITRE II. — CONSTITUTION PHYSIQUE DES PLANÈTES.

Mercure. 167
Vénus.. 168

Parallaxe du soleil 172
Mars. 179
Petites planètes. 181
Jupiter. — Vitesse de la lumière. 182
Saturne. — Son anneau. 187
Uranus. — Neptune. 192

CHAPITRE III. — DES COMÈTES.

Opinion des anciens. 195
Idées de Newton. 197
Comète de Halley. 200
Comète d'Encke. 208
Comète de Biéla. 210
Comète de Donati. 212

CHAPITRE IV. — LES ÉTOILES FILANTES.

Étoiles filantes. — Apparitions périodiques. 219
Aérolithes. — Globes enflammés. 221

LIVRE VI — ASTRONOMIE STELLAIRE

CHAPITRE I. — MOUVEMENTS PROPRES DES ÉTOILES.

Aberration de la lumière. 226
Parallaxe des étoiles. 229
Mouvements propres. — Mouvement du soleil 234
Étoiles doubles. 235
Étoiles périodiques. 239
Étoiles changeantes, — temporaires. — colorées. 244

CHAPITRE II. — NÉBULEUSES.

Amas d'étoiles. 246
Voie lactée. 248
Nébuleuses proprement dites. 254
Théorie de Laplace. 259

LIVRE VII — NOTIONS DE MÉCANIQUE CÉLESTE

CHAPITRE I. — ATTRACTION UNIVERSELLE.

Loi de l'attraction. 265
Perturbations du mouvement elliptique. 271
Masses des planètes. 272
Pesanteur à la surface des planètes. 275

Aplatissement de la terre. 275
Précession des équino es. 275

CHAPITRE II. — DES MARÉES.

Marée lunaire. 278
Marée solaire. 281

COMPLÉMENTS

NOTE A. — CARTES GÉOGRAPHIQUES.

Projection orthographique. 285
Projection stéréographique. 286
Carte de France. 290

NOTE B. — CADRANS SOLAIRES.

Cadran équatorial. 291
Cadran horizontal. 292
Cadran vertical. 293

NOTE C. — ROTATION DE LA TERRE.

Expériences de M. Foucault. 296
Expérience du pendule. 302

NOTE D. — FORME D'ÉQUILIBRE D'UNE MASSE LIQUIDE. 304

NOTE E. — ASTRONOMIE NAUTIQUE.

Cartes marines. 306
Loch. 307
Sextant. 308
Détermination de la latitude et de la longitude. 311

ERRATUM

Page 125, ligne 6 en descendant, *au lieu de : de l'est à l'ouest, lisez : de l'ouest* à l'est.

PARIS. — IMP. SIMON RAÇON ET COMP., RUE D'ERFURTH, 1.

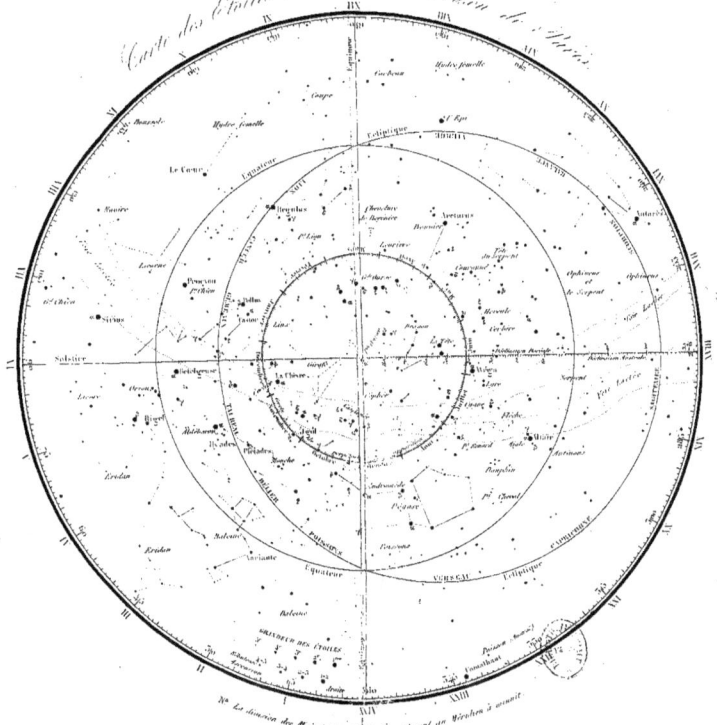

Carte des Étoiles visibles sur l'horizon de Paris.

www.ingramcontent.com/pod-product-compliance
Lightning Source LLC
Chambersburg PA
CBHW060357200326
41518CB00009B/1179